高等院校数字化人才培养创新教材·人工智能通识课系列

生成式人工智能基础

孙丹枫 周 苏 等著

机械工业出版社

生成式人工智能是当今科技领域的前沿热点技术。本书分为四个部分，共 15 章，全面系统地介绍了生成式 AI 的基础理论、核心技术、应用场景以及社会影响，既突出生成式 AI 技术，又重视 AIGC 应用，旨在为读者提供一个全面、深入且实用的学习平台，帮助读者快速掌握生成式 AI 和 AIGC 的精髓及其在各领域的应用实践。

本书内容丰富、结构清晰、理论与实践相结合，既适合本科院校、职业院校相关专业的师生作为教材使用，也适合 AI 领域从业者、研究人员以及对 AI 技术感兴趣的读者自学参考。通过阅读本书，读者将能够全面了解生成式 AI 的核心技术与应用实践，掌握其在各领域的创新应用，为未来的职业发展和个人成长奠定坚实的基础。

本书配有授课电子课件，需要的教师可登录 www.cmpedu.com 免费注册，审核通过后下载，或联系编辑索取（微信：13146070618，电话：010-88379739）。

图书在版编目（CIP）数据

生成式人工智能基础 / 孙丹枫等著. -- 北京：机械工业出版社，2025.6. --（高等院校数字化人才培养创新教材）. -- ISBN 978-7-111-78350-3

I. TP18

中国国家版本馆 CIP 数据核字第 2025KA2395 号

机械工业出版社（北京市百万庄大街 22 号　邮政编码 100037）
策划编辑：郝建伟　　　　　　　　责任编辑：郝建伟　解　芳
责任校对：孙明慧　杨　霞　景　飞　责任印制：张　博
北京铭成印刷有限公司印刷
2025 年 6 月第 1 版第 1 次印刷
184mm×260mm・15.75 印张・387 千字
标准书号：ISBN 978-7-111-78350-3
定价：59.90 元

电话服务　　　　　　　　　　网络服务
客服电话：010-88361066　　　机　工　官　网：www.cmpbook.com
　　　　　010-88379833　　　机　工　官　博：weibo.com/cmp1952
　　　　　010-68326294　　　金　书　网：www.golden-book.com
封底无防伪标均为盗版　　　　机工教育服务网：www.cmpedu.com

前　言

2022 年 11 月 30 日，OpenAI 公司对外发布了基于大语言模型（LLM）的 AI 聊天机器人程序 ChatGPT，它展现出绝妙的人机交互体验，能够充分理解人类自然语言，可以用人类自然对话方式来交互，甚至让人们分不清和自己对话的是人还是机器。此外，它还可以用于更为复杂的语言工作，如自动生成文本、自动问答、自动摘要等多种任务。一时间，人们对其背后技术的了解和研究，对 LLM 和生成式 AI 技术的关注冲向了顶峰。

很快，中国的 AI 初创企业如雨后春笋般不断涌现。2025 年初，发布了低成本、高性能生成式 AI 的 DeepSeek（深度求索公司）在全世界爆红，成为在互联网巨头的资金和学术机构的人才支持下茁壮成长的"中华 AI"，原本以美国企业为中心的 AI 性能竞争迎来全新局面。

生成式 AI 已经成为当今科技领域最具影响力和变革性的力量之一。它不仅推动了技术的进步，更深刻地改变了人们的生活方式、工作模式以及对世界的认知。本书旨在为读者提供一个全面、系统且深入的生成式 AI 知识体系，帮助读者更好地理解这一前沿技术，并探索其在各个领域的广泛应用。

生成式 AI 的发展历程是人类智慧与技术融合的典范。从早期的计算机技术发展，到大数据时代的到来，再到如今机器学习与深度学习的蓬勃兴起，每一步都为生成式 AI 的诞生奠定了坚实的基础。它不仅能够生成高质量的文本、图像、音频和视频内容，还能通过多模态融合技术实现跨领域的创新应用。这些技术的突破，使得生成式 AI 在文化创意、医疗健康、智慧城市、金融服务以及科学研究等多个领域展现出巨大的潜力和价值。

本书分为四个部分。在基础理论篇（第 1、2 章）中，深入探讨了人工智能（AI）的起源、大数据的特征以及机器学习与深度学习的关系，为读者构建一个坚实的理论框架。同时，通过对生成式 AI 的定义、层次和应用场景的介绍，帮助读者初步了解这一技术的核心概念和价值。

核心技术篇（第 3~8 章）是本书的重点，详细介绍了大语言模型技术、提示工程与技巧、文本生成技术、图像生成技术、音频生成技术以及多模态生成技术等关键领域。通过对技术的剖析，读者能够掌握生成式 AI 的核心原理和实现方法，并了解如何通过技术创新推动其发展。

应用场景篇（第 9~13 章）展示了生成式 AI 在文化创意、医疗健康、智慧城市、金融服务和科学研究等领域的广泛应用。通过丰富的案例和实践分析，读者将看到生成式 AI 如何为各个行业带来创新和变革，同时也将了解到其在实际应用中面临的挑战和未来的发展方向。

最后，社会影响篇（第 14、15 章）深入探讨了生成式 AI 所带来的伦理、法律和社会问题。从数据隐私保护到知识产权保护，从 AI 伦理原则到 AGI（通用人工智能）的未来发展，本书将引导读者思考如何在技术进步的同时，确保其符合人类的价值观和社会利益。

在撰写本书的过程中，我们力求保证内容的全面性、准确性和可读性。希望本书不仅能够成为高校各专业人工智能通识教育用书和专业人士的参考书籍，也能为对生成式 AI 感兴趣的普通读者提供一个清晰易懂的入门指南。同时，我们鼓励读者在阅读本书的过程中，积极参与相关技术的研究和实践，探索生成式 AI 的无限可能。

生成式 AI 的概念、技术与应用是一门理论性和实践性都很强的必修课程。本书精心设计教学过程，每章都针对性地设计了课后作业和研究性学习环节。

本书的教学进度设计见课程教学进度表，该表可作为教师授课参考。实际执行时，教师可按照教学大纲安排教学进度，确定本课程的教学进度。

课程教学进度表

（20 —20 学年，第 学期）

课程号：_____ 课程名称：__生成式人工智能__ 学分：__2__ 周学时：__2__

总学时：__32__ （实践学时：____） 主讲教师：_____

序号	校历周次	章（或实验、习题课等）名称与内容	学时	教学方法	课后作业布置
1	1	第一部分 基础理论篇 第 1 章 人工智能基础	2	课堂教学	作业 研究性学习
2	2	第 2 章 生成式 AI 与 AIGC	2		作业 研究性学习
3	3	第二部分 核心技术篇 第 3 章 大语言模型技术	2		作业 研究性学习
4	4	第 3 章 大语言模型技术	2		作业 研究性学习
5	5	第 4 章 提示工程与技巧	2		作业 研究性学习
6	6	第 5 章 文本生成技术	2		作业 研究性学习
7	7	第 6 章 图像生成技术	2		作业 研究性学习
8	8	第 7 章 音频生成技术	2		作业 研究性学习
9	9	第 8 章 多模态生成技术	2		作业 研究性学习
10	10	第三部分 应用场景篇 第 9 章 AIGC 促进文化创意	2		作业 研究性学习
11	11	第 10 章 AIGC 改善医疗健康	2		作业 研究性学习
12	12	第 11 章 AIGC 造就智慧城市	2		作业 研究性学习
13	13	第 12 章 AIGC 提升金融服务	2		作业 研究性学习
14	14	第 13 章 AIGC 提高科研水平	2		作业 研究性学习
15	15	第四部分 社会影响篇 第 14 章 伦理与法律考量	2		作业 研究性学习
16	16	第 15 章 面向 AGI	2		作业 课程学习与实践总结

填表人（签字）： 日期：

系（教研室）主任（签字）： 日期：

本课程的教学评测可以从以下几个方面入手，即：

（1）每章的课后作业（15 项）。

（2）每章的"研究性学习"实践（14 项）。

（3）第 15 章的"课程学习与实践总结"。

（4）学生针对每章内容写下的阅读笔记（建议）。

（5）平时考勤情况。

（6）授课老师认为有必要的其他评测方法。

本书特色鲜明、易读易学，适合本科院校、职业院校各专业学生学习，也适合对 AI 以及 LLM、生成式 AI、AIGC、AGI 相关领域感兴趣的读者阅读参考。

本书配有授课电子课件、20 讲微课教学视频以及丰富的教学资源，需要的教师可登录 www.cmpedu.com 免费注册，审核通过后下载，或联系编辑索取。

本书是杭州电子科技大学 2025 年度校级教材建设项目的建设成果之一。本书的编写得到杭州电子科技大学、浙大城市学院、浙江商业职业技术学院等多所院校师生的支持。参加本书编写工作的还有赵建勇、王文。欢迎教师与作者交流并索取与本书配套的相关教学资料，电子邮箱：zhousu@qq.com，QQ：81505050。

由于作者水平有限，书中难免有疏漏之处，恳请读者批评指正。

作　者

2025 年春

目 录

前言

第1章 人工智能基础 …… 1
1.1 计算机的渊源 …… 1
1.1.1 通用计算机 …… 2
1.1.2 计算机的定义 …… 2
1.2 大数据基础 …… 2
1.2.1 大数据的定义 …… 3
1.2.2 大数据的3V特征 …… 3
1.3 AI时代 …… 4
1.3.1 图灵测试及其发展 …… 4
1.3.2 AI的定义 …… 5
1.3.3 实现AI的三种途径 …… 6
1.4 机器学习与深度学习 …… 8
1.4.1 机器学习 …… 8
1.4.2 深度学习 …… 9
1.4.3 机器学习与深度学习的关系 …… 11
1.5 人工智能发展中的"中国风" …… 11
1.5.1 世界AI发展的排头兵 …… 11
1.5.2 AI领域的"东方神秘力量" …… 11
1.5.3 基于量化"幻方"的深度求索 …… 12
1.5.4 宇树科技与四足机器人 …… 13
1.5.5 游戏科学与《黑神话：悟空》 …… 13
1.5.6 全球最大可交互三维能力的群核科技 …… 13
1.5.7 中国AI企业应有的自信 …… 14
【作业】 …… 14
【研究性学习】探索AI在日常生活中的应用 …… 16

第2章 生成式AI与AIGC …… 18
2.1 Blockhead思维实验 …… 18
2.2 从自然语言处理起步 …… 19
2.2.1 NLP研究内容 …… 19
2.2.2 深度学习的影响 …… 20
2.2.3 LLM崛起 …… 21
2.2.4 LLM特征 …… 21
2.3 生成式人工智能 …… 22
2.3.1 什么是判别式AI …… 22
2.3.2 定义生成式AI …… 23
2.3.3 生成式AI的层次 …… 24
2.3.4 定义AIGC …… 26
2.3.5 生成式AI与AIGC的关系 …… 27
2.4 智能内容生成 …… 27
2.4.1 内容孪生 …… 27
2.4.2 内容编辑 …… 28
2.4.3 内容理解 …… 28
2.5 生成式AI应用场景 …… 29
【作业】 …… 30
【研究性学习】熟悉阿里云大模型"通义千问" …… 32

第3章 大语言模型技术 …… 35
3.1 算法、算力与算料 …… 35
3.1.1 算法：人工智能的智慧之源 …… 35
3.1.2 算力：人工智能的动力引擎 …… 36
3.1.3 算力中的GPU …… 36
3.1.4 DeepSeek带来的启迪 …… 37
3.1.5 算料：人工智能的燃料之源 …… 37
3.2 LLM的工作原理 …… 38
3.2.1 词元及其标记化 …… 38
3.2.2 基础模型 …… 38
3.2.3 词嵌入及其含义 …… 39
3.2.4 生成和理解 …… 39

3.2.5	预训练与微调	39
3.3	生成对抗网络	40
3.3.1	GAN 的基本原理	40
3.3.2	GAN 的训练过程	41
3.3.3	不同类型的 GAN	41
3.4	变分自编码器	43
3.4.1	VAE 的工作机制	43
3.4.2	潜在空间探索	44
3.5	流模型	44
3.5.1	流模型应用场景	45
3.5.2	流模型应用案例	45
3.6	语言模型基础	46
3.7	接入 LLM 的几种方法	46
3.7.1	个人直接使用平台功能	47
3.7.2	通过平台搭建智能体	47
3.7.3	通过 API 调用	48
3.7.4	私有化本地部署	48
3.7.5	通过云服务商间接部署	48
3.7.6	渐进式接入	49
3.8	LLM 的幻觉	49
3.8.1	产生幻觉的原因	49
3.8.2	减轻幻觉	50
【作业】		51
【研究性学习】LLM 典型案例分析		53

第 4 章　提示工程与技巧　56

4.1	提示工程的定义	56
4.2	提示的原理	57
4.2.1	提示词分类	58
4.2.2	提示构成	59
4.2.3	提示调优	59
4.3	提示工程技术	59
4.3.1	链式思考提示	60
4.3.2	生成知识提示	60
4.3.3	少样本提示	61
4.3.4	自一致提示	61
4.3.5	思维树提示	62
4.4	提示学习和语境学习	63
4.4.1	提示学习	63
4.4.2	语境学习	64
4.5	提示词写作技巧	65
4.5.1	提示词框架推荐	65
4.5.2	提示词实践技巧	67
【作业】		68
【研究性学习】练习撰写提示词		70

第 5 章　文本生成技术　73

5.1	典型的语言模型方法	73
5.1.1	基于规则的方法	73
5.1.2	统计语言模型	74
5.1.3	循环神经网络及其变体	76
5.2	Transformer 模型	77
5.2.1	位置编码机制	77
5.2.2	自注意力机制	78
5.2.3	Transformer 过程	79
5.2.4	Transformer 结构	82
5.2.5	Transformer 模块	83
5.3	混合模型	83
5.4	典型的文本生成技术	83
5.4.1	文本摘要技术	84
5.4.2	诗歌生成	84
5.4.3	简单对话系统	84
5.4.4	翻译任务中的应用	85
【作业】		86
【研究性学习】熟悉 AI 助手 Kimi		88

第 6 章　图像生成技术　90

6.1	图像生成的模型	90
6.1.1	扩散模型	90
6.1.2	自回归模型	91
6.1.3	图像生成的代表性模型	92
6.2	图像生成的应用场景	92
6.3	图像风格迁移	94
6.3.1	基本原理	95
6.3.2	代表性算法	95
6.4	超分辨率重建	96
6.4.1	基本原理	96
6.4.2	传统方法	97
6.4.3	基于学习的方法	97
6.5	视频生成	98
6.5.1	主要方法	98

| 6.5.2   代表性算法 ··············· 98
| 6.6   医疗影像合成 ··················· 99
| 6.6.1   主要方法 ················· 99
| 6.6.2   代表性算法 ············· 100
| 6.7   挑战与未来发展 ··············· 100
| 【作业】 ···································· 101
| 【研究性学习】基于深度学习的
| 图像生成 ··············· 103
| 第 7 章   音频生成技术 ··············· 105
| 7.1   定义音频生成技术 ············· 105
| 7.1.1   音频与音乐 ············· 105
| 7.1.2   核心生成技术 ··········· 106
| 7.2   波形建模 ························· 107
| 7.3   音乐旋律生成 ··················· 108
| 7.4   语音合成 ························· 109
| 7.4.1   基本原理 ················· 109
| 7.4.2   主要方法 ················· 110
| 7.4.3   合成质量 ················· 110
| 7.4.4   用户定制 ················· 110
| 7.5   音频增强与修复 ··············· 111
| 7.5.1   噪声减少 ················· 111
| 7.5.2   回声消除 ················· 111
| 7.5.3   音频修复 ················· 112
| 7.5.4   动态范围压缩 ··········· 112
| 7.5.5   等化 ······················· 113
| 7.5.6   时间拉伸与音高转换 ··· 113
| 7.5.7   用户交互与自动化 ····· 114
| 【作业】 ···································· 116
| 【研究性学习】探索音乐旋律生成
| 模型 ························ 118
| 第 8 章   多模态生成技术 ············· 120
| 8.1   多模态生成概述 ··············· 120
| 8.1.1   技术基础 ················· 121
| 8.1.2   模型结构融合策略 ····· 121
| 8.2   视觉与文本结合 ··············· 122
| 8.2.1   图像字幕生成 ··········· 122
| 8.2.2   视觉问答 ················· 122
| 8.2.3   文生图的合成与编辑 ··· 123
| 8.2.4   生成中的情感一致性 ··· 123

         8.2.5   案例：Muse 文生图模型 ········· 124
     8.3   跨媒体内容生成 ··············· 124
         8.3.1   图像到文本生成 ······· 124
         8.3.2   跨媒体翻译 ············· 125
         8.3.3   多模态对话系统 ······· 126
     8.4   智能感知与响应 ··············· 127
         8.4.1   技术基础 ················· 127
         8.4.2   制定响应决策 ··········· 128
     8.5   应用与发展 ····················· 128
         8.5.1   多模态生成的应用场景 ··· 128
         8.5.2   技术挑战与发展趋势 ··· 130
     【作业】 ···································· 132
     【研究性学习】多模态生成技术
               应用——"情感
               音乐可视化" ········· 133
| 第 9 章   AIGC 促进文化创意 ······· 136
| 9.1   文化创意应用场景 ············· 137
| 9.2   文学创作 ························· 137
| 9.2.1   AIGC 用于文学创作 ··· 137
| 9.2.2   自动化写作工具 ······· 138
| 9.2.3   激发创意灵感 ··········· 139
| 9.3   视觉艺术 ························· 139
| 9.3.1   图像生成与编辑 ······· 139
| 9.3.2   风格迁移 ················· 139
| 9.3.3   VR 与 AR ··············· 140
| 9.3.4   AI 绘图工具 ············ 140
| 9.3.5   AIGC 生成视频 ········ 142
| 9.4   音乐与音频制作 ··············· 143
| 9.4.1   自动作曲 ················· 143
| 9.4.2   效果迁移与融合 ······· 144
| 9.4.3   音频处理与配乐 ······· 144
| 9.4.4   智能混音与母带处理 ··· 145
| 9.4.5   互动式音乐体验 ······· 145
| 9.5   影视娱乐 ························· 146
| 9.5.1   剧本开发与优化 ······· 146
| 9.5.2   视觉效果生成 ··········· 146
| 9.5.3   智能剪辑与叙事结构 ··· 147
| 9.5.4   互动式影视体验 ······· 147
| 9.6   AIGC 带来新商业模式 ······· 147

9.6.1 基于订阅的内容即服务……148
9.6.2 微内容与短格式媒体……148
9.6.3 版权保护与交易机制……148
【作业】……148
【研究性学习】文生图：注册
　　使用 Midjourney
　　绘图工具……151

第10章　AIGC 改善医疗健康……153
10.1 关于循证医学……153
10.2 AIGC 在医疗行业中的应用……154
　10.2.1 主要应用场景……155
　10.2.2 展望与挑战……155
10.3 AIGC 加速药物发现……156
　10.3.1 AIGC 用于药物发现……156
　10.3.2 为流程各阶段增加价值……156
　10.3.3 AIGC 助力药物研究……157
10.4 AIGC 应用在健康领域……157
　10.4.1 个性化健康管理……157
　10.4.2 健康教育与咨询……158
　10.4.3 康复与治疗支持……158
10.5 医疗健康应用案例……159
　10.5.1 医学影像诊断系统……159
　10.5.2 智能病历管理系统……160
【作业】……161
【研究性学习】AIGC 辅助临床
　　医学决策……163

第11章　AIGC 造就智慧城市……165
11.1 智能交通概述……165
　11.1.1 智能交通要素……165
　11.1.2 关键技术……167
　11.1.3 主要应用……168
11.2 AIGC 用于智能交通……169
11.3 AIGC 与自动驾驶……169
　11.3.1 车联网技术概述……170
　11.3.2 AIGC 应用于自动驾驶……171
11.4 智能城市与 AIGC……173
　11.4.1 智慧城市关键特点……173
　11.4.2 智慧城市主要组成……174
　11.4.3 AIGC 应用于智慧城市……174

【作业】……175
【研究性学习】AIGC 智能交通应用
　　案例分析……177

第12章　AIGC 提升金融服务……181
12.1 金融服务概述……181
12.2 AIGC 应用于金融服务……182
　12.2.1 智能客服……182
　12.2.2 风险评估……184
　12.2.3 个性化推荐……185
　12.2.4 智能投顾……187
　12.2.5 反欺诈系统……189
12.3 案例：智投宝智能投顾平台……190
12.4 案例：智安盾金融反欺诈
　　系统……191
【作业】……192
【研究性学习】AIGC 在金融服务中的
　　应用探索……194

第13章　AIGC 提高科研水平……197
13.1 AIGC 应用于设计……197
　13.1.1 AIGC 的设计应用场景……197
　13.1.2 AIGC 与设计师的协同模式……198
13.2 数据增强与模拟……201
　13.2.1 数据增强……201
　13.2.2 科学模拟……201
　13.2.3 自动化实验设计……201
　13.2.4 模型训练与改进……202
　13.2.5 理论验证与假设测试……203
13.3 合作与共享……204
　13.3.1 跨学科合作……204
　13.3.2 科研文献管理……205
　13.3.3 开放科学与共享平台建设……206
13.4 AIGC 科研应用案例……207
　13.4.1 生命科学案例……207
　13.4.2 材料科学案例……208
　13.4.3 环境科学案例……208
　13.4.4 社会科学案例……208
　13.4.5 物理科学案例……208
【作业】……209
【研究性学习】AIGC 在科研中的应用

探索 ····················· 211
第14章　伦理与法律考量 ············· 213
　14.1　AIGC面临的伦理挑战 ········· 213
　14.2　数据隐私保护对策 ············· 214
　　14.2.1　数据主权和数据权问题 ······ 214
　　14.2.2　数据利用失衡问题 ········· 214
　　14.2.3　构建隐私保护伦理准则 ······ 215
　　14.2.4　健全道德伦理约束机制 ······ 215
　14.3　AI伦理原则 ·················· 216
　　14.3.1　职业伦理准则的目标 ······· 216
　　14.3.2　创新发展道德伦理宣言 ······ 217
　　14.3.3　欧盟可信赖的伦理准则 ······ 218
　　14.3.4　封禁存在"不可接受风险"AI
　　　　　　系统 ····················· 219
　14.4　LLM的知识产权保护 ········· 219
　　14.4.1　LLM的诉讼案例 ··········· 219
　　14.4.2　尊重隐私，保障安全，促进
　　　　　　开放 ····················· 222
　　14.4.3　边缘群体的数字平等 ······· 223

　【作业】 ·························· 223
　【研究性学习】AI独立完成的视觉艺术品
　　　　　　无法获得版权 ········ 225
第15章　面向AGI ················· 227
　15.1　生成式AI进步 ················ 227
　15.2　AGI的涌现 ··················· 228
　　15.2.1　AGI的定义 ················ 229
　　15.2.2　龙头企业对AGI的认识 ····· 229
　15.3　LLM与AGI ·················· 230
　15.4　生成式AI与AGI ············· 231
　15.5　从生成式AI迈向AGI ········ 231
　　15.5.1　迈向AGI的关键要素 ······· 232
　　15.5.2　面临的挑战 ··············· 232
　　15.5.3　潜在的发展路径 ··········· 233
　15.6　AI的未来发展 ················ 233
　【作业】 ·························· 234
　【课程学习与实践总结】 ············ 236
参考文献 ·························· 240

第 1 章　人工智能基础

本章介绍人工智能（Artificial Intelligence，AI）的基础知识，追溯计算机从人力计算到现代电子计算机的发展历程。本章阐述了 AI 的目标、图灵测试及其发展，区分强 AI、弱 AI 和实用型 AI，并探讨它们的特点和应用。本章还重点介绍了机器学习和深度学习的定义、类型、特点及应用，通过具体示例展示这些技术如何解决实际问题，讨论两者之间的关系，并指出它们在现代 AI 发展中的互补作用以及未来交叉融合的趋势。

1.1　计算机的渊源

20 世纪 40 年代的时候还没有"计算机（Computer）"这个词，它原本指的是做计算的人。这些计算员在桌子前一坐就是一整天，面对一张纸、一份打印的指导手册，可能还有一台机械加法机，按照指令一步步地费力工作，并且需要足够仔细，最后才有可能得出一个正确结果。

面对全球冲突，数学家们开始致力于快速解决复杂数学问题。冲突双方都会通过无线电发送命令和战略信息，为了防止信息可能被敌方截获而泄露，军方会对信号进行加密，而能否破解敌方的密码则关乎着成千上万人的性命，显然，自动化破解会大有裨益。到第二次世界大战结束时，人们已经制造出两台机器，它们可以被看作是现代计算机的源头。一台是美国的电子数字积分计算机（ENIAC，见图 1-1），它被誉为世界上第一台通用电子数字计算机，另一台是英国的巨人计算机（Colossus）。这两台计算机在配置新任务时需要进行移动电线和推动开关等一系列操作。

图 1-1　世界上第一台通用电子数字计算机 ENIAC

1.1.1 通用计算机

今天，计算机几乎存在于所有的电子设备当中，这通常只是因为它比其他选项都要便宜。例如，普通的烤面包机本来并不需要计算机，但比起采用一堆乱七八糟的组件，只用一个简单的部分就可以实现所有功能还是比较划算的。

这类专用的计算机运行速度不同、体积大小不一，但从根本上讲，它们的功用是一样的。事实上，这类计算机大部分只在工厂进行一次编程，这样做是为了对运行的程序进行加密，同时降低可能因改编程序而产生的售后服务成本。机器人其实就是配有诸如手臂和轮子这样的帮助其与外部环境进行交互的特殊外围设备的电子设备。机器人内部的计算机能够运行程序，它的摄像头拍摄物体影像后，相关程序通过照片就可以对影像进行区分，以此来帮助机器人在现实环境中辨认物体。

几乎每个人都用过计算机，人们玩计算机游戏、用计算机写文章、在线购物、听音乐或者通过社交媒体与朋友联系。计算机也被用于预测天气、设计飞机、制作电影、经营企业、完成金融交易和控制工厂等。作为一种通用的信息处理机器，电子计算机又被称为电脑，它能够执行被详细描述的任何过程，其中用于描述解决特定问题的步骤序列称为算法，算法可以变成软件（程序），确定硬件（物理机）能做什么和做了什么。创建软件的过程称为编程。

1.1.2 计算机的定义

但是，计算机到底是什么样的机器？一个计算设备怎么能执行这么多不同的任务呢？现代计算机可以被定义为"**在可改变的程序的控制下，存储和操纵信息的机器**"。该定义有两个关键要素。

第一，计算机是用于操纵信息的设备。这意味着可以将信息存入计算机，计算机将信息转换为新的、有用的形式，然后显示或以其他方式输出信息。

第二，计算机在可改变的程序的控制下运行。

计算机不是唯一能操纵信息的机器。例如，当用简单的计算器来运算一组数字时，就是在输入信息（如数字），处理信息（如计算连续的总和），然后输出信息（如显示）。另一个简单的例子是油泵，给油箱加油时，油泵利用当前每升汽油的价格和来自传感器的信号，读取汽油流入油箱的速率，并将这些数据转换为加了多少汽油和应付多少钱的信息。但是，计算器或油泵并不是完整的计算机，它们只是被构建用来执行特定的任务。

在计算机的帮助下，人们可以设计出更有表现力、更加优雅的语言，并指示机器将其翻译为读取—执行周期能够理解的模式。计算机科学家常常会谈及建立某个过程或物体的模型，这里的"模型"是一个数学术语，意思是写出事件运作的所有方程式并进行计算，这样就可以在没有真实模型的情况下完成实验测试。由于计算机运行十分迅速，因此，与真正的实验操作相比，计算机建模能够更快地得出答案。

1.2 大数据基础

信息社会所带来的好处是显而易见的：每个人口袋里都揣着一部手机，每台办公桌上都放着一台计算机,每间办公室都连接到局域网或者互联网。半个世纪以来,随着计算机技术全面和深度地融入社会生活,信息爆炸已经积累到了引发变革的程度。它不仅使世界充斥着比以往更多的信息,而且其增长速度也在不断加快。

有趣的是,早在 2007 年就有一项研究指出,数据中只有 7% 是存储在报纸、书籍、图片等媒介上的模拟数据,其余全部是数字数据。模拟数据也称为模拟量,相对于数字量而言,指的是取值范围是连续的变量或者数值,如声音、图像、温度、压力等。模拟数据一般采用模拟信号,如用一系列连续变化的电磁波或电压信号来表示。数字数据也称为数字量,相对模拟量而言,指的是取值范围是离散的变量或者数值。数字数据采用数字信号,如用一系列断续变化的电压脉冲(如用恒定的正电压表示二进制数 1,用恒定的负电压表示二进制数 0)或光脉冲来表示。

尽管现在还处在大数据时代的初期,但人们的日常生活已经离不开大数据了。

1.2.1 大数据的定义

以前,一旦达成了收集的目的,数据就会被认为没有用处了。例如,在飞机降落之后,票价数据就没有用了——如果没有大数据的理念,人们可能会丢失掉很多有价值的数据。

如今,人们不再认为数据是静止和陈旧的,它已经成为一种商业资本、一项重要的经济投入,可以创造新的经济利益。事实上,一旦思维转变过来,数据就能被巧妙地用来激发新产品和新服务。今天,大数据是人们获得新的认知、创造新的价值的源泉,还是改变市场、组织机构以及政府与公民关系的方法。大数据时代对人们的生活和与世界交流的方式都提出了挑战。

所谓大数据,狭义上可以定义为:**用现有的一般技术难以管理的大量数据的集合**。这实际上是指用目前企业数据库中占据主流地位的关系型数据库无法进行管理的、具有复杂结构的数据。也可以说,是指由于数据量的增大,导致对数据的查询响应时间超出了允许的范围。

全球知名的管理咨询公司麦肯锡认为:"大数据指的是所涉及的数据集规模已经超过了传统数据库软件获取、存储、管理和分析的能力。这是一个被故意设计成主观性的定义,并且是一个关于多大的数据集才能被认为是大数据的可变定义,即并不定义大于一个特定数字的 TB 才叫大数据。因为随着技术的不断发展,符合大数据标准的数据集容量也会增长;并且定义随不同的行业也有变化,这依赖于在一个特定行业通常使用何种软件和数据集有多大。因此,大数据在今天不同行业中的范围可以从几十 TB 到几 PB。"

随着大数据的出现,数据仓库、数据安全、数据分析、数据挖掘等围绕大数据商业价值的利用逐渐成为行业人士争相追捧的利润焦点,在全球引领了新一轮数据技术革新的浪潮。

1.2.2 大数据的 3V 特征

从字面上看,"大数据"这个词可能会让人觉得只是容量非常大的数据集合而已,但容量只不过是大数据特征的一个方面,如果只拘泥于数据量,就无法深入理解围绕大数据所进行的讨论。

IBM 指出:"可以用 3 个特征相结合来定义大数据:数量(或称容量)、种类(或称多样性)和速度,即简单的 3V(见图 1-2),即庞大容量、极快速度和种类丰富的数据。"

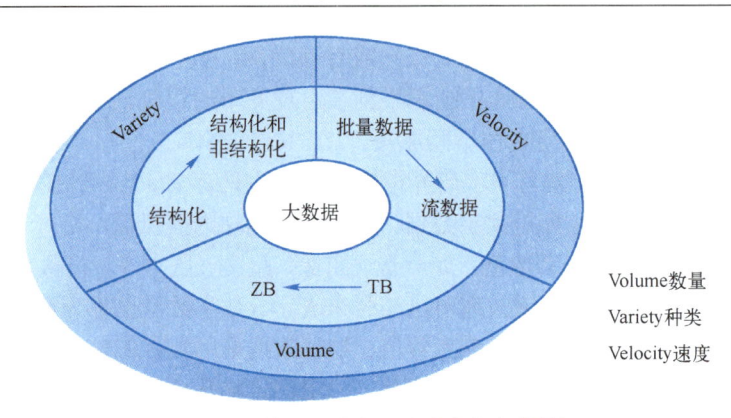

图 1-2　按数量、种类和速度来定义大数据

（1）Volume（数量）。一方面，存储的数据量在急剧增长，包括环境数据、财务数据、医疗数据、监控数据等，数据量不可避免地会转向 ZB 级别。另一方面，随着可供使用的数据量不断增长，可处理、理解和分析的数据的比例却在不断下降。

（2）Variety（种类、多样性）。随着传感器、智能设备以及社交协作技术的激增，数据也变得更加复杂，因为它不仅包含传统的关系型（结构化）数据，还包含来自网页、互联网日志文件（流数据）、搜索索引、社交媒体、电子邮件、文档、主动和被动系统的传感器数据等原始、半结构化和非结构化数据。和过去不同的是，除了存储数据，还需要对其分析并从中获得有用的信息。

（3）Velocity（速度）。数据产生和更新的频率也是衡量大数据的一个重要特征。这里，速度的概念不仅是与数据存储相关的增长速率，还包括数据流动的速度。有效地处理大数据，需要在数据变化的过程中动态地对它的数量和种类执行分析。

在 3V 的基础上，IBM 又归纳总结了第四个 V——Veracity（真实和准确）。"只有真实而准确的数据才能让对数据的管控和治理真正有意义。"

总之，大数据是个动态的定义，不同行业根据其应用的不同有着不同的理解，其衡量标准也在随着技术的进步而改变。

1.3　AI 时代

将人类与一般动物区分开的特征之一就是省力工具的使用。人类发明了车轮和杠杆，以减轻远距离携带重物的负担；发明了长矛，从此不再需要徒手与猎物搏斗。数千年来，人类一直致力于创造越来越精密复杂的机器来节省体力，然而，能够帮助人们节省脑力的机器却一直是一个遥远的梦想。时至今日，人类才具备了足够的技术实力来探索更加通用的思考机器。虽然计算机面世还不到百年，但人们日常生活中的许多设备都蕴藏着 AI 技术。AI 最根本也是最宏伟的目标之一就是建立人脑般的计算机模型，完美模型固然最好，但精确性稍逊的模型也同样十分有效。

1.3.1　图灵测试及其发展

1950 年，在计算机发明后不久，"AI 之父"图灵提出了一套检测机器智能的测试方法，这就是后来广为人知的图灵测试。在测试中，测试者在不知情的情况下分别与计算机和人类各交谈 5min，随后判断哪个是计算机、哪个是人类（见图 1-3）。此后的每一年，在所有参加测试的程序中，最接近人类的那一个将被授予勒布纳 AI 奖。"程序们"的表现确实越来越好了，就像象棋程序能够击败人类象棋大师一样，相信计算机最终一定可以像人类一般流畅交谈。

随着计算机技术的不断演进，研究者们认为应该开发出新的评判标准，以驱动 AI 研究在现代化方向上更进一步。新的图灵测试会包括更加复杂的挑战，也有学者建议在图灵测试中增加对复杂资料的理解，包括视频、文本、照片。例如，一个计算机程序可能会被要求"观看"一段电视节目或者抖音视频，然后根据内容来回答问题，像是"为什么电视剧《天龙八部》中，契丹人萧远山的儿子叫乔峰？"

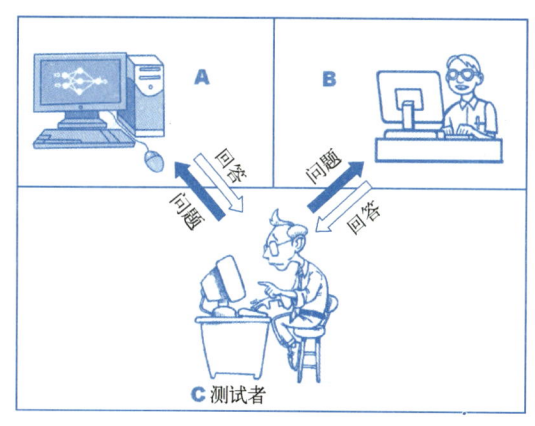

图 1-3 图灵测试

谷歌 DeepMind 的联合创始人穆斯塔法·苏莱曼提出了一种新的测试 AI 是否具有人类水平智能的方法。他认为，传统的图灵测试并不能真正反映 AI 的能力，也不能说明它们是否具有复杂的内部对话或者能否进行抽象时间范围内的规划，这些都是人类智能的关键特征。他认为应该给它们一些短期的目标和任务，让它们在尽量少地依赖人类输入的情况下完成一些具体工作，他称这种过程为"人工能力智能"。为了实现它，苏莱曼认为，AI 机器人应该通过一种新的图灵测试，即**"它得到 10 万美元的种子投资，必须将其变成 100 万美元"**。作为测试的一部分，机器人必须研究一个商业想法，制订产品计划，找到制造商并销售产品。苏莱曼甚至预计 AI 很快将会达到这一目标。

1.3.2 AI 的定义

作为计算机科学的一个分支，AI 是研究、开发用于模拟、延伸和扩展人的智能的理论、方法、技术及应用系统的一门新的技术科学，是一门自然科学、社会科学和技术科学交叉的边缘学科，它涉及的学科内容包括哲学和认知科学、数学、神经生理学、心理学、计算机科学、信息论、控制论、不定性论、仿生学、社会结构学与科学发展观等。

AI 研究领域的一个较早流行的定义，是由约翰·麦卡锡在 1956 年的达特茅斯会议上提出的，即 **AI 就是要让机器的行为看起来像是人类所表现出的智能行为一样**。另一个定义则指出：**AI 是人造机器所表现出来的智能性**。总体来讲，对 AI 的定义大多可划分为四类，即机器"像人一样思考""像人一样行动""理性地思考"和"理性地行动"。这里的"行动"应广义地理解为采取行动或制定行动的决策，而不是肢体动作。

美国斯坦福大学 AI 研究中心尼尔逊教授对 AI 下了这样一个定义："AI 是关于知识的学科——怎样表示知识以及怎样获得知识并使用知识的科学。"而温斯顿教授认为："AI 就是研究如何使计算机去做过去只有人才能做的智能工作。"这些说法反映了 AI 学科的基本思想和基本内容。即 AI 是研究人类智能活动的规律，构造具有一定智能的人工系统，研究如何让计算机去完成以往需要人的智力才能胜任的工作，也就是研究如何应用计算机的软硬件来模拟人类某些智能行为的基本理论、方法和技术。

也可以把 AI 定义为一种工具，用来帮助或者替代人类思维。它是一项计算机程序，可以独立存在于数据中心、个人计算机里，也可以通过诸如机器人之类的设备体现出来。它具备智能的外在特征，有能力在特定环境中有目的地获取和应用知识与技能。

AI 是对人的意识、思维的信息过程的模拟。AI 不是人的智能，但能像人那样思考，甚至也可能超过人的智能。自诞生以来，AI 的理论和技术日益成熟，应用领域也不断扩大，可以预期，AI 所带来的科技产品将会是人类智慧的"容器"。

1.3.3 实现 AI 的三种途径

电子计算机的诞生使信息存储和处理的各个方面都发生了革命，计算机理论的发展产生了计算机科学并最终促使 AI 的出现。计算机这个用电子方式处理数据的发明，为 AI 的可能实现提供了一种媒介。

对于人的思维模拟的研究可以从两个方向进行，一是结构模拟，仿照人脑的结构机制，制造出"类人脑"的机器；二是功能模拟，从人脑的功能过程进行模拟。现代电子计算机的产生便是对人脑思维功能的模拟，是对人脑思维的信息过程的模拟。实现 AI 有三种途径，即强 AI、弱 AI 和实用型 AI。

1. 强 AI

强 AI 又称多元智能，研究人员希望 AI 最终能成为多元智能并且超越大部分人类的能力。有些人认为要达成以上目标，可能需要拟人化的特性，如人工意识或人工大脑。上述问题被认为是 AI 的完整性：为了解决其中一个问题，你必须解决全部问题。即使一个简单和特定的任务，如机器翻译，也会要求机器按照作者的论点（推理），知道什么是被人谈论（知识），忠实地再现作者的意图（情感计算）。

强 AI 不局限于模仿人类的行为，它被认为具有真正独立的思想和意识，并且具有推理并解决问题的能力，甚至这种 AI 具有和人类类似的情感，可以与个体产生共情（体察别人内心世界的能力）。强 AI 观点的倡导者指出，具有这种智能级别的事物已经不再是人类所开发的工具，而是具有思维的个体，从本质上来说已经和人类没有差别了。既然机器有了灵魂，为何不能成为"人类"？这其中更是涉及了"何为人"的哲学探讨，这种探讨在诸多的科幻小说中也多有描述，其中重要的载体就是这种"强 AI"。

虽然强 AI 和弱 AI 只有一字之差，但二者含义有巨大差别：这种"强"其实是一种断层式的飞跃，是一种哲学意义上的升华。强 AI 的观点认为有可能制造出真正能推理和解决问题的智能机器，并且这样的机器将被认为是有知觉的、有自我意识的。

强 AI 可以有以下两类。

（1）类人的 AI，即机器的思考和推理就像人的思维一样。

（2）非类人的 AI，即机器产生了和人完全不一样的知觉与意识，使用和人完全不一样的推理方式。

强 AI 即便可以实现也很难被证实。为了创建具备强 AI 的计算机程序，首先必须清楚地了解人类思维的工作原理，而想要实现这样的目标，人类还有很长的路要走。

2. 弱 AI

弱 AI 指的是利用设计好的程序对动物以及人类逻辑思维进行模拟，所指的智能体表现出与人类相似的活动，但是这种智能体缺乏独立的思想和意识。弱 AI 观点认为不可能制造出能真正推理和解决问题的智能机器，这些机器只不过看起来像是智能的，但是并不真正拥有智能，也不会有自主意识。

目前就算最尖端的 AI 领域也仅仅停留在弱 AI 的阶段，即使这种 AI 可以做到人类难以完成的事情。甚至有 AI 学者认为，人类作为智能体，永远不可能制造出真正能理解和解决问题的智能机器。就目前来看，这种弱 AI 已经完全融入到了人们的生活环境之中：如手机中的语音助手、智能音箱等。但是说到底，这些只是工具，被称为"机器智能"或许更为贴切。例如，1979 年汉斯·莫拉维克制成的斯坦福马车（见图 1-4），这是历史上首台无人驾驶汽车，能够穿过布满障碍物的房间，也能够环绕 AI 实验室行驶。

弱 AI 只要求机器能够拥有智能行为，具体的实施细节并不重要。例如，"深蓝"计算机就是在这样的理念下产生的，它没有试图模仿人类国际象棋大师的思维，而是仅遵循既定的操作步骤。倘若人类和计算机遵照同样的步骤，那么比赛时间将会大幅延长，因为计算机每秒钟验算的可能走位就高达 2 亿个，即使思维惊人的象棋大师也不太可能达到这样的速度。人类拥有高度发达的战略意识，这种意识将需要考虑的走位限制在几步或是几十步以内，而计算机的考虑数以百万计。就弱 AI 而言，这种差异无关紧要，能证明计算机比人类"更会下象棋"就足够了。

如今主流的研究活动都集中在弱 AI 上，并且一般认为这一研究领域已经取得了可观的成就，而强 AI 的研究则处于停滞不前的状态。

3. 实用型 AI

实用型 AI 的研究者们将目标放低，不再试图创造出像人类一般智慧的机器。眼下人们已经能制造出能模拟昆虫行为的机器人（见图 1-5），机械家蝇看起来似乎并没有什么用，但这样的机器人在完成某些特定任务时也是大有裨益的。又比如，一群如狗大小，具备蚂蚁智商的机器人在清理碎石和在灾区找寻幸存者时能够发挥很大的作用。

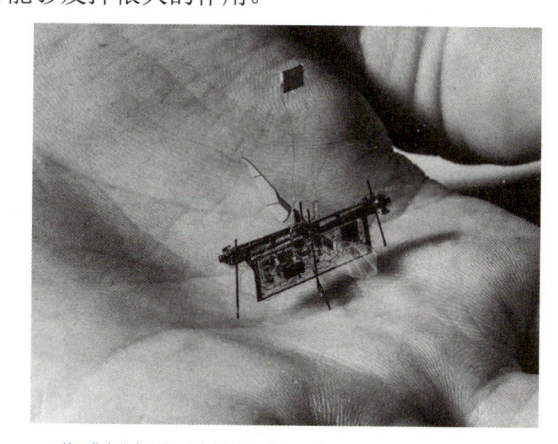

图 1-4 斯坦福马车　　图 1-5 华盛顿大学研制的靠激光束驱动的 RoboFly 昆虫机器人

随着模型变得越来越精细，机器能够模仿的生物也会越来越高等。最终，我们可能必须接受这样的事实：机器似乎变得像人类一样智慧了。也许实用型 AI 与强 AI 殊途同归，但考虑到复杂性，通常不会相信机器人是有自我意识的。

1.4 机器学习与深度学习

机器学习和深度学习是 AI 领域中两个密切相关但又有所区别的概念。机器学习是一种通过算法使计算机系统利用数据进行自我优化并改进性能的技术，而深度学习是机器学习的一个子集，它使用多层神经网络从大量数据中自动学习复杂的特征表示，以实现更高级别的任务处理和决策能力。

1.4.1 机器学习

机器学习的应用非常广泛，几乎涵盖了所有行业和领域。还有很多其他重要的应用场景，如医疗诊断、自动驾驶、语音识别等。如何有效地选择和处理输入特征对于模型性能有着至关重要的影响。

定义：机器学习是一种让计算机系统通过经验（数据）自动改进的技术，而无须明确编程指令。它依赖于算法来构建数学模型，这些模型可以从历史数据中学习，并用于对未来事件进行预测或决策。

机器学习的主要类型如下（见图 1-6）。

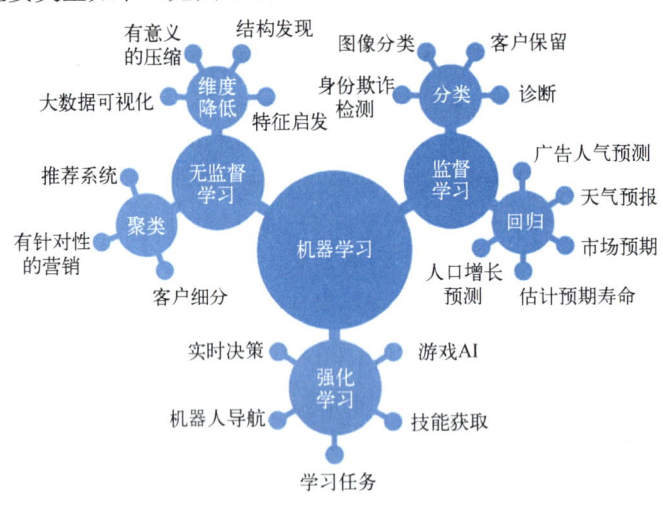

图 1-6 机器学习的主要类型

（1）监督学习。使用标记的数据集训练模型，目标是最小化预测值与真实标签之间的误差，如分类问题（如垃圾邮件检测）、回归问题（如房价预测）。

（2）无监督学习。处理未标记的数据，旨在发现隐藏的模式或结构。常见的应用包括聚类分析（如客户细分）、降维（如主成分分析 PCA）。

（3）强化学习。通过试错机制与环境互动，学习如何采取一系列动作以最大化累积奖励，适用于游戏、机器人导航等领域。

机器学习的主要特点如下。

（1）特征工程。在机器学习中，特征选择和提取是非常重要的步骤，因为模型的表现很大程度上取决于输入特征的质量。

（2）可解释性。许多传统的机器学习模型相对简单，易于理解和解释，这对于某些应用场景（如医疗诊断）非常重要。

示例1：垃圾邮件过滤。通过分析大量已知类别（垃圾/非垃圾）的邮件文本，模型可以学会区分不同类型的邮件特征，并据此对新收到的邮件进行分类预测，自动识别并过滤掉电子邮件中的垃圾信息。

使用到的技术如下。

（1）算法：朴素贝叶斯分类器、支持向量机（SVM）。

（2）特征工程：提取邮件内容的关键字、短语、发件人信息等作为输入特征。

（3）训练数据：标记为"垃圾"或"非垃圾"的历史邮件样本。

（4）评估指标：准确率、召回率、F1分数等。

示例2：信用卡欺诈检测。通过对历史交易数据的学习，模型能够识别出哪些因素组合最有可能导致欺诈行为的发生，并在新的交易中快速做出风险评估，实时监控交易活动，以及时发现潜在的欺诈行为。

使用到的技术如下。

（1）算法：决策树、随机森林、梯度提升机（GBM）。

（2）特征工程：交易金额、时间戳、地理位置、用户行为模式等。

（3）训练数据：过去一段时间内的所有交易记录，其中包含正常和异常交易。

（4）评估指标：ROC曲线下面积（AUC-ROC）、混淆矩阵。

示例3：客户细分与市场定位。聚类算法可以帮助企业从庞大的客户数据库中找出具有相似特征的子集，从而实现更加精准的目标市场营销。根据消费者的购买习惯和其他属性将他们分成不同的群体，以便制定个性化的营销策略。

使用到的技术如下。

（1）算法：K均值聚类、层次聚类。

（2）特征工程：年龄、性别、收入水平、消费频率、偏好商品种类等。

（3）训练数据：客户的个人信息及历史购物记录。

（4）评估指标：轮廓系数、卡林斯基-哈拉巴斯指数。

示例4：推荐系统。其核心在于理解用户的偏好，并通过算法找到最符合其需求的商品或信息，从而增加点击率、购买转化率等关键业务指标，为用户提供个性化的产品或服务推荐，提高用户体验和满意度。

使用到的技术如下。

（1）协同过滤：基于用户评分或交互行为构建用户-物品矩阵，推荐相似用户或物品。

（2）内容基础推荐：利用项目本身的特性（如书籍的主题、电影的类型），找到与用户兴趣相匹配的内容。

（3）混合推荐系统：结合上述两种方法的优点，提供更准确的建议。

1.4.2 深度学习

与传统机器学习相比，深度学习能够自动从原始数据中提取高层次的抽象特征，减少了对人工设计特征的需求。

定义：深度学习是机器学习的一个子集，特别是那些基于多层神经网络架构的学习方法。

深度学习的核心技术是通过多层神经网络自动从大量数据中学习特征表示，从而实现对复杂模式的识别和预测（见图1-7）。

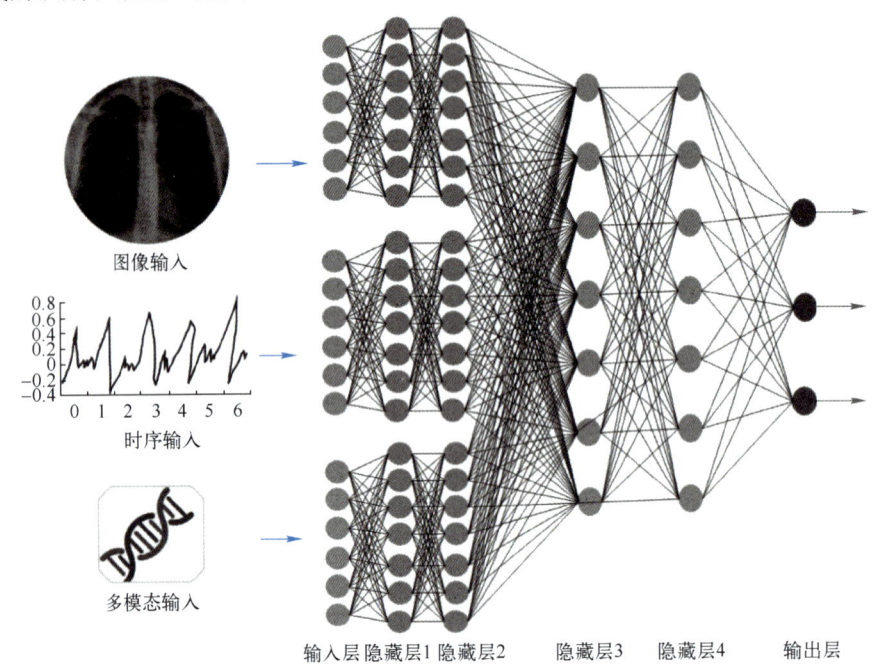

图1-7 通过多层神经网络实现复杂模式的识别和预测

（1）神经网络（NN）。模拟生物神经系统的工作原理，由多个节点（神经元）组成，通过权重连接形成层次结构。每一层负责捕捉特定类型特征，随着层数增加，模型可以学习到更加复杂的表示。

（2）卷积神经网络（CNN）。广泛应用于图像识别任务，因其局部感知野和权值共享机制，非常适合处理二维空间信息。

（3）循环神经网络（RNN）。适用于序列数据处理，如NLP、语音识别等。LSTM（长短期记忆网络）和GRU（门控循环单元）是RNN的变体，解决了传统RNN的梯度消失问题。

（4）变压器（Transformer）。这是近年来兴起的一种以自注意力机制闻名的新型架构，能够在不依赖递归的情况下高效处理长距离依赖关系，在大规模文本生成、翻译等方面表现出色。

深度学习的主要特点如下。

（1）自动特征学习。深度学习模型可以通过大量参数自动调整内部表征，从而减少对外部特征工程的依赖。

（2）大数据驱动。深度学习通常需要大量的标注数据来进行有效的训练，这使得它在互联网、社交媒体等数据丰富的领域具有优势。

（3）高性能计算资源。由于模型复杂度高，训练过程往往需要强大的GPU集群，以及优化后的框架（如TensorFlow、PyTorch）支持。

1.4.3　机器学习与深度学习的关系

机器学习和深度学习都是推动现代 AI 发展的关键技术。虽然它们各自有独特的特性和应用场景，但在很多情况下相辅相成。

（1）适用场景差异。传统机器学习更适合于较小规模的数据集或较简单的任务；而对于大型复杂任务，尤其是涉及多媒体内容时，深度学习则显示出更大的潜力。

（2）互补作用。两者可以结合使用。例如，在一些实际项目中，可能会先用机器学习方法进行初步筛选或预处理，然后利用深度学习进一步优化结果。

深度学习本质上是机器学习的一部分，但它采用了更复杂的模型和算法，特别是在处理非结构化数据（如图像、音频、文本）方面取得了显著成就。随着技术的进步，可以期待这两个领域继续交叉融合，带来更多创新性的解决方案。

1.5　人工智能发展中的"中国风"

近年来，中国在人工智能领域取得显著进展，成为全球人工智能研究和应用的重要力量。中国政府高度重视人工智能的发展，2017 年 7 月 20 日，国务院发布了《新一代人工智能发展规划》，设定到 2030 年成为世界主要人工智能创新中心的努力目标。此后，中国的研究者在全球顶级会议和期刊上发表了大量的人工智能相关论文，相关论文被引用次数也名列前茅，在人工智能专利申请数量方面，中国占据了世界领先地位。

1.5.1　世界 AI 发展的排头兵

根据 2025 年初的统计数据，中国的人工智能核心产业规模已经达到 5000 亿元，拥有超过 4300 家人工智能企业，涵盖了从基础硬件到应用场景的全产业链。人工智能技术在中国的应用场景非常广泛，包括智能制造、智慧城市、自动驾驶、医疗健康、金融科技等各个领域。

凭借着庞大的国内市场，中国企业能够快速迭代产品和服务，推动技术创新。作为世界上人口最多的国家之一，中国拥有海量的数据资源，为人工智能模型训练提供了丰富的素材。中国积极推动人工智能与其他行业的深度融合，"人工智能+"战略加速了产业升级和转型。

中国还积极参与国际人工智能标准制定和技术交流，在国际市场上展示出强大的竞争力。例如，中国企业 DeepSeek（深度求索）在算法优化、深度学习等方面做出重要贡献，打破了某些技术瓶颈。随着人工智能教育的普及，中国正在培养出一批又一批的专业人才，为全球人工智能行业输送新鲜血液。通过持续投入和创新，中国有望在未来几年内进一步巩固其在人工智能领域的领导地位。

1.5.2　AI 领域的"东方神秘力量"

2024 年年末，多家中国 AI 公司顶着"东方神秘力量"的光环，被密集置于国内外的聚光灯下。在国外网友热议中，有国内网友敏锐地发现，这些"东方神秘力量"的 AI 企业都身处杭州，一时间，"杭州六小龙"的说法在江湖上不胫而走。

梳理这些"小龙"们的发展历程，会发现被称为"人工智能元年"的 2018 年是关键节点。那一年，群核科技（杭州）和英国帝国理工大学、美国南加州大学、浙江大学等高校联手推出 InteriorNet 数据集，为室内环境理解、3D 重构、机器人交互等研究提供数据基础。2018 年年初，宇树科技熬过了发展的至暗时刻。几乎同一时间，《黑神话：悟空》立项，半年后游戏科学公司的精锐团队搬到了杭州。也是那一年的年底，强脑科技落户杭州 AI 小镇，他们收获了一位特殊的员工——手部有残疾的倪敏成，后来他佩戴假肢用意念控制写毛笔字，完成了强脑科技在国内的首秀（见图 1-8）。这家比马斯克的 Neuralink 成立还早一年的脑机接口公司驶上了快车道，越来越多身患残疾但热爱生活的人戴着他们的假肢弹起钢琴、举起火炬。

2018 年，杭州也叩开了通向未来的大门，正式提出并动员"中国数字经济第一城"的建设，为如今高水平重塑全国数字经济第一城，以及数字经济和人工智能的双向奔赴埋下伏笔。

同样是在 2018 年，谷歌基于 Transformer 推出了 BERT 模型，世界知名的人工智能初创公司 OpenAI 推出了 GPT 系列模型，让机器看得懂也说得顺。不过，那一年即使 AI 算力方面的业务大幅增长，英伟达还是被资本抛弃，到年底股价只剩 3

图 1-8 强脑科技的首秀：戴假肢用意念控制写毛笔字

美元，差不多是 2024 年最高价的五十分之一，不过他们还是坚持给出了关于未来的一系列预演。这些在当时看上去像魔法的技术，最终影响了包括杭州六小龙在内，所有与 AI、计算、数据相关的科技公司日后的发展轨迹。

1.5.3　基于量化"幻方"的深度求索

对于 2018 年，中国股民的回忆并不美好。但当时方兴未艾的"量化江湖"出现了一支名为"幻方"的新锐，全年取得了正收益。所谓量化，通常指的是量化交易或量化投资，它是利用数学模型和计算机技术来进行交易或投资决策的过程，而不是依赖个人的主观判断。而"幻方"二字源于中国传统算术，常见的"九宫格"就是幻方的一种。如果仅看幻方量化的团队构成，很难想象这是一家金融公司。公司 CEO 徐进是浙江大学信号与信息处理专业博士，研究方向是机器人自主导航、立体视觉等，公司实际控制人梁文锋是个 80 后，毕业于浙江大学软件工程专业，主修软件工程、人工智能方向，2008 年开始研究量化交易。

2016 年，幻方在交易系统里融入 AI，两年后把 AI 确定为公司的主要发展方向。2019 年，幻方管理规模超过 100 亿，成为国内量化私募"四巨头"之一。同年，他们开始研究怎样构建大规模 GPU 集群。从那年开始，幻方每年会购买大批 GPU，到 2021 年，幻方量化对超算集群系统的投入增加到 10 亿，并且搭载了超 10000 张英伟达 A100 显卡。江湖盛传："中国持有高性能 GPU 最多的机构不是人工智能公司，而是幻方。"

2023 年 7 月，梁文锋在杭州创立 DeepSeek（深度求索），专注于 AI 大模型的研究和开发。很快，大模型 DeepSeek 上线并同步开源 DeepSeek-V3 模型，公布了长达 53 页的训练和技术细节——他们用不到同行十分之一的成本训练出的大模型，在多项指标上领先全球包括 OpenAI 的 GPT-4o 在内的其他大模型。

1.5.4 宇树科技与四足机器人

宇树科技（杭州宇树科技有限公司）专注于四足机器人的研发，提供高机动性、低成本的解决方案，其产品广泛应用于教育、娱乐及科研领域。这是一家创立于 2016 年的公司，但其已经拿下全球四足机器人市场的大半壁江山，出货量占比超过六成，客户包含亚马逊、谷歌、英伟达、Meta 等。

在宇树科技发布的 B2 机器狗进阶版 B2-W 的炫技视频里，四足变四轮的它轻松展示了托马斯全旋、侧空翻、360°跳跃转体等丝滑连招，还能从 2.8 米高处飞跃而下。这条视频甚至很快得到了马斯克的转发和评论。

宇树科技的创始人王兴兴生于 1990 年，他 10 岁的时候看到了 MIT（麻省理工学院）实验室做出的机器人。主导这一项目的马克·雷伯特后来成了波士顿动力的创始人，波士顿把机器狗带入了世界大众的视野。

大学毕业后王兴兴入职大疆（中国无人机品牌），10 年后宇树科技被媒体描述为"地面大疆"。由于从小和各种机械部件打交道，王兴兴对每个构件的设计和成本都了然于胸，所以，宇树的机器狗性能卓越，价格反倒大幅低于同行。他既有工程师的才华，又有商人精明的头脑，他在电机驱动机器狗领域有绝对的自信。

1.5.5 游戏科学与《黑神话：悟空》

说到自信，两年前就写好 TGA 年度最佳游戏获奖感言的冯骥不遑多让。TGA 是由加拿大籍游戏媒体人杰夫·吉斯利主办，得到索尼、微软、任天堂等知名企业支持的电子游戏奖项。

20 年前，冯骥写下 6000 字的雄文《谁谋杀了我们的游戏?》，带着改变国产网游糟糕现状的满腔热血进入游戏行业。10 年前，他成立游戏科学，决心要用扎实的技术去解决具体问题，用实事求是的态度做一款高品质的游戏。2018 年，他和团队终于下定决心"重走西游"，弥补 10 年前在《斗战神》上留下的遗憾，《黑神话：悟空》正式踏上取经路，终于让唢呐声第一次在被誉为游戏奥斯卡的 TGA 上响起，即便遗憾错失年度最佳游戏，也留下了"功成何须裂裳证"的江湖美誉。

1.5.6 全球最大可交互三维能力的群核科技

本科就读于浙江大学竺可桢学院的黄晓煌博士研究方向是 GPU 高性能计算，回国后他与两位室友创立了群核科技，名字来源于他们搭建的 GPU 架构多核心处理器。最初他们的想法是把 GPU 放到云端，支持渲染等需要高性能计算的应用，家居设计成了最佳落地场景。很长一段时间，旗下"酷家乐"这个 SaaS 产品要比群核更有名。

得益于前期在家装领域，以及中期在工业 4.0 领域的长期沉淀，群核科技积累了大量物理世界的数据。在 AI 逐步从数字世界走入物理世界的过程中，坐在了"金矿"上——他们合成的数据不仅质量高，还遵循了物理规律。

2024 年 11 月 20 日，群核科技首次对外公开了其两大技术引擎：群核启真（渲染）引擎和群核矩阵（CAD）引擎。一个对应的是拥有超级算力支撑的万卡集群，另一个对应的是由海量数据组成的"物理世界模拟器"。后者比 OpenAI 对 Sora "世界模拟器"的定义多了两个字，更强调"真实"。

1.5.7 中国 AI 企业应有的自信

当人们谈到 DeepSeek 时，许多业内人士会自然提到另一款来自杭州的开源模型，阿里云旗下的 Qwen；提到机器狗、宇树科技之外，还有家名字很有诗意的公司"云深处"，其创始人朱秋国也来自浙江大学，他们的轮足机器人"山猫"比宇树的 B2-W 发布更早，同样引发了轰动；在全新的 AR/AI 眼镜赛道，也挤满了浙江大学精英创业者，而光电本身就是浙江大学的传统优势专业。除了 Rokid，这份名单里的杭州面孔包括被字节跳动投资的李未可，凭借技术切入泳镜细分赛道的光粒科技，从脑机接口跨界来的 Looktech，等等。在 AI 开启的新一轮技术浪潮下，这座城市的创业江湖更要热闹得多。

面对国外科技巨头的竞争，DeepSeek 的梁文锋说："中国的企业应该要自信，要学会引领技术创新，学会组织和培养自己的高密度人才。"宇树科技的王兴兴说："高学历并不代表一切，没有人特别天才，大家其实都差不多。"游戏科学的冯骥希望大家都能继续怀着自信与雄心，保持勇敢、诚实和善良，踏实做好每一件具体的小事，坦然接受结果，一直在取经的路上，直至生命最后一刻。

【作业】

1. 最初，"计算机（Computer）"这个词指的是（　　）。
   A．计算的机器　　B．做计算的人　　C．电脑　　D．计算桌
2. 被誉为世界上第一台通用电子数字计算机的是（　　）。
   A．Ada　　B．Colossus　　C．ENIAC　　D．SSEM
3. （　　）已经成为一种商业资本，一项重要的经济投入，可以创造新的经济利益。
   A．能源　　B．数据　　C．财物　　D．环境
4. 今天，（　　）是人们获得新的认知、创造新的价值的源泉，它还是改变市场、组织机构，以及政府与公民关系的方法。
   A．大数据　　B．算法　　C．程序　　D．传感器
5. 所谓大数据，狭义上可以定义为（　　）。
   A．用现有的一般技术难以管理的大量数据的集合
   B．随着互联网的发展，在我们身边产生的大量数据
   C．随着硬件和软件技术的发展，数据的存储、处理成本大幅下降，从而促进数据大量产生
   D．随着云计算的兴起而产生的大量数据
6. 所谓"用现有的一般技术难以管理"，是指（　　）。
   A．由于数据量的增大，导致对非结构化数据的查询产生了数据丢失
   B．用目前企业数据库占据主流地位的关系型数据库无法进行管理的、具有复杂结构的数据
   C．分布式处理系统无法承担如此巨大的数据量
   D．数据太少无法适应现有的数据库处理条件
7. 大数据的定义是一个被故意设计成主观性的定义，即并不定义大于一个特定数字的 TB

才叫大数据。随着技术的不断发展，符合大数据标准的数据集容量（　　）。

  A．稳定不变   B．略有精简   C．也会增长   D．大幅压缩

8．可以用 3 个特征相结合来定义大数据，即（　　）。

  A．数量、种类和速度   B．庞大容量、极快速度和种类丰富的数据
  C．数量、速度和价值   D．丰富的数据、极快的速度、极大的能量

9．实际上，大多数的大数据都是（　　）的。

  A．结构化   B．非结构化
  C．半结构化   D．非结构化或半结构化

10．被誉为"AI 之父"的科学大师是（　　）。

  A．爱因斯坦 B．冯·诺依曼 C．钱学森 D．图灵

11．作为计算机科学的一个分支，人工智能的英文缩写是（　　）。

  A．CPU   B．BI   C．AI   D．DI

12．AI 是典型的（　　）学科，研究的内容集中在机器学习、NLP、计算机视觉、机器人学、自动推理和知识表示六大方向。

  A．交叉   B．工程   C．自然   D．心智

13．下列关于 AI 的说法正确的是（　　）。

  ① AI 是关于知识的学科——怎样表示知识以及怎样获得知识并使用知识的科学
  ② AI 就是研究如何使计算机去做过去只有人才能做的智能工作
  ③ 自 1946 年以来，AI 学科经过多年的发展，已经趋于成熟，得到充分应用
  ④ AI 不是人的智能，但能像人那样思考，甚至也可能超过人的智能

  A．①③④   B．①②④   C．①②③   D．②③④

14．大数据是（　　）发展的综合结果，其相关技术紧紧围绕数据展开，包括数据的采集、整理、传输、存储、安全、分析、呈现和应用等，价值主要体现在分析和应用上。

  ① 物联网   ② 数值计算   ③ Web   ④ 信息系统

  A．②③④   B．①②③   C．①③④   D．①②④

15．大数据和 AI 虽然关注点不同，但是却有密切的联系。比如（　　）就是数据分析的常用方式。

  A．具象分析 B．机器视觉 C．人机交互 D．机器学习

16．传统（　　）是一种让计算机通过经验（数据）自动改进的技术，而无须明确编程指令。它依赖于算法构建数学模型，模型从历史数据中学习，并用于对未来事件进行预测或决策。

  A．深度学习 B．机器学习 C．迁移学习 D．强化学习

17．在传统机器学习中，（　　）使用标记的数据集训练模型，目标是最小化预测值与真实标签之间的误差，如分类问题（如垃圾邮件检测）、回归问题（如房价预测）。

  A．监督学习 B．深度学习 C．无监督学习 D．强化学习

18．（　　）是机器学习的一个子集，特别是指那些基于多层神经网络架构的学习方法。它能够自动从原始数据中提取高层次的抽象特征，减少了对人工设计特征的需求。

  A．监督学习 B．深度学习 C．无监督学习 D．强化学习

19．深度学习的核心技术是通过多层神经网络自动从大量数据中学习特征表示，从而实

现对复杂模式的识别和预测。它的主要特点包括（　　）。

  ① 自动特征学习 ② 大数据驱动 ③ 可解释性 ④ 高性能计算资源

  A．②③④ B．①②③ C．①②④ D．①③④

20．机器学习和深度学习都是推动现代 AI 发展的关键技术，虽然它们各自有其独特的特性和应用场景，但在很多情况下可以相辅相成。对于大型复杂任务，（　　）则显示出更大的潜力。

  A．弱 AI B．强 AI C．传统机器学习 D．深度学习

【研究性学习】探索 AI 在日常生活中的应用

  所谓"研究性学习"，是以"培养学生具有永不满足、追求卓越的态度，发现问题、提出问题、从而解决问题的能力"为基本目标；以学生从学习和社会生活中获得的各种课题或项目设计、作品的设计与制作等为基本的学习载体；以在提出问题和解决问题的全过程中学习到的科学研究方法、获得的丰富且多方面的体验和获得的科学文化知识为基本内容；以在教师指导下，学生自主开展研究为基本教学形式的课程。

  结合各章学习内容，本书精选了许多经典案例，试图引导读者对本课程的兴趣与理解，着眼于通过深度阅读来掌握学习方法，着眼于"如何灵活应用这一技术"来开动对未来的想象力。

  1．实验目的

  机器学习包括传统机器学习和深度学习。通过实践活动，让学生深入了解 AI 和机器学习/深度学习在日常生活中的具体应用，增强对 AI 技术的理解和认识，激发学生对 AI 领域的兴趣和探索欲望。

  2．实验准备

  （1）资料准备：提供关于 AI 和机器学习/深度学习基础概念的简短资料，以及一些常见的 AI 应用案例。

  （2）软件工具：推荐使用一些 AI 工具或平台，如在线的图像识别 API、语音识别软件等。

  3．实验内容与步骤

  步骤 1：理论学习（30 分钟）。

  （1）回顾课堂内容：简要回顾本章所学的 AI 和机器学习/深度学习基础知识，包括 AI 定义、机器学习主要类型（监督学习、无监督学习、强化学习）以及深度学习基本概念。

  （2）案例分析：选择一个具体的 AI 应用案例（如智能推荐系统、信用评分系统等），详细讲解其技术实现和实际效果，深入理解 AI 技术如何解决实际问题。

  步骤 2：实践操作（60 分钟）。

  （1）分组实践："研究性学习"活动需要通过学习小组，以集体形式开展。为此，请你邀请或接受其他同学的邀请。研究性学习小组成员以 3 到 5 人为宜。

  你们的小组成员是：

  召集人：_____（专业、班级：_____）

  组员：_____（专业、班级：_____）

　　　　_____（专业、班级：_____）
　　　　_____（专业、班级：_____）
　　　　_____（专业、班级：_____）
学习小组选择一个 AI 应用领域（如图像识别、语音识别、NLP 等）开展讨论。
　　（2）使用 AI 工具：指导学生使用推荐的 AI 工具或平台，进行简单的实践操作。例如，使用图像识别 API 上传图片并观察识别结果，或使用语音识别软件录制语音并转换为文字。
　　（3）数据收集与分析：让学生收集实践过程中的数据（如识别准确率、响应时间等），并进行简单的分析，讨论影响结果的因素。
　　步骤 3：结合本章内容开展讨论（30 分钟）。
　　① 什么是大数据的定义，什么是 AI 的定义？大数据和 AI 这两个学科之间有什么关系？
　　② AI 的机器学习包括机器学习和深度学习。什么是机器学习？什么是深度学习？它们的分工与合作关系如何？机器学习对 AI 发展的重要意义？机器学习将会如何影响人类社会？
　　③ AI 时代对我们的职业生涯有什么影响？
　　记录：请记录小组讨论的主要观点，推选代表在课堂上简单阐述你们的观点。
　　评分规则：若小组汇报得 5 分，则小组汇报代表得 5 分，其余同学得 4 分，余类推。

4．实验评价（教师）

第 2 章　生成式 AI 与 AIGC

本章深入探讨了生成式人工智能（生成式 AI）与人工智能生成内容（AIGC）的关键概念、技术发展、应用场景以及面临的伦理挑战。通过 Blockhead 思维实验引出对智能本质的思考，指出 LLM 虽然在文本生成中表现出色，但存在数据污染等问题。接着，回顾 NLP 从基于规则的方法到统计方法，再到深度学习方法的演变历程，强调 LLM 在 NLP 领域的里程碑意义。本章阐述了 LLM 的定义、核心特征，以及生成式 AI 与判别式 AI 的区别，明确了生成式 AI 的定义、应用场景、未来发展趋势及伦理挑战，并对 AIGC 进行了定义，探讨了其关键步骤、广泛应用场景以及与生成式 AI 的紧密联系。在很多语境下，AIGC 也被用于指代生成式 AI。

此外，本章还分析了生成式 AI 的层次结构，包括应用层、平台层、模型层和基础设施层，并讨论了 AIGC 在内容生成领域的具体应用，如内容孪生、内容编辑和内容理解，展示了其在多模态内容生成中的潜力。最后，总结了 AIGC 在文本、音频、图像、视频、代码生成等多个领域的广泛应用场景，强调其在推动内容创作方式变革中的重要作用。

2.1　Blockhead 思维实验

在任何现有或想象的未来计算机系统中，存储数千个单词的所有可能序列都是不现实的，与之相比，这些序列的数量使得宇宙中的原子数量看起来是微不足道的。因此，研究人员重新利用神经网络的试验和真实方法，将这些巨大的集合减少为更易管理的形式。

神经网络最初被应用于解决分类问题——决定某物是什么，例如，输入一张图片，网络将确定它是狗还是猫的图像。神经网络必须以一种使相关的输入产生相似结果的方式来压缩数据。

1981 年，内德·布洛克构建了"Blockhead（傻瓜）"假说——假定科学家们通过编程，在 Blockhead 内预先设定好近乎所有问题的答案，那么，当它回答问题的时候，人们也许就根本无法区分是 Blockhead 还是人类在回答问题。显然，这里的 Blockhead 并不被认为是智能的，因为它回答问题的方式仅仅是从其庞大的记忆知识库中检索并复述，并非通过理解问题之后给出答案。哲学家们一致认为，这样的系统并不符合智能的标准。

对于多年来一直在思考 AI 的哲学家来说，GPT-x（各种版本的 GPT 软件）就像是一个已经实现了的思维实验。实际上，GPT-x 的许多成就是通过类似的内存检索操作产生的。GPT-x 的训练集中包括了数亿个人类个体生成的对话和数以千万计的学术出版物，涵盖了潜在的问答对等。研究发现，深度神经网络多层结构的设计使其能够有效地从训练数据中检索到正确答案。这表明，GPT-x 的回答其实是通过近似甚至是精确复制训练集中的样本生成的。

如果 GPT-x 真的是以这种方式运行，那么它就只是 Blockhead 的现实版本。由此，人们在评估 LLM 时存在一个关键问题：它的训练集中可能包含了评估时使用的测试问题，即"数据污染"，而这些问题应该在评估之前予以排除。

事实上，LLM 不仅可以简单地复述其提示的或训练集的大部分内容，还能够灵活地融合来自训练集的内容，产生新的输出。许多经验主义哲学家提出，LLM 能够灵活复制先前经验中的抽象模式，可能不仅是智能的基础，还是创造力和理性决策的基础。

2.2 从自然语言处理起步

NLP（自然语言处理）是一门研究如何让计算机理解、生成和分析人类自然语言的学科，它是 AI 和计算机科学的重要分支。NLP 的发展经历了从基于规则的方法到统计方法，再到深度学习方法的转变。LLM 的兴起是 NLP 领域的一个重要里程碑，它们代表了深度学习方法在处理自然语言上的最新进展。

2.2.1 NLP 研究内容

NLP 研究的主要内容有以下几个方面。并且随着技术的不断进步，新的研究方向和应用场景也在不断涌现。

（1）文本预处理。这是 NLP 的基础步骤，包括文本清洗（去除无关字符、标点符号等）、分词（将文本切分成单词或词汇单元）、词性标注（为每个词汇分配语法类别，如名词、动词等）、命名实体识别（识别文本中的特定实体，如人名、地点、组织机构名等）。

（2）词法分析。如何分析词汇的形式和意义，包括词干提取（将词汇还原为其词根形式）、词形还原（将词汇还原为标准词典形式）等。

（3）句法分析。分析句子的结构和组成成分，包括句法树结构的构建、依存关系分析（确定词汇间的语法关系）等。

（4）语义分析。理解文本的深层含义，包括情感分析（判断文本的情感倾向）、主题抽取（识别文本的主题内容）、篇章理解（理解长篇文本的连贯性和逻辑关系）等。

（5）自然语言生成。将非自然语言形式的信息转换成自然语言文本，如自动生成报告、新闻摘要、对话应答等。

（6）机器翻译。将一种自然语言自动转换为另一种自然语言，这是 NLP 的重要应用之一。

（7）对话系统。构建能够与人类进行自然对话的系统，包括聊天机器人、语音助手等，涉及对话管理、上下文理解、自然语言生成等技术。

（8）信息检索与过滤。从大量文本中找出与查询条件相匹配的信息，如搜索引擎、推荐系统等。

（9）语音识别与语音合成。将语音信号转换为文本（语音识别），或将文本转换为语音信号（语音合成）。

（10）知识图谱与语义网。构建和利用知识图谱来增强机器对世界的理解和推理能力，用于问答系统、智能推荐等场景。

（11）深度学习模型。使用深度神经网络（如 RNN、LSTM、Transformer 等）来处理自然语言任务，包括语言模型、词向量表示（如 Word2Vec、GloVe）、注意力机制等。

2.2.2 深度学习的影响

早期的 NLP 系统依赖于手工编写的规则来解析和理解语言。这些规则基于语言学理论，试图直接编码语法和语义规则，但这种方法难以扩展到大规模文本和处理语言的灵活性。随着数据量的增长和计算能力的提升，统计方法开始主导 NLP 领域。这些方法利用概率模型来处理语言，比如 n 元模型，能够更好地处理语言的变异性，但仍然有局限性，尤其是在处理长距离依赖和复杂语言结构时。

深度学习对 NLP 领域产生了深远的影响，彻底改变了人们处理、理解和生成人类语言的方式。深度学习在 NLP 中的几个关键影响如下。

（1）提升理解能力。深度学习模型，尤其是基于 Transformer 架构的模型（如 BERT、GPT 系列等），能够学习到语言的深层结构和语境依赖性，极大地提升了计算机理解复杂语言任务的能力，如问答系统、文本蕴含判断和语义理解。

（2）文本生成与创意写作。通过使用序列到序列模型（Seq2Seq）并结合注意力机制，深度学习模型能够生成连贯、有逻辑的文本，应用于文章创作、新闻摘要生成、对话系统响应生成等，甚至可以模仿特定风格或作者的写作风格。

（3）词嵌入与表征学习。词嵌入技术（如 Word2Vec、GloVe）以及更先进的上下文敏感的词嵌入（如 BERT 中的词块嵌入）为词语提供了高维向量表示，这些表示能够捕捉词汇之间的语义和语法关系，使得模型能够更好地理解和处理文本，为深度学习应用于 NLP 奠定了基础。

（4）情感分析与语义理解。深度学习模型能够更准确地识别文本中的情绪、态度和观点，这对于社交媒体分析、客户服务、产品反馈分析等领域至关重要，能够帮助企业和机构更好地理解用户需求和市场趋势。

（5）机器翻译。基于神经网络的机器翻译系统，如 Transformer 模型，相比传统的统计机器翻译方法，能够提供更流畅、更准确的翻译结果，极大提高了跨语言沟通的便利性。

（6）对话系统与聊天机器人。深度学习技术使得聊天机器人更加智能化，能够进行多轮对话、理解用户意图并做出恰当反应，改善了用户体验，广泛应用于客户服务、教育、娱乐等多个行业。

（7）命名实体识别与信息抽取。深度学习模型在识别文本中的命名实体（如人名、地点、组织机构等）和抽取关键信息方面展现出了强大性能，对于构建知识图谱、信息检索和智能文档处理等应用极为重要。

（8）解决数据稀疏性问题。尽管 NLP 任务常面临数据稀疏性（指数据框中绝大多数数值缺失或者为零的数据）挑战，深度学习模型通过学习更高级别的抽象特征，能够在一定程度上缓解这一问题，尤其是在少数族裔语言和专业领域术语等方面。

（9）模型可扩展性与迁移学习。预训练的 LLM，如 T5、BERT 等，通过迁移学习策略，能够在少量样本上快速适应新的任务，降低了特定领域应用的门槛，加速了 NLP 技术的普及和应用。

（10）持续推动技术创新。深度学习的引入激发了一系列研究和开发活动，不断拓展 NLP 技术边界，包括但不限于模型结构创新、训练策略优化、计算效率提升等，为自然语言处理技术未来的发展奠定了坚实基础。

2.2.3　LLM 崛起

LLM 是近年来 AI 领域的一项重要进展，它是一种基于机器学习、深度学习和 NLP 技术的先进 AI 模型。这类模型具有大规模参数和复杂结构，其参数数量可达到数十亿乃至数万亿。经过大规模的文本数据训练，通过深度学习架构，尤其是 Transformer 模型，LLM 能够学习到自然语言的复杂特征、模式和结构。其设计目的是广泛理解和生成类似于人类的自然语言，从而在多种 NLP 任务中展现卓越性能，而无须针对每个任务单独编程。如今，LLM 已被应用于各种场景，极大地推动了 AI 的实用化进程，也对模型的效率、经济成本、伦理和隐私等方面提出了新的挑战。随着技术的持续发展，LLM 正逐步成为 AI 领域的重要基石、NLP 领域的新常态，不断拓展人类与机器交互的边界，推动从个人助手、客户服务、内容创造到教育、医疗等众多行业和领域的创新与发展。

LLM 能够完成从简单的问答、文本翻译到复杂的对话、文本创作等多种任务。例如，OpenAI 的 GPT 系列、阿里云的通义千问等，都是此类模型的代表。LLM 的核心优势在于其能够捕捉语言的细微差别、对语言的泛化理解、上下文敏感的生成以及一定程度的创造性表达。这使得它们在处理自然语言时更为灵活和准确，此外还能在一定程度上展现逻辑思维、推理能力和创造性。

实际上，"大语言模型"和"通用语言模型"这两个术语在很多情况下可以看作是同义或高度相关的概念，在实际讨论中，两者常常被交互使用。不过，为了细微区分，可以这样理解：前者往往指的是模型的技术特征，强调其规模和技术复杂度，而后者则更多地描述了模型的应用范围和灵活性。

2.2.4　LLM 特征

在 LLM 的上下文中，"大"主要有两层含义。一方面，"大"指的是模型的参数数量通常会非常大，这使得模型能够学习和表示语言中细微且非常复杂的模式。另一方面，"大"也指训练数据的规模，它通常在来自互联网、书籍、新闻等各种来源的大规模文本数据上进行训练。

LLM 的核心特征包括以下方面。

（1）深度学习架构。通常基于先进的神经网络架构，尤其是 Transformer 模型，该架构擅长处理序列数据，通过自注意力机制理解长距离的依赖关系。

（2）无监督预训练。首先在大量未标注文本上进行无监督学习，预训练让模型学习语言的统计规律和潜在结构，之后可以根据具体任务进行有监督的微调。

（3）生成与理解并重。既能根据上下文生成连贯、有逻辑的新文本，也能理解输入文本的意义，进行精准的语义解析和信息提取。

（4）持续学习与适应性。具有持续学习能力，可以通过接收新数据不断优化和扩展知识，保持模型的时效性和准确性。

2.3 生成式人工智能

生成式人工智能（生成式 AI）是近年来备受社会瞩目的技术领域，它利用深度学习和大数据等技术，能够自主生成全新、具有创新性的内容。这些新数据或内容与训练数据具有相似的特征但并非完全相同，可以是文本、图像、音频等形式。

2.3.1 什么是判别式 AI

判别式 AI 是一种专注于学习输入数据与输出标签之间映射关系的 AI 方法。它主要关注如何从给定的输入中准确地预测或分类输出，而不试图理解生成这些数据的底层概率分布。判别式模型直接学习从特征到类别的决策边界，因此它们在许多实际应用中表现出色，尤其是在需要高精度和快速响应的任务上。

判别式 AI 的特点主要如下。

（1）直接映射。直接从输入特征空间映射到输出类别或值，如图像分类、语音识别等任务。

（2）高效训练。通常比生成式模型更容易训练，因为它们不需要建模整个数据分布。

（3）高精度。在特定任务上的表现优于生成式模型，特别是在大量标注数据可用的情况下。

（4）广泛应用。广泛应用于 NLP、计算机视觉、推荐系统等领域。

常见的判别式模型主要如下。

（1）支持向量机（SVM）。寻找最优超平面以最大化不同类别之间的间隔，适用于线性和非线性分类问题。

（2）逻辑回归。用于二分类或多分类问题，通过估计事件发生的概率来进行预测。

（3）神经网络。包括多层感知器（MLP）、卷积神经网络（CNN）、循环神经网络（RNN）及其变体，如长短期记忆网络（LSTM），广泛应用于各种复杂的模式识别任务。

（4）随机森林。由多个决策树组成，通过对各棵树的结果进行投票来做出最终预测，具有较强的抗过拟合能力。

（5）梯度提升决策树（GBDT）。通过迭代地添加新的弱学习器来逐步改进模型性能，常用于结构化数据分析。

（6）深度学习中的变换器（Transformer）。特别适合处理序列数据，如文本和时间序列，在 NLP 领域取得了巨大成功。

（7）线性判别分析（LDA）。一种经典的降维技术，也可作为监督学习算法用于分类任务。

判别式 AI 的应用场景主要如下。

（1）图像分类：使用卷积神经网络（CNN）对图片内容进行分类，如区分猫狗照片。

（2）情感分析：基于文本的情感分类任务，如判断评论是正面还是负面。

（3）语音识别：将音频信号转换为文字转录，涉及声学模型和语言模型的结合。

（4）推荐系统：根据用户的历史行为和其他相关因素推荐商品或内容。

（5）医疗诊断辅助：分析医学影像或患者病历信息，帮助医生做出更准确的诊断。

判别式 AI 的优势主要如下。
- 高性能。在很多情况下，判别式模型能够提供更高的准确率和更快的速度。
- 简单易用。相比生成式模型，判别式模型通常更易于实现和优化。
- 针对性强。针对具体任务定制，可以达到非常好的效果。

而判别式 AI 的局限性主要如下。
- 缺乏泛化能力。对于未见过的数据类型或异常情况，可能表现不佳。
- 依赖标注数据。大多数判别式模型需要大量的标注数据来进行有效训练。
- 难以解释。尤其是复杂模型，如深度神经网络，其内部运作机制较难解释，存在"黑箱"问题。

2.3.2 定义生成式 AI

定义：生成式 AI 是 AI 的一个分支，是一种基于机器学习的方法，它通过学习大量数据，能够生成与原始数据相似的全新内容。这种技术可以应用于多个领域，如 NLP、图像生成、音频合成等。

如图 2-1 所示，判别式模型需要求出一条决策边界，而生成式模型需要计算联合概率分布。与传统的判别式 AI 相比，生成式 AI 更注重于创造和生成，而非简单的分类和识别，它专注于学习现有数据集的模式并基于这些模式创造新的、之前未存在的内容。这种技术使得机器能够模仿创造性过程，生成包括但不限于文本、图像、音频和视频等各种类型的内容。生成式模型通过深度学习网络，如变分自编码器（VAE）、生成对抗网络（GAN）或 Transformer 模型（如 ChatGPT）等，来实现这一目标。

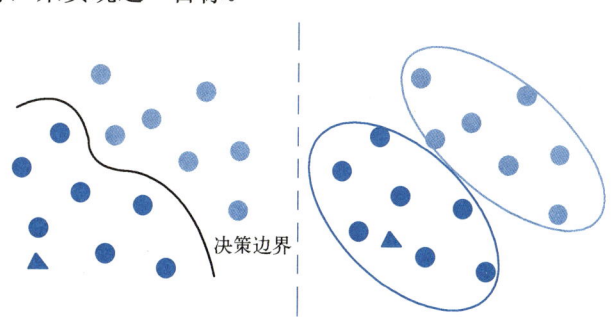

图 2-1 判别式模型（左）与生成式模型（右）

生成式 AI 的主要应用场景如下。

（1）文本生成。可以生成各种类型的文本，如新闻报道、小说、诗歌等。这种技术可以极大提高文本创作的效率和质量，为内容创作者提供更多的灵感和选择。

（2）图像生成。能够根据用户的描述或输入的关键词，生成符合要求的图像。这种技术在设计、艺术等领域具有广泛的应用前景。

（3）音频合成。可以模拟各种声音，生成逼真的语音、音乐等音频内容。这对于语音助手、音乐创作等领域具有重要意义。

生成式 AI 的未来发展趋势如下。

（1）技术创新。随着深度学习、强化学习等技术的不断发展，生成式 AI 的性能将得到进一步提升。未来，人们可以期待更加高效、精准的生成式模型出现。

（2）应用拓展。生成式 AI 将在更多领域得到应用，如虚拟现实、增强现实、自动驾驶等。这些应用将进一步提升生成式 AI 的实用价值和社会影响力。

（3）伦理挑战。随着生成式 AI 的普及，也需要关注其可能带来的伦理挑战。例如，如何确保生成的内容符合道德和法律要求，如何保护原创作品的权益等。

作为一种新兴的技术领域，生成式 AI 带来了许多创新和机遇，具有广阔的应用前景和巨大的发展潜力。但是，生成式 AI 也存在一些潜在的风险和挑战，因此，需要在推进生成式 AI 应用的同时，不断创新和完善生成式 AI 技术，加强风险管理和监管，推动其健康、可持续地发展。

首先，对于生成式 AI 生成的内容需要建立有效的审核机制，确保其内容符合法律法规和道德标准。同时，也需要加强对原创作品的保护，防止侵权行为的发生。

其次，需要关注生成式 AI 的滥用问题。例如，一些人可能会利用生成式 AI 生成虚假信息或进行恶意攻击。因此，需要加强技术监管和法律制约，防止生成式 AI 被用于非法活动。

最后，还需要加强公众对生成式 AI 的认知和了解。通过普及相关知识，提高公众的辨识能力和风险意识，可以更好地应对生成式 AI 带来的挑战和风险。

2.3.3 生成式 AI 的层次

为了更全面地了解生成式 AI，分析该技术的价值链，考虑将其分为四个相互关联的层，即应用层、平台层、模型层和基础设施层，它们共同创造新内容，每一层在整个过程中都发挥着独特作用。

1. 应用层

生成式 AI 的应用层通过允许动态创建内容并使用专门算法来简化人类与 AI 的交互。这些算法提供了定制和自动化的企业对企业（B2B）与企业对消费者（B2C）应用程序和服务，而用户无须直接访问底层基础模型。这些应用程序的开发可以由基础模型的所有者（如 ChatGPT 的 OpenAI）和包含生成式模型的第三方软件公司（如 JasperAI）来承担。

生成式 AI 的应用层由通用应用程序、特定领域应用程序和集成应用程序三个不同子组组成。

（1）通用应用程序。该子组包括旨在执行广泛任务的软件，以各种形式生成新内容。此类示例包括 ChatGPT、DALL-E 2、GitHub Copilot、Character.ai（一种聊天机器人服务，允许用户创建 AI 角色并与之交谈）和 Jasper AI（一种 AI 驱动的写作工具）。

（2）特定领域的应用程序。该子组包括为满足特定行业（如金融、医疗保健、制造和教育）的特定需求和要求而量身定制的软件解决方案。这些应用程序在各自的领域更加专业化并且响应更快，特别是当公司对它们进行高质量、独特和专有数据的培训时。例如，金融数据分析的 BloombergGPT 以及谷歌的接受医疗数据训练以回答医疗查询的 Med-PaLM 2。

（3）集成应用程序。该子组由现有软件解决方案组成，其中融入了生成式 AI 的功能以增强其主流产品。主要包括微软 365 Copilot（适用于各种微软产品的 AI 驱动助手）、Salesforce 的 Einstein GPT（生成式 AI CRM 技术）以及 Adobe 与 Photoshop 的生成式 AI 集成。

2. 平台层

生成式 AI 的平台层主要致力于通过托管服务提供对 LLM 的访问。这项服务简化了通用预训练基础模型（如 OpenAI 的 GPT）的微调和定制过程。尽管领先的 LLM，如 GPT-4，可以仅使用其经过训练的锁定数据集立即回答大多数问题，但通过微调，可以显著提升这些 LLM 在特定内容领域的能力。

微调涉及解锁现有 LLM 的神经网络，并使用新数据进行额外的训练。最终用户或公司可以将其专有或客户特定的数据无缝集成到这些模型中，以用于定向应用。

平台层的最终目标是简化 LLM 的使用，降低最终用户或公司的相关成本。这种方法消除了独立从零开始开发这些模型的必要性，而无须投资数十亿美元和数年的努力。相反，用户可以支付月度订阅费用或将其捆绑到基础设施即服务（IaaS）的提供中。与此同时，用户还可以访问诸如安全性、隐私性和各种平台工具等有价值的功能，所有这些都以一种简化的方式进行管理。

3. 模型层

生成式 AI 的模型层启动了基础模型。这种大规模机器学习模型通常通过使用 Transformer 算法对未标记数据进行训练。训练和微调过程使基础模型能够发展成为一种多功能工具，可以适应各种任务，以支持各种生成式 AI 应用程序的功能。

基础模型分为两大类：闭源（或专有）基础模型和开源基础模型。

（1）闭源基础模型。这些模型由 OpenAI 等特定组织拥有和控制，底层源代码、算法、训练数据和参数均保密。

闭源（或专有）基础模型可通过应用程序编程接口（API）向公众开放。第三方可以在其应用程序中使用此 API，查询和呈现基础模型中的信息，而无须在训练、微调或运行模型上花费额外的资源。这些模型通常可以访问专有的训练数据，并可以优先访问云计算资源。大型云计算公司通常会创建闭源基础模型，因为训练这些模型需要大量投资。闭源基础模型通过向客户收取 API 使用或基于订阅的访问费用来产生收入。

OpenAI 的 GPT-4 和谷歌的 PaLM2 等 LLM 是专注于自然语言处理的特定闭源基础模型。它们针对聊天机器人等应用程序进行了微调，如 ChatGPT 和 Gemini。一个非语言的例子是 OpenAI 的 DALL-E 2，这是一种识别和生成图像的视觉模型。

（2）开源基础模型。相比之下，每个人都可以不受限制地访问开源模型。他们鼓励社区协作和开发，允许透明地检查和修改代码。开源基础模型是协作开发的，它们可以免费重新分发和修改，从而提供训练数据和模型构建过程的完全透明度。许多甚至是免费分发的，具体取决于许可证和数据。

使用开源模型的好处如下。

（1）对数据的完全控制和隐私，与 OpenAI 的 GPT 等闭源模型共享不同。

（2）通过特定提示、微调和过滤改进定制，以针对各个行业进行优化。

（3）具有成本效益的特定领域模型的训练和推理（较小的模型需要较少的计算）。

开源模型的例子有 Meta 的 Llama 2、Databricks 的 Dolly 2.0、Stability AI 的 Stable Diffusion XL 以及 Cerebras-GPT。

4. 基础设施层

生成式 AI 的基础设施层包含大规模基础模型的重要组成部分。这一过程涉及的关键资源是半导体、网络、存储、数据库和云服务，所有这些资源在生成式 AI 模型的初始训练和持续的微调、定制和推理中都发挥着至关重要的作用。生成式 AI 通过两个主要阶段发挥作用。

（1）训练阶段。这是学习发生的阶段，通常在云数据中心的加速计算集群中进行。在这个计算密集型阶段，LLM 从给定的数据集中学习。参数是模型调整以表示训练数据中潜在模式的内部变量。词元指的是模型处理的文本的个体部分，如单词或子词。例如，GPT-3 是在 3000 亿个词元上进行训练的，其中一个词元等于 1.33 个单词，主要来自互联网的 Common Crawl、网络百科、书籍和文章。

（2）推断阶段。这是使用经过训练的 AI 模型生成用户响应的过程。在这里，新的文本输入被标记为单独的单位，模型使用训练过程中学到的参数来解释这些词元并生成相应的输出。这些经过训练的 AI 模型需要大量的计算能力，并且必须部署在靠近最终用户的地方（在边缘数据中心），以最小化响应时延（延迟），因为实时交互对于保持用户参与至关重要。

2.3.4 定义 AIGC

定义：AIGC（AI-Generated Content，人工智能生成内容）是指利用 AI 技术，特别是机器学习、深度学习等方法，自动生成各种形式的内容，如文本、图像、音频、视频等。这些内容可以是创意性的，如艺术作品、音乐、文章；也可以是实用性的，如新闻报道、产品描述、个性化推荐信息等。AIGC 的核心优势在于其能够基于大量的数据学习模式，自动创作新的内容，这在很大程度上提高了内容生产的效率和个性化程度。

AIGC 代表了 AI 在创意生产和内容生成领域的应用，能够自动化或半自动化地生产高质量、个性化的内容。应用 AGIC 的关键步骤一般包括：数据收集、模型训练、内容生成和后期优化。通过这些过程，AI 系统能够理解特定主题、风格或用户偏好，进而生成符合要求的内容。

AIGC 的应用场景广泛，从媒体和娱乐行业到教育、广告、电商、个人助理等多个领域，都在探索如何利用这一技术来提升用户体验和创造新价值。随着技术的不断进步，AIGC 的潜力持续增长，对社会经济活动和个人生活方式的影响也日益显著。

从用户生成内容到专业生成内容，再到现在的 AIGC，可以看到内容创作方式的巨大变革和进步。

- 用户生成内容（UGC）是指由用户自发创建并分享的各类内容，如评论、博客文章、视频、图片等，通常通过社交媒体平台、论坛和在线社区进行传播。
- 专业生成内容（PGC）是指由具有特定专业知识或技能的个人、团体或机构创建的内容，如新闻报道、学术论文、行业分析报告等，旨在提供高质量、权威性和深度的信息。

通过深度学习与 NLP 的创新融合，AIGC 就像一支神奇的画笔，拥有无限的创造力。利用 AI 的理解力、想象力和创作力，根据指定的需求和风格，可以创作出各种内容。诸如 ChatGPT、通义千问等智能系统，AIGC 的出现打开了一个全新的创作世界，为人们提供了无限的可能性，重塑了信息时代的内容创作生态，甚至让人难以分清背后的创作者到底是人类还是 AI。

与 AIGC 相关的 AI 领域术语之间的关系如图 2-2 所示，这些概念共同构成了 AIGC 的核心要素。

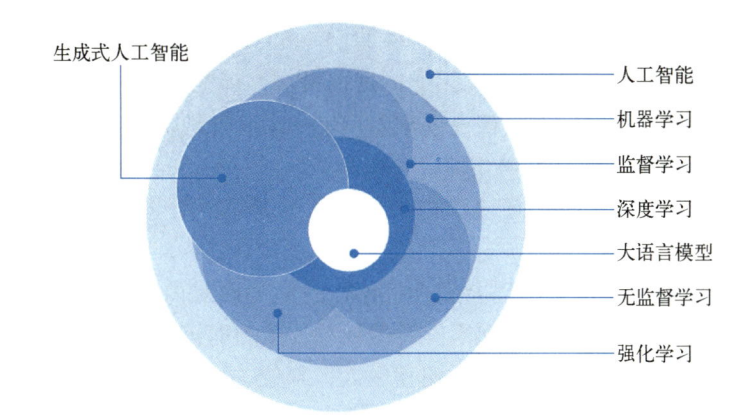

图 2-2　AIGC 与 AI 技术谱系

2.3.5　生成式 AI 与 AIGC 的关系

生成式 AI 与 AIGC 这两个概念紧密相关，可以说 AIGC 是生成式 AI 的一个具体应用方向。生成式 AI 的核心能力在于创造、预测、转换和补全信息。而 AIGC 则更侧重于描述由生成式 AI 技术所产出的实际成果，即由 AI 系统自动生成、具体创造出来的作品内容本身，包括简单的文本创作、图像合成以及复杂的音乐生成、视频剪辑等，这些作品展现了 AI 在创意表达方面的潜能。因此，生成式 AI 是底层的技术框架和方法，而 AIGC 是这些技术应用的结果，体现了技术在实际场景中的应用价值和社会影响。两者之间存在一种从技术到产品的逻辑联系，生成式 AI 的发展推动了 AIGC 的多样化和普及化。

2.4　智能内容生成

随着 LLM 技术的成熟，其应用范围扩展到了内容生成的多个领域。2021 年之前，AIGC 生成的主要是文字，而新一代模型可以处理的格式内容包括文字、语音、代码、图像、视频、机器人动作等。AIGC 可以在创意、表现力、迭代、传播、个性化等方面，充分发挥技术优势。它不仅革新了创意产业，还为个性化内容推荐、辅助设计、娱乐等多个领域带来了变革，如 DALL-E、Midjourney 等图像生成模型以及音乐生成软件 Amper Music 等。

2.4.1　内容孪生

内容孪生主要分为内容增强与转译。增强即对数字内容修复、去噪、细节增强等，转译即对数字内容转换如翻译等。该技术旨在将现实世界中的内容进行智能增强与智能转译，更好地完成现实世界到数字世界的映射。例如，拍摄一张低分辨率的照片，通过智能增强中的图像超分可对低分辨率进行放大，同时增强图像的细节信息，生成高清图。这里的超分，即超分辨率技术，是通过硬件或软件的方法提高图像或视频帧的分辨率，将一系列低分辨率图像转换为高分辨率图像的过程。再比如，对于老照片中的像素缺失部分，可通过智能增强技术进行内容复原。而智能转译则更关注不同模态之间的相互转换。例如，录制一段音频，可通过智能转译技术自动生成字幕。再比如，输入一段文字可以自动生成语音。两个例子均为模态间智能转译的应用。

内容孪生的应用主要有语音转字幕、文字转语音、图像超分等。其中，图像超分是指利用光学及其相关知识，根据已知图像信息恢复图像细节和其他数据信息的过程，简单来说就是增大图像的分辨率，防止其图像质量下降。

2.4.2 内容编辑

内容编辑是通过对内容的理解以及属性控制，进而实现对内容的修改。例如，在计算机视觉领域，通过对视频内容的理解实现不同场景视频片段的剪辑；通过人体部位检测以及目标衣服的变形控制与截断处理，将目标衣服覆盖至人体部位，实现虚拟试衣。在语音信号处理领域，通过对音频信号分析，实现人声与背景声分离。以上例子都是在理解数字内容的基础上对内容的编辑与控制。

内容生成是通过从海量数据中学习抽象概念，并通过概念的组合生成全新的内容。例如 AI 绘画，从海量绘画中学习作品的不同笔法、内容、艺术风格，并基于学习内容重新生成特定风格的绘画。采用此方式，AI 在文本创作、音乐创作和诗词创作中取得了很好的表现。再比如，在跨模态领域，通过输入文本输出特定风格与属性的图像，不仅能够描述图像中主体的数量、形状、颜色等属性信息，而且能够描述主体的行为、动作以及主体之间的关系。

2.4.3 内容理解

随着 AI 技术的迅猛发展，我们见证了其从基础算法到复杂应用场景的跨越式进步。从简单的数据分析到复杂的决策支持，AI 似乎无所不能。然而，在技术革新浪潮中，AI 所面临的真正挑战正逐渐从形式化学习转向内容理解。

当前，大多数 AI 系统，特别是深度学习模型，主要依赖于对海量数据的形式化学习，这些模型通过识别数据中的模式和关联来做出预测或决策。然而，这种学习方式的局限性在于，它们往往缺乏对数据背后含义的深入理解和洞察。以图像和视频内容的理解为例，尽管计算机视觉技术利用深度学习模型能够识别出物体、场景和动作等，但一个图像识别系统即使能够准确地识别出一只水豚，它却并没有真正理解"水豚"这一概念所包含的深层含义，如水豚的生活方式、性格特点等。

对于大数据和深度学习的局限性，有研究者认为："这些都是基于形式化的处理，数据被简化为 0 和 1 的编码序列，无法真实反映其背后的内容。深度学习模型基于这样的数据进行训练，同样缺乏对内容的深入理解，因此不具备真正的理解能力。"这一观点揭示了当前 AI 领域所面临的挑战——如何推动 AI 系统实现对数据深层含义的真正理解。

换言之，深度学习所学习到的仅仅是形式上的关联和模式，而没有涉及内容上的因果关系。对于 AI 而言，真正的"智能"不仅要求能够处理形式，更重要的是要能够理解数据、信息和知识背后的深层内容。只有这样，AI 才能做出具有智能水平的决策。

这意味着，AI 系统需要具备一种类似于人类的认知能力，这种能力不仅体现在对数据的整理、归纳和有效信息的提取上，更重要的是能够将这些信息与相应领域的知识库进行深度融合，从而实现对数据的真正理解。例如，在自动驾驶领域，AI 系统需要具备对来自摄像头、激光雷达等多个传感器数据的实时处理能力，但仅识别出车辆、行人和其他障碍物还远远不够，系统需要能够理解这些物体之间的关系，并预测它们的行为。同时，系统还需要融合对道路规则、交通信号和车辆动力学等知识的深入理解,才能在复杂的交通场景中做出安全合理的决策。

2.5 生成式 AI 应用场景

AIGC 技术具有强大的创造性和自动化能力,其应用场景广泛且多样,覆盖了多个行业和领域,其产业生态体系的三层架构如图 2-3 所示,它的典型应用场景大致可以分为文本生成、音频生成、图像生成、视频生成、多模态生成 5 个方面。

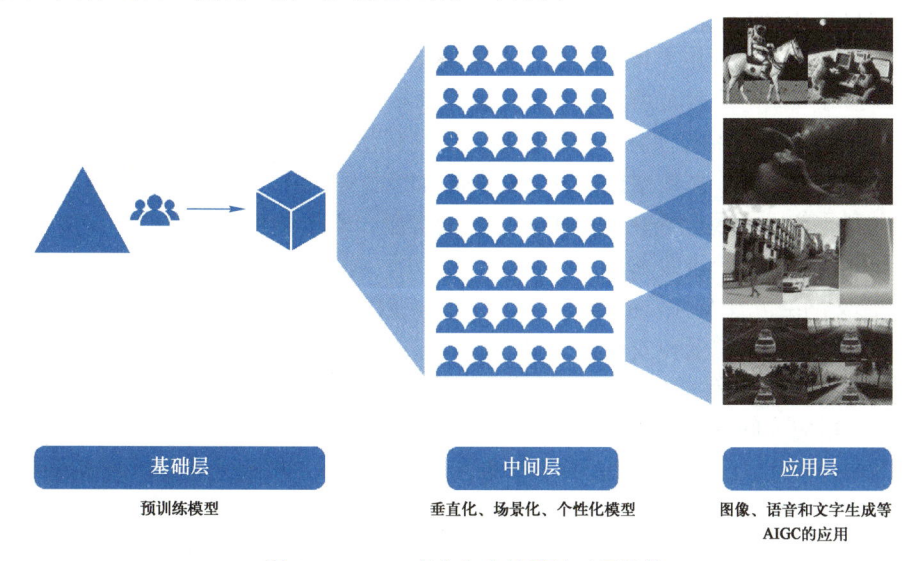

图 2-3 AIGC 产业生态体系的三层架构

AIGC 技术的典型应用场景如下。

(1) 文本生成。根据使用场景,基于 NLP 的文本内容生成可分为非交互式与交互式。非交互式文本生成包括摘要和标题生成、文本风格迁移、文章生成、图像生成文本等。交互式文本生成包括聊天机器人、文本交互游戏等。AIGC 能够根据特定主题或情境生成文章、故事、新闻报道、诗歌等文本内容,提高内容创造的效率和多样性,如使用 ChatGPT 等工具进行自动文案撰写。

(2) 音频生成。AIGC 在音乐和音频制作领域的相关技术较为成熟,可以生成音乐作品、音效、播客内容,用于音乐创作软件和自动配音工具,甚至合成逼真的人声,如语音克隆、将人声 1 替换为人声 2。还可应用于文本生成特定场景语音,如数字人播报、语音客服等。此外,可基于文本描述、图片内容理解生成场景化音频、乐曲等。

(3) 图像生成。AIGC 可以生成各种风格的艺术作品、插图、设计图样,如通过 Stable Diffusion、Midjourney 等工具创作独一无二的视觉艺术。根据使用场景,可分为图像编辑修改与图像自主生成。图像编辑修改可应用于图像超分、图像修复、人脸替换、图像去水印、图像背景去除等。图像自主生成包括端到端的生成,如真实图像生成卡通图像、参照图像生成绘画图像、真实图像生成素描图像、文本生成图像等。

(4) 视频生成。与图像生成在原理上相似,主要分为视频编辑与视频自主生成。视频编辑可应用于视频超分(视频画质增强)、视频修复(老电影上色、画质修复)、视频画面剪辑(识别画面内容、自动场景剪辑）。视频自主生成可应用于图像生成视频（给定参照图像，生成一段运动视频）、文本生成视频（给定一段描述性文字，生成内容相符的视频），能够自动生成短视频、广告、电影预告片等内容，包括剪辑、特效应用、智能编排，以及根据剧本生成动态画面。

（5）代码生成。根据功能描述自动生成或优化编程代码，帮助开发者提高工作效率，减少错误，加速软件开发流程。

（6）游戏开发。在游戏产业中，AIGC可应用于角色设计、场景生成、游戏测试，以及增强NPC（非玩家控制角色）的交互智能化，提升游戏体验和开发效率。

（7）金融行业。可应用于风险评估、交易策略制定、投资决策支持、个性化金融服务推荐、智能客服等领域，但同时需注意数据安全和隐私保护。

（8）医疗健康。在疾病预测、辅助诊断、个性化治疗方案推荐、药物发现与研究等方面发挥作用，通过学习医疗大数据提供更为精准的医疗服务。

（9）电商零售。实现个性化商品推荐、智能客服、基于用户行为的广告投放、物流优化等，以提升顾客体验和销售效率。

（10）社交网络。开发聊天机器人、语音识别、内容审核、情绪分析等功能，优化用户交流体验，提高平台内容质量和安全性。

（11）教育与培训。生成定制化学习材料、智能辅导、课程内容创作，以及交互式学习体验的设计，以适应不同学习者的需求。

如今，AIGC的工具大量涌现，种类繁多，涵盖了文本、图像、音频、视频等多个领域。一些常用的AIGC工具在各自的领域内因创新性和实用性而受到欢迎，这些工具持续推动着内容创作的边界。选择适合自己的工具，可以极大地提高创作效率和创新能力。不过，值得注意的是，由于技术快速发展，新的工具和服务不断涌现，建议对技术发展动态持续关注。

【作业】

1. 在任何现有或想象的未来计算机系统中，存储数千个单词的所有可能序列都是（　　），与之相比，这些序列的数量使得宇宙中的原子数量看起来是微不足道的。

　　A．不确定的　　　B．不现实的　　　C．可行的　　　D．随机存在的

2. 1981年，内德·布洛克构建了一个"Blockhead"假说——假定科学家们通过编程，预先在Blockhead内设定好近乎所有问题的答案。这样的系统被认为是（　　）智能的标准。

　　A．等同于　　　B．接近于　　　C．不符合　　　D．符合

3. 人们在评估LLM时存在一个关键问题：它的训练集中可能包含了评估时使用的测试问题，这被称为"（　　）"，这些是应该在评估前予以排除的问题。

　　A．数据污染　　　B．数据挖掘　　　C．典型数据　　　D．标准数据

4. 研究指出，LLM不仅可以简单地复述其提示的或训练集的大部分内容，还能够灵活地融合来自训练集的内容，产生（　　）。

　　A．数据污染　　　B．测试数据　　　C．标准答案　　　D．新的输出

5. NLP是一门研究如何让计算机理解、生成和分析人类自然语言的学科，它是AI和计算机科学的重要分支。它的发展经历了（　　）等方法的转变。

① 基于规则　　　② 统计　　　　③ 科学计算　　　④ 深度学习
A．②③④　　　B．①②③　　　C．①②④　　　D．①③④

6．随着技术的不断进步，新的研究方向和应用场景也在不断涌现。NLP 研究的主要内容可以分为（　　）、语义分析、自然语言生成和语音识别等几个方面。
① 段落叠加　　　② 文本预处理　　③ 词法分析　　　④ 句法分析
A．①②④　　　B．②③④　　　C．①②③　　　D．①③④

7．所谓（　　）是指理解文本的深层含义，包括情感分析（判断文本的情感倾向）、主题抽取（识别文本的主题内容）、篇章理解（理解长篇文本的连贯性和逻辑关系）等。
A．对话系统　　B．句法分析　　C．语义分析　　D．词法分析

8．所谓（　　）是指构建能够与人类进行自然对话的系统，包括聊天机器人、语音助手等，涉及对话管理、上下文理解、自然语言生成等技术。
A．对话系统　　B．句法分析　　C．语义分析　　D．词法分析

9．早期的 NLP 系统依赖于手工编写的（　　）来解析和理解语言，它们基于语言学理论，试图直接编码语法和语义，但这种方法难以扩展到大规模文本和处理语言的灵活性。
A．数组　　　　B．语法　　　　C．函数　　　　D．规则

10．随着数据量的增长和计算能力的提升，（　　）方法开始主导 NLP 领域，这些方法利用概率模型来处理语言，能够更好地处理语言的变异性，但仍然有局限性。
A．哲学　　　　B．统计　　　　C．规则　　　　D．程序

11．深度学习对 NLP 领域产生了深远的影响，彻底改变了人们处理、理解和生成人类语言的方式。几个关键影响包括（　　）以及机器翻译、命名实体识别与信息抽取等。
① 提升理解能力　　　　　　② 文本生成与创意写作
③ 词嵌入与表征学习　　　　④ 情绪表达与语音分解
A．①③④　　　B．①②④　　　C．①②③　　　D．②③④

12．尽管 NLP 任务常面临（　　）挑战，深度学习模型通过学习更高级别的抽象特征，能够在一定程度上缓解这一问题，尤其是在少数族裔语言和专业领域术语等方面。
A．数据稀疏性　B．结构复杂性　C．数据冗余性　D．递归层次性

13．LLM 是近年来 AI 领域的一项重要进展，它是一种基于机器学习、深度学习和（　　）技术的先进 AI 模型。它具有复杂结构，其参数数量可达到数万亿之多。
A．AGI　　　　B．GAI　　　　C．Java　　　　D．NLP

14．LLM 的核心优势在于其能够（　　）以及一定程度的创造性表达，这使得它们在处理自然语言时更为灵活和准确，还能在一定程度上展现逻辑思维、推理能力和创造性。
① 捕捉语言的细微差别　　　② 专业应用的语言模型
③ 对语言的泛化理解　　　　④ 上下文敏感的生成
A．②③④　　　B．①③④　　　C．①②④　　　D．①②③

15．LLM 的"大"主要有（　　）两层含义。它使得模型能够学习和表示语言中细微且非常复杂的模式，并且训练数据一般来自互联网、书籍、新闻等各种来源。
① 模型的参数数量　　　　　② 模型参数的精确度
③ 训练数据的规模　　　　　④ 训练数据的维度
A．③④　　　　B．①②　　　　C．②④　　　　D．①③

16. 除了采用深度学习架构，模型"大"而"通用"之外，LLM 的核心特征还包括（　　）。
    ① 无监督预训练　　　　　　② 生成与理解并重
    ③ 持续学习与适应性　　　　④ 计算精度高误差小
    A．②③④　　　B．①②③　　　C．①②④　　　D．①③④

17. （　　）AI 是一种专注于学习输入数据与输出标签之间映射关系的 AI 方法，它主要关注如何从给定的输入中准确地预测或分类输出。
    A．判别式　　　B．条件式　　　C．生成式　　　D．逻辑式

18. （　　）AI 是一种基于机器学习的方法，它通过学习大量数据，能够生成与原始数据相似的全新内容。这种技术可以应用于多个领域，如 NLP、图像生成、音频合成等。
    A．判别式　　　B．条件式　　　C．生成式　　　D．逻辑式

19. 为了更全面地了解生成式 AI 领域，分析该技术的价值链，考虑将其分为（　　）和基础设施层四个相互关联的层，其中每一层在整个过程中都发挥着独特作用。
    ① 共享层　　　② 应用层　　　③ 平台层　　　④ 模型层
    A．①③④　　　B．①②④　　　C．①②③　　　D．②③④

20. AIGC 是指利用（　　）等方法，自动生成各种形式的内容，如文本、图像、音频、视频等。其核心优势在于其能够基于大量的数据学习模式，自动创作新的内容。
    ① AI 技术　　　② 机器学习　　　③ 思维科学　　　④ 深度学习
    A．①③④　　　B．①②④　　　C．①②③　　　D．②③④

【研究性学习】熟悉阿里云大模型"通义千问"

通义千问是阿里云推出的大规模语言模型（地址：https://tongyi.aliyun.com/，见图 2-4）。2023 年 4 月 11 日，在阿里云峰会上首次揭晓了通义千问大模型，并在之前一周开启了企业邀请测试，上线了测试官网。初次发布后的几个月内，通义千问持续迭代和优化。

图 2-4　通义千问主界面

2023年10月31日，在云栖大会上，阿里云正式发布了通义千问2.0版本。这一版本采用了千亿参数的基础模型，在阅读理解、逻辑思维等多个方面的能力有显著提升。同时，通义千问2.0还同步推出了支持语音对话等功能的App版本，用户可以通过下载App进行体验。

1. 实验目的

（1）熟悉阿里云通义千问大模型，体会"一个不断进化的AI大模型"的实际含义。

（2）探索大模型产品的测试方法，提高应用大模型的学习和工作能力。

（3）熟悉多模态概念和多模态大模型，关注大模型产业的进化发展。

2. 实验内容与步骤

大模型产品如雨后春笋，虽然推出时间都不长，但进步非常快。阿里云的通义千问大模型"不断进化"，很好地诠释了大模型的发展现状。在图2-5所示界面单击"立即使用"按钮，开始实践探索活动。

图2-5 通义千问对话界面

请尝试通过以下多个问题，体验通义千问大模型的工作能力，并做简单记录。在计算机钉钉或者手机钉钉的操作界面中，也可以随意调用通义千问功能进行问讯对话。

（1）常识题：例如，院校地址、专业设置、师资队伍、发展前景等。

问：_____

答：_____

评价： □ 完美   □ 待改进   □ 较差

（2）数学题：例如，动物园里有鸵鸟和长颈鹿共70只，其中鸵鸟脚的总数比长颈鹿脚的总数多80只。问：鸵鸟和长颈鹿各有多少只？

答：_____

问：_____

答：_____

评价： □ 正确　　　　□ 待改进　　　　□ 较差

（3）角色扮演：例如，现在你是某电商平台的一位数据分析师，现在需要整理一份数据分析报告的提纲，300 字左右，分析上次电商促销活动效果不如预期的可能原因。

答：_____

_____

问：_____
答：_____

_____

评价： □ 正确　　　　□ 待改进　　　　□ 较差

（4）文章生成：例如，请问 2025 年，AIGC 的创业机会有哪些？

答：_____

_____

问：_____
答：_____

_____

（5）程序代码：请用 Python 语言写一个冒泡程序。

答：_____

_____

问：_____
答：_____

_____

注：如果回复内容重要，但页面空白不够，请写在纸上粘贴如下。

----------------------请将丰富内容另外附纸粘贴于此----------------------

3. 实验总结

_____

4. 实验评价（教师）

_____

第 3 章 大语言模型技术

本章介绍大语言模型（LLM）及其相关技术的核心原理、应用和挑战。LLM 通过深度学习和 Transformer 架构，能够理解和生成自然语言，被广泛应用于聊天机器人、翻译、教育、科研等领域，但其训练成本高且易接收数据偏见。本章探讨了 LLM 的关键技术，如词元标记化、词嵌入、预训练与微调等，解释其如何通过上下文关联和优化算法实现高效的语言处理。

此外，本章还介绍了生成对抗网络（GAN）、变分自编码器（VAE）和流模型等生成模型的原理与应用，展示它们在图像生成、风格迁移、文本生成等任务中的独特价值。最后，聚焦于 LLM 的幻觉问题，分析了幻觉的成因以及缓解方法，强调数据质量、训练策略和推理机制对提升模型可靠性与准确性的关键作用。

3.1 算法、算力与算料

人工智能作为引领未来科技发展的关键力量，正以前所未有的速度改变着人们的生活、工作乃至整个社会。人工智能的蓬勃发展离不开三大核心引擎的支撑，即算法、算力和算料（即数据）。这三者相辅相成，共同推动着人工智能技术的不断突破与创新。

3.1.1 算法：人工智能的智慧之源

算法作为人工智能的"大脑"，是人工智能技术的核心，是指导计算机执行特定任务的一系列指令的集合。它是人工智能实现智能化处理的基础，决定了人工智能系统能够理解和处理信息的深度与广度。

算法负责将原始数据转化为有价值的信息和决策。无论是深度学习、自然语言处理、计算机视觉还是强化学习等人工智能技术，都离不开先进算法的支持。例如，深度学习算法通过构建多层神经网络，能够从海量数据中自动学习特征表示，从而实现复杂的模式识别与预测任务。

近年来，随着计算能力的提升和大数据的涌现，算法研究取得了显著进展。从传统的机器学习算法到深度学习算法，再到联邦学习、迁移学习等新型算法，不断推动着 AI 技术的边界。然而，算法的发展也面临着诸多挑战，如模型的可解释性、训练数据的偏见、计算资源的消耗等。因此，如何设计出更高效、更公平、更可解释的算法，成为当前研究的重要方向。

未来，随着跨学科融合的加深，算法研究将更加注重跨领域的知识整合与创新。同时，随着 AI 应用场景的不断拓展，对算法的定制化需求也将日益增加。因此，开发更加灵活、可配置的算法框架，以及探索新型算法模型，将是算法研究的重要方向。

3.1.2 算力：人工智能的动力引擎

算力，即计算能力，是支撑人工智能算法运行和数据处理的基础设施。随着人工智能技术的不断发展，对算力的需求也在持续增长。

算力是人工智能系统实现高效、准确处理任务的物质基础。在深度学习等复杂人工智能应用中，模型的训练和推理过程需要消耗大量的计算资源。因此，提升算力水平是加速人工智能技术发展的关键途径之一。

当前，全球算力水平正以前所未有的速度提升。以高性能计算（HPC）、云计算、边缘计算等为代表的先进计算技术不断涌现，为人工智能应用提供了强大的算力支持。同时，随着半导体技术的不断进步，芯片的计算性能也在不断提升，进一步推动了人工智能算力的提升。

然而，算力的发展也面临着能耗高、成本高、资源分配不均等挑战。为了解决这些问题，研究者们正在探索更加高效、绿色、可持续的算力解决方案。例如，通过优化算法减少计算量、采用新型低功耗芯片降低能耗、发展分布式计算提高资源利用率等。未来，随着量子计算等前沿技术的突破，人工智能算力将迎来更加广阔的发展空间。

3.1.3 算力中的 GPU

英伟达（NVIDIA）是一家著名的人工智能企业。1999 年，英伟达发明了 GPU（图形处理器），这是一种专门为图形运算设计的功能强大的处理器，它的发明极大地推动了 PC 游戏市场的发展，重新定义了计算机图形技术。此外，英伟达还发明了并行计算平台和编程模型 CUDA，对人工智能技术产生了重大影响。

GPU 和 CPU 的工作原理相近，都是通过指令来控制硬件达到计算的效果，但是 GPU 更专注于矩阵计算（见图 3-1）。GPU 通过大量简单结构（数千个核结构），采用 SIMT（单指令多线程）模型，通过线程级并行隐藏延迟，来完成高吞吐量的数据密集型任务（如图形渲染、科学计算）。正是因为 GPU 的结构比较简单，所以采用 CPU 来控制 GPU 的单元让它们一起工作，其中在 CPU 上运行的称为 host 代码，在 GPU 上运行的称为 device 代码。

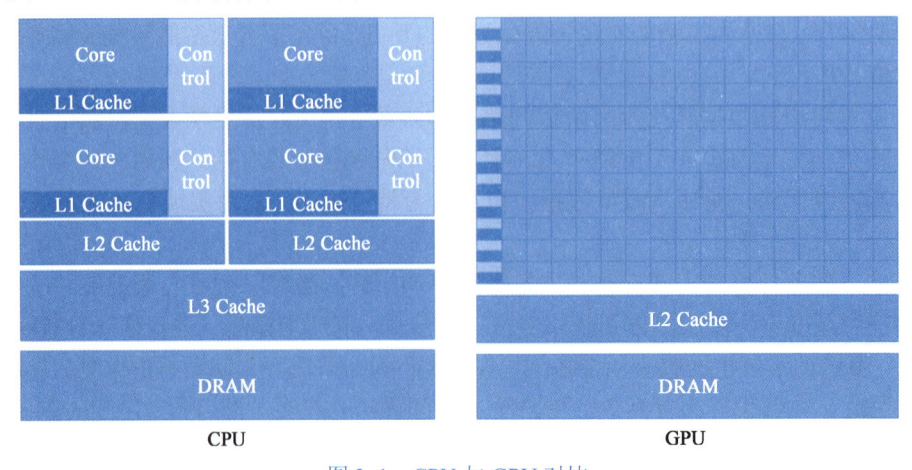

图 3-1 CPU 与 GPU 对比

英伟达的一种中间汇编语言 PTX（并行线程执行）独立于具体硬件，提供了虚拟指令集，它是为了 GPU 设计出的汇编语言。在汇编语言下面就是实际执行 GPU 硬件的机器码 SASS，它由 PTX 编译生成（如英伟达的 NVCC 编译器完成转换）。PTX 即虚拟汇编，用于跨代 GPU 兼容；SASS 是硬件原生指令，直接控制 CUDA 核心。

CUDA（计算统一设备架构）是由英伟达推出的并行计算平台和编程模型，其编程接口基于扩展的 C/C++语法。严格来说，CUDA 并不是一门独立的编程语言，而是一套面向 GPU 的编程扩展，属于高级语言的范畴，但它提供了直接控制硬件的能力，使代码库和与英伟达 GPU 硬件的接口更加容易。可以把 CUDA 简单地当作一个 C/C++语言的增强包，通过 C++的方式来直接操作硬件。

PTX 属于低级语言，是英伟达 CUDA 生态中的一环，它连接高级语言代码和 GPU 底层硬件指令，仍然是英伟达 GPU 架构中的技术。使用 PTX 带来的高效率 DeepSeek 并不会瓦解 CUDA 的"护城河"。

3.1.4　DeepSeek 带来的启迪

DeepSeek 大模型给人工智能技术带来的最大贡献包括以下几个方面。

（1）降低了大规模训练对 GPU 资源的依赖，缓解人工智能产业链中的关键瓶颈，推动了人工智能价值链的重塑。

（2）针对英伟达 PTX 进行优化以实现最大性能，显著提高了运行效率，并允许在非英伟达的显示芯片上运行。

（3）降低了训练和部署成本，使得人工智能技术的应用更加广泛和可持续。

（4）在数据和成本上具有显著优势，标志着人工智能投资需求的转折点。

3.1.5　算料：人工智能的燃料之源

算料，即数据，作为人工智能的"燃料"，是驱动人工智能技术发展的重要基础。没有数据的支持，再先进的算法和算力也无法发挥出应有的价值。

数据是人工智能系统学习和改进的基础。通过收集、处理和分析海量数据，人工智能系统能够不断优化模型参数、提升预测准确率，从而实现智能化决策和应用。因此，数据的质量和数量直接决定了人工智能系统的性能和效果。

当前，随着互联网的普及和物联网技术的发展，全球数据规模正以前所未有的速度增长。然而，数据的有效供给问题依然突出，一方面，高质量、高价值的数据资源相对稀缺；另一方面，数据孤岛、数据隐私保护等问题也制约了数据的流通和利用。此外，数据标注成本高、数据质量参差不齐等问题也增加了数据处理的难度。

为了解决数据供给不足的问题，近年来公共数据运营逐渐成为关注的焦点。通过政府授权和市场化运作的方式，公共数据运营机构能够汇聚和加工海量公共数据资源，形成有价值的数据产品和服务以供市场使用。这种方式不仅能够有效提升数据供给质量和效率，还能够促进数据资源的共享和利用。国内的深圳数据交易所、贵阳大数据交易所等机构在推动公共数据流通和价值实现方面取得了显著成效。

未来，随着数据基础设施的不断完善和公共数据运营机制的逐步健全，数据供给问题将得到有效缓解。同时，随着人工智能技术的不断成熟和应用场景的不断拓展，对数据的需求也将更加多样化和个性化。因此，如何构建更加高效、灵活、安全的数据流通体系，将成为未来

3.2 LLM 的工作原理

LLM 基于深度学习技术，特别是 Transformer 架构的广泛应用，通过学习海量文本数据，模仿人类语言的复杂性，极大提升了 AI 技术的能力，使得机器能够更准确地理解、生成和交互自然语言，其工作原理涉及复杂的数学模型、优化算法以及对伦理和社会影响的深刻考量。LLM 不仅推动了聊天机器人、智能客服、自动翻译、内容创作等领域的技术革新，还为新兴技术如语音识别、虚拟助理等提供了强大的技术支持，创造更多商业价值，对社会经济、文化教育、科学研究等产生了重要影响。

随着技术的发展，LLM 也在不断进化，通过研究持续学习机制和更高效的学习算法，以提高模型的适应性和效率。

3.2.1 词元及其标记化

在语言模型中，"tokens"是指单词、单词部分（称为子词）或字符转换成的数字列表。每个单词或单词部分都被映射到一个特定的数字表示，称为词元（token）。这种映射关系通常是通过预定义的规则或算法完成的，不同的语言模型可能使用不同的标记化方案，但重要的是要保证在相同的语境下，相同的单词或单词部分始终被映射到相同的词元（见图 3-2）。

大多数的语言模型倾向于使用子词标记化，因为这种方法高效灵活。子词标记化能够处理单词的变形、错字等情况，从而更好地识别单词之间的关系。

3.2.2 基础模型

LLM 的训练需要极高的计算资源，包括大量的 GPU（图形处理器）或 TPU（张量处理器），以及相应的能源消耗，这也是其发展的一个重要考量因素。如今，最常见的商业系统通常是在数千台强大处理器上同时训练数周，耗资达数百万美元。这些程序通常被称为"基础模型"（见图 3-3），具有广泛的适用性和长期使用寿命。它们可以作为许多不同类型专业 LLM 的基础，即使直接与它们交互也是完全可能的。

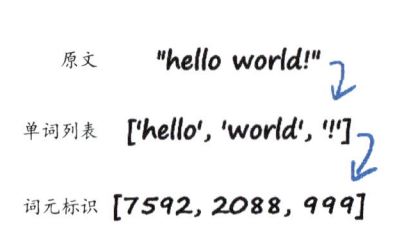

图 3-2 相同的单词始终被映射到相同的词元

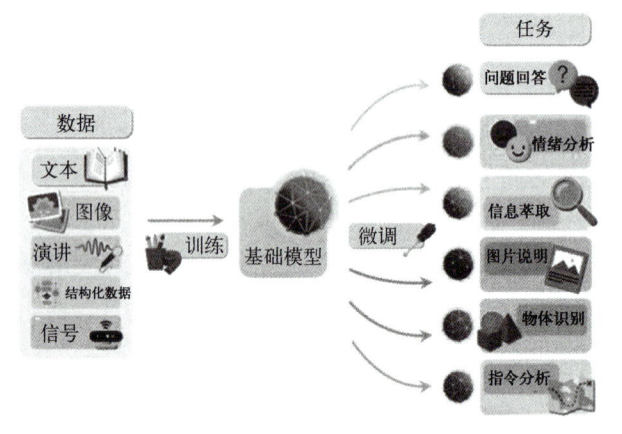

图 3-3 基础模型

LLM 在完成了对大型文本语料库的"基础训练"后，就要进入调整阶段。这包括向它提供一系列示例，说明它应该如何礼貌地、合作地回答问题（响应"提示"），以及最重要的是不允许说什么（这反映了开发者的态度和偏见的价值判断）。初始训练步骤大多是自动化的过程，这个步骤是通过所谓的**人类反馈强化学习**（Reinforcement Learning from Human Feedback，RLHF）来完成的。人类会审查 LLM 对一系列可能引起不当行为的提示的反应，然后帮助 LLM 做出改进。

完成训练后，LLM 接受使用者的提示或问题作为输入，对其进行转换并生成一个回应。与训练步骤相比，这个过程快速而简单，但它是如何将输入转换为回应的呢？模型将这种"猜测下一个词"的技术扩展到更长的序列上。重要的是，理解分析和猜测实际上不是在词本身进行的，而是在所谓的标记上进行的——它们代表词的一部分，并且这些标记进一步以"嵌入"形式表达，旨在捕捉它们的含义。

3.2.3 词嵌入及其含义

LLM 首先使用词嵌入技术将文本中的每个词汇转化为高维向量，确保模型可以处理连续的符号序列。这些向量不仅编码了词汇本身的含义，还考虑了语境下的潜在关联。

将每个单词表示为一种特定形式的向量（列表），称为嵌入。嵌入将给定的单词转换为具有特殊属性的向量（有序数字列表）：相似的单词具有相似的向量表示。例如，"朋友""熟人""同事"和"玩伴"这些词的嵌入。嵌入的目标是将这些单词表示为彼此相似的向量，通过代数组合嵌入来促进某些类型的推理。

单词嵌入的缺点是它们没有解决多义性问题——单词具有多个含义的能力。处理这个问题有几种方法。例如，如果训练语料库足够详细，单词出现的上下文将倾向于聚合成统计簇，每个簇代表同一个单词的不同含义。这允许 LLM 以模棱两可的方式表示单词，并将其与多个嵌入相关联。多义性的计算方法是一个持续研究的领域。

当你想知道一个单词的含义时，你可能会查字典。在字典里，你会找到用词语表达的关于词义的描述，读了定义后你理解了一个单词。换句话说，就是通过与其他单词的关系来表示单词的含义，这通常被认为是语义的一种有效的方法。

当然，有些单词确实指的是现实世界中的真实事物。但是，在相互关联的定义的混乱中有太多的内在结构，以至于给定单词的所有需要知道的含义都可以通过它与其他单词的关系来编码。

3.2.4 生成和理解

对于生成任务（如文本创作、对话系统），模型根据给定的初始文本或上下文，生成连续的、有逻辑的文本序列。这通常通过采样技术（如贪婪采样、核密度采样）来实现，确保生成的文本既符合语法又具有连贯性。

而对于理解任务（如问答、情绪分析），模型需要理解输入文本的深层含义，这依赖于模型在预训练和微调阶段学习到的语义理解能力。模型通过分析文本内容，提取关键信息并给出准确的响应或判断。

3.2.5 预训练与微调

预训练的目标通常是为了学习语言的普遍规律，模型被训练来预测给定序列中缺失的单词（如 BERT）或预测序列的下一个单词（如 GPT 系列）。在预训练阶段，模型在大规模的通用文本数据上进行训练，学习语言的基本结构和各种常识。海量的数据集包含互联网文本、书籍、新闻、社交媒体等多种来源，旨在覆盖广泛的主题和语言风格。

模型通常采用 Transformer 架构，通过自注意力机制处理输入序列，使得模型能够理解上下文依赖，而不仅是相邻单词的关系。模型使用交叉熵损失函数来衡量预测错误的程度，并通过梯度下降等优化算法更新参数，以最小化损失函数。

LLM 被训练用于解决通用（常见）的语言问题，如文本分类、问答、文档总结和文本生成等。

（1）文本分类。LLM 可以通过对输入文本进行分析和学习，将其归类到一个或多个预定义的类别中。例如，分类电子邮件是否为垃圾邮件，或将博客文章归类为积极、消极或中立。

（2）问答。LLM 可以回答用户提出的自然语言问题。例如，可以使用 LLM 来回答搜索引擎中的用户查询，或者回答智能助手中用户的问题。

（3）文档总结。LLM 可以自动提取文本中的主要信息，以生成文档摘要或摘录。例如，可以使用 LLM 来生成新闻文章的概要，或从长篇小说中提取关键情节和事件。

（4）文本生成。LLM 可以使用先前学习的模式和结构来生成新的文本。例如，可以使用 LLM 来生成诗歌、短故事，或者特定主题的文章。

以训练狗为例，可以训练它坐、跑、蹲和保持不动。但如果训练的是警犬、导盲犬和猎犬，则需要特殊的训练方法。LLM 的训练也采用与之类似的思路。预训练完成后，在微调阶段，模型可以在特定任务上进行微调，在更小、带有标签的数据集上进行进一步的训练，使模型适应特定的语言理解和生成任务。这个数据集通常是针对某个特定任务或领域的，如医学文本、法律文本，或者是特定的对话数据。微调可以让模型更好地理解和生成这个特定领域的语言，从而更好地完成特定的任务。

根据任务类型，可能需要调整模型的输出层。例如，在分类任务中，最后的输出会设计为输出类别概率；在生成任务中，则可能使用 Softmax 函数来预测下一个单词。

3.3 生成对抗网络

GAN 因其强大的生成能力，在多个领域得到了广泛应用。
（1）图像生成：如创建艺术作品、设计服装或产品原型等。
（2）视频生成：用于电影特效制作、游戏开发中的环境生成等。
（3）数据增强：在医疗影像分析领域，通过 GAN 生成额外的训练样本来提高模型性能。
（4）风格迁移：改变图像的艺术风格，如将普通照片转换为油画风格。
（5）超分辨率重建：从低分辨率图像中恢复高分辨率细节。
（6）文本到图像：根据描述性文本生成对应的图像内容。
（7）音频合成：生成语音、音乐等音频片段。

3.3.1　GAN 的基本原理

生成对抗网络（GAN）是一种深度学习模型，由伊恩·古德费罗等人在 2014 年提出。它通过两个神经网络的相互博弈来训练：一个是生成器，另一个是判别器。这两个网络通过对抗过程共同进化（见图3-4），目的是让生成器能够创造出几乎无法与真实数据区分的假数据。

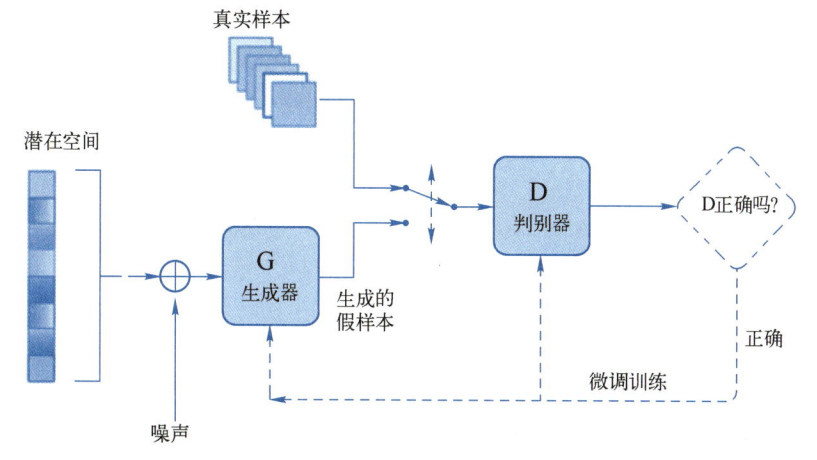

图 3-4　生成对抗网络

（1）生成器。它学习创建逼真的数据以欺骗判别器，其任务是从随机噪声中生成看起来像真实数据的样本。例如，如果 GAN 被用来生成图像，那么生成器会尝试从随机噪声来开始生成逼真的图像。

（2）判别器。它努力区分真实数据与生成的数据，类似于一个二分类器，试图区分给定的数据是来自真实数据集还是由生成器生成的假数据。

3.3.2　GAN 的训练过程

在训练过程中，生成器和判别器交替进行优化。

（1）训练判别器。首先固定生成器，用真实数据和生成器生成的假数据一起训练判别器，使它能够更准确地区分真假。

（2）训练生成器。然后固定住已经训练好的判别器，只更新生成器的参数，目的是让生成器生成的数据更能欺骗判别器，即让判别器误以为生成的数据是真实的。

随着训练的进行，在理想情况下，生成器将学会生成越来越逼真的数据，而判别器将变得难以区分生成的数据和真实数据之间的差异。最终，当生成器可以完美地模仿真实数据分布时，判别器将无法做出有效区分，此时 GAN 达到了一种平衡状态。

3.3.3　不同类型的 GAN

生成对抗网络（GAN）自提出以来已经衍生出了多种变体，它们各有侧重，都有其独特的特点和应用领域，针对不同类型的问题提供了有效的解决方案。随着研究的深入和技术的发展，更多的改进和新变种将会不断涌现，推动着 GAN 的应用和发展。选择哪种类型的 GAN 取决于具体的应用场景、数据特性以及所需的生成效果。

（1）DCGAN（深度卷积 GAN）：主要应用于图像生成任务，如人脸合成、艺术风格转换等。

其主要特点如下。

① 卷积结构：DCGAN 将卷积神经网络（CNN）的架构引入到生成器和判别器中。卷积层在处理图像数据时特别有效，因为它们可以捕捉空间层次上的特征。

② 无全连接层：为了更好地适应不同尺寸的输入，DCGAN 去除了传统的全连接层，取而代之的是使用转置卷积（反卷积）来增加生成器输出的空间维度。

③ 批归一化：在每一层都加入了批量归一化，这有助于稳定训练过程并加速收敛。

④ ReLU 激活函数：除最后一层外，所有层都采用了 ReLU 作为激活函数，而在生成器的最后一层则通常使用 Tanh 函数。

（2）WGAN（瓦瑟斯坦 GAN）：提升训练稳定性和生成样本的质量，适用于各种需要高质量生成结果的任务。

其主要特点如下。

① EMD（推土机距离）：WGAN 改变了原始 GAN 的目标函数，采用称为"推土机（Wasserstein）距离"的更加连续和平滑的度量标准，从而使训练过程更为稳定。

② 权重裁剪：为避免梯度消失问题，WGAN 对判别器的权重进行裁剪，使其保持在一个较小范围内。

③ 不使用 sigmoid 和交叉熵损失：与传统 GAN 不同，WGAN 不再使用 sigmoid 激活函数和二元交叉熵损失，而是直接优化推土机距离。

④ 改进版本 WGAN-GP：通过引入梯度惩罚替代简单的权重裁剪，进一步提高模型稳定性，并且不需要严格限制判别器的权重范围。

（3）样式 GAN：特别适用于高保真度的人脸图像生成和其他复杂视觉内容的创建。

其主要特点如下。

① 分层感知控制：样式 GAN 允许对生成图像的不同抽象层面进行精细控制，如调整面部表情、发型、姿势等特性。

② 映射网络：引入了一个额外的映射网络，将随机噪声向量映射到一个中间潜空间，这个潜空间中的点具有更好的语义意义。

③ 自适应实例规范化（AdaIN）：在生成器内部使用 AdaIN 技术，根据映射后的潜变量动态调整每一层的均值和方差，实现了更丰富的样式变化。

④ 渐进式增长架构：从低分辨率开始逐步增加图像分辨率，这样可以在早期阶段快速学习全局结构，随后细化局部细节。

（4）周期（Cycle）GAN：广泛应用于风格迁移、色彩化黑白照片、季节变换等图像转换任务。

其主要特点如下。

① 循环一致性损失：周期 GAN 旨在解决跨域图像翻译问题，如将马的照片转换成斑马。它利用两个方向上的转换模型（A 到 B 以及 B 回到 A），并通过循环一致性损失确保转换前后信息的一致性。

② 无须配对训练数据：与其他一些需要配对样本（即每个源域样本都有对应的目标域样本）的方法不同，周期 GAN 能够在仅有未配对的数据集上工作，极大降低了数据收集难度。

（5）条件 GAN（cGAN）：适用于在分类基础上生成特定类别的图像、视频帧预测、超分辨率重建等。

其主要特点如下。

① 条件输入：cGAN 允许在生成过程中加入额外的条件信息，如类别标签、文本描述或其他相关属性。这意味着生成器可以根据给定的条件来生成特定类型的数据。

② 增强表达能力：通过引入条件，cGAN 能够生成更加多样化且符合预期的结果，同时也提高了判别器的能力，因为它可以基于条件来评估真假。

3.4 变分自编码器

变分自编码器（VAE）是一种生成模型，它结合了自动编码器（AE）和贝叶斯推断的思想。与传统的自动编码器不同，VAE 不仅能够学习数据的压缩表示（即编码），还能通过引入概率分布来生成新的样本（见图 3-5）。

VAE 的应用场景主要如下。

（1）图像生成：如手写数字、人脸图像等。
（2）文本生成：生成句子或文档摘要。
（3）异常检测：基于重构误差识别异常样本。
（4）数据增强：为机器学习任务创建额外的训练样本。
（5）跨域翻译：如风格迁移、图像到图像转换等。

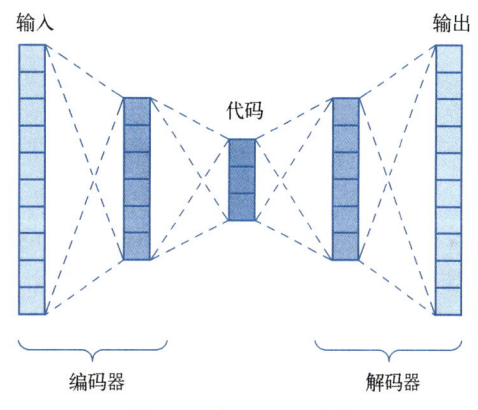

图 3-5 VAE 生成模型

3.4.1 VAE 的工作机制

VAE 的关键概念和技术特点如下。

（1）编码器：将输入数据映射到一个潜在空间中的参数化分布（高斯分布），由编码器网络预测出均值和方差。

（2）解码器：从潜在空间中采样得到的随机变量作为输入，尝试重构原始输入数据。

（3）变分下界：为了训练 VAE，最大化一个称为"变分下界"的目标函数，从而使得可以从该分布中直接采样以生成新样本。

（4）重参数化技巧：为解决梯度无法穿过随机节点的问题，VAE 采用了重参数化技巧，以用反向传播算法有效地计算梯度并更新模型参数。

其优势主要如下。

（1）生成能力：由于潜在空间是连续且平滑的，VAE 可以生成逼真的新样本，只需在潜在空间中采样，然后通过解码器解码即可。

（2）概率框架：VAE 提供了一个明确的概率解释，允许对不确定性进行建模，并支持缺失数据的处理。

（3）无监督学习：VAE 可以在没有标签的情况下学习有用的特征表示，适用于多种任务，如降维、聚类等。

3.4.2 潜在空间探索

VAE 的潜在空间探索是理解其工作原理和应用潜力的关键部分。潜在空间是指通过编码器将输入数据映射到的一个低维、连续且结构化的表示空间。在这个空间中，每个点代表一个潜在变量，它可以被解码器用来重构原始输入或生成新的样本。

（1）潜在空间的特性。
- 连续性和平滑性：由于 VAE 强制潜在变量服从某种分布（通常是标准正态分布），这使得潜在空间是连续的和平滑的，意味着相近的数据点在潜在空间中的表示也会很接近，反之亦然。
- 语义解释性：虽然 VAE 的潜在空间不是明确设计为具有特定语义的，但经过训练后，某些维度可能自然地与数据中的特定属性相关联，如图像中的人物表情、背景颜色等。

（2）可视化技术探索。
- 降维可视化：使用降维算法将高维潜在向量投影到二维或三维空间中进行可视化，可以直观地观察到不同类别或特征如何分布在潜在空间里。
- 插值实验：选择两个已知样本 A 和 B，在它们对应的潜在向量之间进行线性插值，然后将这些中间点解码回原始空间。如果潜在空间足够平滑，那么插值路径上的点将形成从 A 到 B 的合理过渡。

（3）属性编辑探索。单个维度操作，对于一些 VAE 变体可以通过独立调整潜在向量的各个维度来观察对生成图像的影响。这种方法可以帮助识别哪些维度对应于特定的视觉属性，并允许用户手动编辑这些属性。

示例 1：图像生成与编辑。

（1）风格迁移：通过操纵潜在空间中的某些维度，可以在不改变其他特性的情况下转换图像的风格，如将普通照片转换成油画风格。

（2）面部属性修改：在人脸图像生成任务中，潜在空间的不同维度可能对应于面部表情、发型、肤色等属性。用户可以选择性地调整这些维度，以实现个性化的图像编辑。

示例 2：数据增强。创建虚拟样本，利用潜在空间的连续性和平滑性，可以从现有数据集中生成额外的训练样本，从而增加模型的泛化能力而不依赖于真实世界的新数据采集。

示例 3：跨域翻译。图像到图像转换，如将夏季场景的照片转换成冬季场景，或者将黑白照片上色。这种转换通常涉及学习两个不同域之间的映射关系，并确保转换后的结果仍然保持原有的结构和细节。

作为一种重要的生成模型，VAE 在理论和应用上都有着广泛的影响，并为多种应用提供了基础，尤其适合那些需要考虑不确定性和复杂结构的任务。

3.5 流模型

流模型是一类生成模型，它们通过一系列可逆变换，将简单的概率分布（如标准正态分布）映射到复杂的数据分布。由于 NLP 任务的特点与图像、音频等连续型数据有所不同，目前流模型（规范化流）的应用相对较少。随着研究的深入和技术的发展，流模型也开始逐渐被应用于语言建模领域，特别是在需要精确概率估计和高效采样的领域。

3.5.1 流模型应用场景

流模型主要应用于需要精确概率估计和高效采样的领域，如密度估计、异常检测、图像生成、音频合成以及一些特定的 NLP 任务中。

（1）文本生成。用于改进传统方法。传统的基于自回归的语言模型（如 Transformer、LSTM）虽然在文本生成方面取得了显著成就，但它们通常难以提供精确的概率估计，并且在非自回归设置下表现不佳。而通过引入流模型，可以实现更高效的并行化生成，同时保证生成文本的质量。例如，流模型可以用于学习字符级或词级的语言分布，从而支持快速且多样化的文本生成。

（2）对话系统。增强对话多样性。在构建对话系统时，使用流模型可以帮助克服重复回复的问题，增加对话的多样性和自然度。通过将对话历史映射到一个潜在空间，并在此基础上进行变换，可以生成更加丰富和连贯的回答。

（3）序列到序列任务。对于机器翻译等序列到序列的任务，如翻译和其他跨语言任务，流模型可以通过学习源语言和目标语言之间的复杂映射关系来提高翻译质量。这种映射不仅限于词汇层面，还可以捕捉句法和语义信息，从而产生更准确的翻译结果。

（4）文本风格转换。保留内容的同时改变风格。流模型可以用于文本风格转换任务，如将正式文体转换为口语化表达，或将一种文学风格转换为另一种。通过设计适当的变换函数，可以在不改变原始内容的情况下调整文本风格。

（5）主题建模与文档表示。发现潜在结构，类似于图像中的潜在空间操作，流模型也可以用于文档的主题建模。通过对文档集合进行编码，然后在潜在空间中执行变换，可以揭示文档之间的潜在关系，并为聚类、检索等任务提供更好的表示。

3.5.2 流模型应用案例

流模型的应用案例如下。

（1）密度估计与异常检测。例如，金融风险评估、网络安全监控等。使用流模型来建模正常操作下的数据分布，当新采集的数据重构误差显著增加时，表明可能存在异常情况。

（2）图像生成。例如，艺术创作、虚拟角色设计等。通过学习复杂的图像分布，流模型可以生成逼真的新图像，如手写数字、人脸图像等。

（3）音频合成。例如，语音生成、音乐创作等。流模型可以捕捉音频信号的时间序列特性，并生成自然流畅的声音片段或实现声音的风格转换。

（4）数据增强。例如，医学影像分析、自动驾驶汽车训练等。从现有数据集中生成额外的训练样本，提高模型的泛化能力和鲁棒性。

（5）跨域翻译。例如，图像到图像转换、文本到文本翻译等。通过学习两个不同域之间的映射关系，流模型可以在保持原有结构的同时转换视觉效果或语言表达。

尽管流模型在高维数据上的计算成本较高，但随着硬件性能的提升和算法优化，流模型的应用前景依然广阔。

3.6 语言模型基础

语言模型起源于语音识别。输入一段音频数据，语音识别系统通常会生成多个句子作为候选，而判断哪个句子更合理，就需要用语言模型对候选句子进行排序。语言模型是 NLP 领域的基础任务和核心问题，其目标是对自然语言的概率分布建模。而生成式 AI 的一个关键特性是，其不仅可以理解和分析数据，还能够创造新的内容或预测未来的数据，这些输出是从学习的数据模式中派生出来的。

语言模型是"**对于任意的词序列，它能够计算出这个序列是一句话的概率**"。例如，词序列 A："这个网站|的|文章|真|水|啊"，这明显是一句话，一个好的语言模型也会给出很高的概率。再看词序列 B："这个网站|的|睡觉|苹果|好快"，这明显不是一句话，如果语言模型训练得好，那么序列 B 的概率就会很小。

定义：假设要为中文创建一个语言模型，V 表示词典，$V=$ {猫,狗,机器,学习,语言,模型,…}，$w_i \in V$。语言模型就是这样一个模型：**给定词典 V，能够计算出任意单词序列 $w_1, w_2, \cdots, w_n$ 是一句话的概率 $p(w_1, w_2, \cdots, w_n)$**，其中，$p \geqslant 0$。

计算 $p(w_1, w_2, \cdots, w_n)$ 的最简单方法是数数，假设训练集中共有 N 个句子，训练集中 $(w_1, w_2, \cdots, w_n)$ 出现的次数假定为 n，则 $p(w_1, w_2, \cdots, w_n) = n/N$。可以想象，一旦单词序列没有在训练集中出现过，模型的输出概率就是 0。

语言模型的另一种等价定义是：**能够计算 $p(w_i | w_1, w_2, \cdots, w_{i-1})$ 的模型就是语言模型**。

从文本生成角度来看，也可以给出如下的定义：**给定一个短语（一个词组或一句话），语言模型可以生成（预测）接下来的一个词**。

语言模型可用于提升语音识别和机器翻译的性能。例如，在语音识别中，给定一段"厨房里食油用完了"的语音，有可能会输出"厨房里食油用完了"和"厨房里石油用完了"这两个读音完全一样的文本序列。如果语言模型判断出前者的概率大于后者的概率，就可以根据相同读音的语音输出"厨房里食油用完了"这个文本序列。又比如，在机器翻译中，如果对英文"you go first"逐词翻译成中文，可能得到"你走先""你先走"等排列方式的文本序列。如果语言模型判断出"你先走"的概率大于其他排列方式文本序列的概率，就可以把"you go first"译成"你先走"。

3.7 接入 LLM 的几种方法

随着 LLM 技术的飞速发展，越来越多的企业开始探索如何将其融入自身业务，以提升效率、优化用户体验并创造新的价值。下面梳理接入 LLM 的常见方式，以全面了解不同接入方式的适用场景、成本考量以及技术门槛。

DeepSeek 带来的国民级热度，很大程度上是让整个社会都意识到 LLM 对于生产力提效的巨大价值，同时也带来了 AI 的洪流势不可挡、不拥抱就落伍的危机感，很多企业都开始积极拥抱 AI 实践，希望通过 AI，一方面提升企业和业务的效率，另一方面也为用户提供 AI 的能力。

很多企业使用了"接入 DeepSeek"的说法，那么所谓的"接入大模型"究竟有哪些形式呢？

3.7.1 个人直接使用平台功能

个人直接使用平台功能，又称为"直接通过提示语（Prompt）接入"，是最简单直接的方式。这种方式是以个人身份，直接使用 LLM 官方的 C 端服务，例如，直接登录 ChatGPT 或者 DeepSeek 等系统的官网使用，或者通过一些集成产品使用。可以通过设计合适的提示语让 LLM 产生对应的输出，从而完成各种任务，如可以让 LLM 生成文章总结、翻译内容等。

在复杂业务场景下，需要通过提示工程来优化提示语的设计，常见的技巧如下。

（1）零样本、单样本和少样本学习。通过提供不同数量的示例来引导模型完成任务。

（2）任务分解。将复杂任务分解为多个子任务，并逐一解决。

（3）嵌入业务知识。在提示语中加入业务相关知识，从而提升模型对业务的理解。

在实际运用中，还可以利用 RAG（检索增强生成）接入技术，其核心是通过检索获取相关知识，将其融入到 LLM 的输入中。具体步骤如下。

（1）用户输入问题后，通过向量数据库检索与问题最相关的文档或知识。

（2）将检索到的知识与用户问题组合成新的提示语输入 LLM，从而提高生成内容的准确性和专业性。

RAG 方法可以解决 LLM 知识不足或幻觉问题，同时利用私域数据提升模型的时效性和专业性。

对于小型企业来说，这种方式实际落地的作法是在企业内部提倡、鼓励员工个人使用，或者企业购买几个大模型的账号供内部使用。例如一些大厂的程序员，在编程工作中已经大规模借助于 Cursor（一款 AI 编程软件），使自己的程序代码编写得又快又好。这种方式轻量简便，优势是能最快地感受到 AI 带来的工作变化，但劣势是其仅能作为个人工作提效的辅助，并没有定制功能，同时个人或企业的数据安全存在风险。

3.7.2 通过平台搭建智能体

如果仅仅在 LLM 官网中与 AI 进行简单对话，虽然能够进行工作，但作用有限，AI 的产出结果也并不可控。在实际工作中，一般会有流程和标准的限制，使产出的结果符合预定的标准。例如"小红书运营"这项工作，如果让 AI 直接进行是没有办法完成的，因为其中包含多种不同的环节。拆解"小红书运营"工作，可能包含以下步骤，即：选题→撰写文案→配图→发布→数据分析。这种把工作拆解成标准执行动作的过程就是一个工作流，在工作流中，通过识别出 AI 可以应用的点，然后调用不同的 AI 工具，可以帮助完成一连串的工作内容。就好像好几个"AI 员工"相互配合，最终做出一个成品。

针对"小红书运营"工作流，AI 介入后可以完成以下工作。

- 通过可联网的 LLM 收集今日热点新闻。
- 通过 LLM 分析某些选题。
- AI 针对选题生成文案。
- 通过 LLM 为文案配图，创作一个文生图的"提示"。
- 调用文生图大模型，使用"提示"生成配图。
- 人工方式将文案和图片发布到小红书（这一步可通过 RPA——机器人流程自动化自动发布，但不可控因素较多）。

- 通过发布的笔记链接，抓取点赞、收藏、评论数据，并进行数据分析。

每个环节 AI 通常只解决一个具体问题，把多个 AI 的工作串联起来，就成为 AI 工作流。这种串联起来的工作流被称为智能体，通过智能体搭建平台，可以方便地搭建出适合自己业务的智能体，并可以将智能体发布到企业的内部平台，解决各种各样的实际问题。

智能体搭建平台（如国内的扣子）集成了多种 LLM。通过智能体平台，在企业内部部署 AI 的方式优势很明显，就是能够低成本地将 AI 融合进企业工作流中，解决企业的实际问题，并且不需要开发，对于大多数不涉密的工作，这是性价比非常高的一种方式。劣势则依然是使用了公共环境的能力，不涉及私有部署，不能很好地完成一些深度复杂的工作。

3.7.3 通过 API 调用

API 接口调用，本质上也是在访问 LLM 厂商的能力，只是无须通过官网的对话框发送消息，而是直接通过技术接口，将数据传递给 LLM，LLM 处理完成后再通过 API 接口将处理结果返回。

调用 API 的优势是能够将 AI 与自己的产品相结合，而无须跳转到 LLM 的网站。

3.7.4 私有化本地部署

私有化本地部署方式也称为通过微调训练接入。微调是指在预训练好的 LLM 基础上，用业务特定的数据集对模型的部分或全部参数进行微调，以适应特定任务或领域。具体步骤如下。

（1）准备业务领域的数据，如文档、聊天记录等，并进行清洗和整理。

（2）选择合适的基础 LLM，利用开源框架（如 LoRA）进行微调。

通过微调，可以让 LLM 更好地理解业务需求，提高模型在业务场景中的表现。

观察 DeepSeek R1 之所以能够掀起 AI 应用的大浪潮，一方面是因为它的模型实力顶尖，另一方面是它的模型开源（DeepSeek 使用 MIT 协议开源），当然还有一些其他硬核的因素。开源就意味着，任何企业都能够将 DeepSeek R1 部署到自己的服务器中，可以通过微调拥有一个属于自己的 LLM。

在宣布接入 DeepSeek 的企业中，几家大厂基本上都是采用私有部署的方式，为用户提供 DeepSeek 的能力。私有部署的优势和劣势都很明显，适合于有技术实力的企业。

私有化本地部署的优势如下。

（1）企业自主可控本地 LLM，业务安全等级最高。

（2）可以对模型进行一定程度的微调，使其更符合企业自身业务的需要。

存在的劣势如下。

（1）成本较高，不仅需要足够的算力，也需要人力进行运维。

（2）企业需要比较高的技术能力，才能实现 LLM 的训练。

3.7.5 通过云服务商间接部署

DeepSeek 爆火之后，阿里云、腾讯云等云服务厂商也第一时间推出了其部署能力。这个过程本质上是云服务厂商进行私有部署，然后帮助使用云服务的企业快速获得私有部署的能力。这种部署方式可以算是完全本地私有部署的优化版，牺牲一部分自主性，以获得更方便的部署能力。

通过云服务商间接部署的优势如下。

（1）无须自行准备算力，可以使用云服务商的算力。

（2）接入方便，成本较低，有一定的技术能力就可以完成接入。

（3）可以进行小量的私有数据部署，实现大模型输出结果的小量定制。

其存在的劣势如下。

（1）服务质量受到云服务商服务质量的影响。

（2）并非完全自主可控，大部分信息是安全的，但绝密信息依然有风险。

3.7.6 渐进式接入

OpenAI 建议采用渐进式接入 LLM 的方式，步骤如下。

第一步：先通过提示语方式接入，测试基本效果。

第二步：结合 RAG（检索增强生成），加入更多业务相关知识。

第三步：进行微调训练，进一步优化模型性能。

这种逐步推进的方式可以帮助企业更好地评估和利用大模型的能力，同时降低接入成本和风险。

需要注意以下两方面。

- 需求分析。在接入 LLM 前，企业需要明确自身业务需求、成本预算和部署方式。
- 数据安全。如果涉及敏感数据，需确保数据安全和隐私保护。

总之，企业可以根据自身业务需求、技术能力和数据资源，选择适合的接入方式，逐步实现 LLM 在业务中的应用和优化。

3.8 LLM 的幻觉

所谓幻觉，是指 LLM 在回答问题或提示时，实际上并不会查阅其训练时接触到的所有词序列，这就意味着它们通常只访问那些信息的统计摘要。于是，LLM 就会出现幻觉，简而言之就是"胡说八道"，即模型生成的内容与现实世界的事实或用户输入不一致的现象。至少目前来说，LLM 并没有很好的方法来验证它们认为或相信可能是真实的事物的准确性。

研究人员将 LLM 的幻觉分为事实性幻觉和忠实性幻觉。

（1）事实性幻觉，是指模型生成的内容与可验证的现实世界的事实不一致。它又分为事实不一致（与现实世界信息相矛盾）和事实捏造（无法根据现实信息验证）。例如，问模型"第一个在月球上行走的人是谁？"，模型回答"查尔斯·林德伯格在 1951 年月球先驱任务中第一个登上月球。"实际上，第一个登上月球的人是尼尔·阿姆斯特朗。

（2）忠实性幻觉，是指模型生成的内容与用户的指令或上下文不一致。它可以分为指令不一致（输出偏离用户指令）、上下文不一致（输出与上下文信息不符）和逻辑不一致（推理步骤与最终答案的不一致）3 类。例如，让模型总结今年 10 月的新闻，结果模型却在说 2006 年 10 月的新闻。

3.8.1 产生幻觉的原因

LLM 采用的数据是致使它产生幻觉的一大原因，其中包括数据缺陷、数据中捕获的事实知识的利用率较低等因素。具体来说，数据缺陷分为错误信息和偏见（如重复偏见、社会偏见）。此外，LLM 也有知识边界，所以存在领域知识缺陷和过时的事实知识。

实际上，即便 LLM 应用了大量的数据，也会在利用时出现问题。LLM 可能会过度依赖训练数据中的一些模式，如位置接近性、共现统计数据和相关文档计数，从而导致幻觉。例如，如果训练数据中频繁共现"加拿大"和"多伦多"，那么 LLM 可能会错误地将多伦多识别为加拿大的首都。此外，LLM 还可能会出现长尾知识回忆不足、难以应对复杂推理的情况。

主要的 AI 模型的水平虽然高，但主要体现在其语言与思维能力上。它们掌握的世界知识，其实仅仅是人类文明史里极少数意义重大的知识。浩如烟海的长尾知识（见图 3-6）散落在数字世界的各个角落，这些知识难以规整成数据集，AI 也无法跟上它呈指数级增长的生产速度。

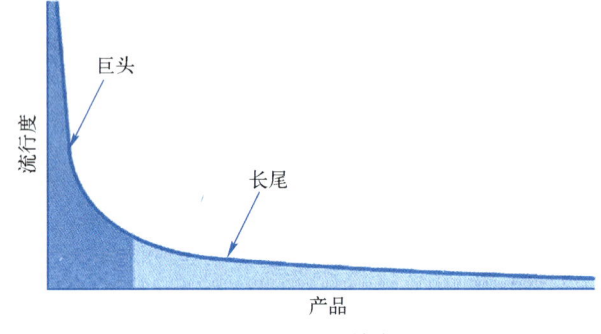

图 3-6　长尾效应

除了数据，训练过程也会使 LLM 产生幻觉。主要是在预训练阶段（LLM 学习通用表示并获取世界知识）和对齐阶段（微调 LLM 使其更好地与人类偏好一致）存在问题。

预训练阶段可能会存在如下问题。

（1）架构缺陷。基于前一个词元预测下一个词元，这种单向建模阻碍了模型捕获复杂的上下文关系的能力；自注意力模块存在缺陷，随着词元长度增加，不同位置的注意力被稀释。

（2）暴露偏差。训练策略也有缺陷，模型推理时依赖于自己生成的词元进行后续预测，模型生成的错误词元会在整个后续词元中产生级联错误。

对齐阶段可能会存在如下问题。

（1）能力错位。LLM 内在能力与标注数据描述的功能间存在错位。当对齐数据需求超出预定义的能力边界时，LLM 会被训练来生成超出其自身知识边界的内容，从而增加幻觉的风险。

（2）信念错位。通过基于人类反馈强化学习等的微调，使 LLM 的输出更符合人类偏好，但有时模型会倾向于去迎合人类偏好，从而牺牲信息的真实性。

LLM 产生幻觉的第三个关键因素是推理，存在以下两个问题。

（1）固有的抽样随机性。在生成内容时根据概率随机生成。

（2）不完美的解码表示。上下文关注不足（过度关注相邻文本而忽视了源上下文）和 Softmax 瓶颈（输出概率分布的表达能力受限）。

3.8.2　减轻幻觉

研究人员根据致幻原因，总结了减轻幻觉现象的几种方法。

（1）数据相关的幻觉。减少错误信息和偏见，最直观的方法是收集高质量的事实数据，并进行数据清理以消除偏见。对于知识边界的问题，有两种流行方法。一种是知识编辑，直接编辑模型参数弥合知识差距；另一种是通过检索增强生成利用非参数知识源。

（2）训练相关的幻觉。根据致幻原因，可以完善有缺陷的模型架构。在模型预训练阶段，最新研究试图通过完善预训练策略、确保更丰富的上下文理解和规避偏见来应对这一问题。例如，针对模型对文档式的非结构化事实知识理解碎片化、不关联的问题，有研究将文档的每个句子转换为独立的事实，从而增强模型对事实关联的理解。此外，还可以通过改进人类偏好判断和激活引导，减轻对齐错位问题。

（3）推理相关的幻觉。不完美的解码通常会导致模型输出偏离原始上下文。研究人员探讨了两种策略，一种是事实增强解码，另一种是译后编辑解码。

事实增强解码优先考虑与用户说明或提供的上下文保持一致，并强调增强生成内容的一致性。与之相关的工作有两类，即上下文一致性和逻辑一致性。有关上下文一致性的研究之一是上下文感知解码，通过减少对先验知识的依赖来修改输出分布，从而促进模型对上下文信息的关注；有关逻辑一致性的研究包括知识蒸馏框架，用来增强思维链提示中固有的自洽性。

【作业】

1. LLM 基于深度学习技术，特别是（　　）架构的广泛应用，通过学习海量文本数据，模仿人类语言的复杂性，极大提升了 AI 技术的能力。

　　A．Transformer　　B．AlexNet　　C．VGG Net　　D．GoogleNet

2. LLM 使得机器能够更准确地（　　）自然语言，其工作原理涉及复杂的数学模型、优化算法以及对伦理和社会影响的深刻考量。

　　① 理解　　　　② 生成　　　　③ 交互　　　　④ 迭代

　　A．①③④　　B．①②④　　C．①②③　　D．②③④

3. LLM 容易吸收训练数据中的偏见，因此在数据选择和模型使用上需要特别注意（　　）问题，努力减少偏见和歧视。随着技术的发展，LLM 也在不断进化。

　　A．收集　　B．伦理　　C．技术　　D．计算

4. 在语言模型中，"tokens" 是指单词、单词部分（称为子词）或字符转换成的数字列表。每个单词或单词部分都被映射到一个特定的数字表示，称为（　　）（token）。

　　A．元素　　B．机会　　C．分量　　D．词元

5. LLM 的训练需要极高的计算资源，包括大量的（　　），以及相应的能源消耗，这也是其发展的一个重要考量因素。

　　A．GPU 和 SPU　　B．CPU 或 TPU　　C．GPU 或 TPU　　D．CPU 或 APU

6. 最常见的 LLM 商业系统通常是在数千台强大处理器上同时训练数周，耗资达数百万美元。这些程序通常被称为 "（　　）"，具有广泛的适用性和长期使用寿命。

　　A．基础模型　　B．专业模型　　C．行业模型　　D．计算模型

7. LLM 使用（　　）技术将文本中的每个词汇转化为高维向量，确保模型可以处理连续的符号序列。这些向量不仅编码了词汇本身的含义，还考虑了语境下的潜在关联。

　　A．段嵌入　　B．预微调　　C．预训练　　D．词嵌入

8．对于生成任务（如文本创作、对话系统），模型根据给定的初始文本或上下文，生成连续的、有逻辑的（　　）。这通常通过采样技术来实现，确保生成的文本既符合语法又具有连贯性。

　　A．数字序列　　　B．文本序列　　　C．文本数组　　　D．数值函数

9．（　　）的目标通常是为了学习语言的普遍规律，以此来预测给定序列中缺失的单词或预测序列的下一个单词。模型通过大规模的通用文本数据来学习语言的基本结构和常识。

　　A．预训练　　　　B．文本序列　　　C．文本数组　　　D．数值函数

10．在（　　）阶段，模型可以在特定任务上，在更小、带有标签的数据集上进行进一步的训练，使模型适应特定的语言理解和生成任务。这个数据集通常针对某个特定任务或领域。

　　A．规划　　　　　B．输入　　　　　C．部署　　　　　D．微调

11．（　　）是一种深度学习模型，它通过两个神经网络的相互博弈来训练，生成器和判别器这两个网络通过对抗过程共同进化，目的是能够创造出几乎无法与真实数据区分的假数据。

　　A．NET　　　　　B．VAE　　　　　C．GAN　　　　　D．LLM

12．（　　）是一种生成模型，它结合了自动编码器和贝叶斯推断的思想。它不仅能够学习数据的压缩表示（即编码），还能通过引入概率分布来生成新的样本。

　　A．NET　　　　　B．VAE　　　　　C．GAN　　　　　D．LLM

13．流模型是一类生成模型，主要应用于需要精确概率估计和高效采样的领域，如（　　）和音频合成以及一些特定的NLP任务中。

　　① 密度估计　　② 复杂计算　　③ 异常检测　　④ 图像生成
　　A．①②③　　　B．②③④　　　C．①②④　　　D．①③④

14．通过引入流模型，可以实现更高效的并行化生成，同时保持生成文本的质量。例如，流模型可以用于学习字符级或词级的语言分布，从而支持快速且多样化的（　　）。

　　A．文本生成　　　B．对话系统　　　C．风格转换　　　D．主题建模

15．语言模型起源于（　　）。输入一段音频数据，系统通常会生成多个句子作为候选，而判断哪个句子更合理，就需要用语言模型对候选句子进行排序。

　　A．波形识别　　　B．生物识别　　　C．语音识别　　　D．模式识别

16．所谓（　　），是指LLM在回答问题或提示时，实际上并不会查阅其训练时接触到的所有词序列，这就意味着它们通常只访问那些信息的统计摘要，于是，LLM就会出现幻觉。

　　A．障碍　　　　　B．幻觉　　　　　C．不足　　　　　D．缺陷

17．LLM的幻觉分为事实性幻觉和忠实性幻觉。所谓忠实性幻觉，是指模型生成的内容产生的不一致现象。它可以分为（　　）3类。

　　① 三观不一致　　② 指令不一致　　③ 上下文不一致　　④ 逻辑不一致
　　A．①③④　　　B．①②④　　　C．①②③　　　D．②③④

18．LLM采用的数据是致使它产生幻觉的一大原因，其中包括数据缺陷、数据中捕获的事实知识的利用率较低等因素。其中，数据缺陷分为（　　）。

　　① 知识边界　　② 数量不足　　③ 错误信息　　④ 偏见
　　A．①③④　　　B．①②④　　　C．①②③　　　D．②③④

19．所谓（　　）是指：主要的 AI 模型的水平虽然高，但它们掌握的世界知识其实仅仅是人类文明史里极少数意义重大的知识。

  A．逻辑单元　　　　B．复杂系统　　　　C．长尾知识　　　　D．专用模块

20．除了数据，训练过程也会使 LLM 产生幻觉，问题主要存在于（　　）。

  ① 对齐阶段　　　② 预训练阶段　　　③ 策划阶段　　　④ 推理过程

  A．①③④　　　　B．①②④　　　　C．①②③　　　　D．②③④

【研究性学习】LLM 典型案例分析

1．实验目的

（1）熟悉 LLM 的工作原理，掌握 LLM 的基本概念。

（2）了解生成对抗网络 GAN、变分自编码器 VAE 等重要概念，熟悉其主要应用场景。

（3）熟悉 LLM 幻觉的类型、原因以及减轻的方法。

2．实验内容及步骤

步骤 1：StyleGAN 在高保真度图像生成中的应用。StyleGAN 是由 NVIDIA 研发的一种高级生成对抗网络，它在生成高分辨率、高质量的人脸图像方面取得了显著成就（见图 3-7）。通过引入新颖的架构和技术，StyleGAN 不仅能够创建逼真的图像，还能对图像的不同抽象层次进行精细控制，如调整面部表情、发型和光照条件等。

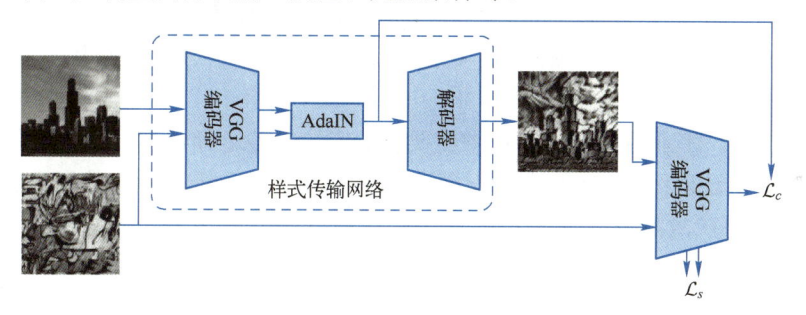

图 3-7　StyleGAN 应用示例

其技术特点主要如下。

（1）映射网络。将随机噪声向量转换到一个中间潜空间，使其中的点具有更好的语义意义。

（2）自适应实例规范化（AdaIN）。根据中间潜变量动态调整每一层的均值和方差，实现更丰富的样式变化。

（3）渐进式增长架构。逐步增加图像分辨率，先学习全局结构，再细化局部细节。

应用场景与效果如下。

（1）娱乐产业。在电影制作和游戏设计中创建虚拟角色或环境，减少实际拍摄成本。

（2）艺术创作。StyleGAN 提供强大的工具，使创作者能够在短时间内生成大量高质量的图像内容，艺术家利用 StyleGAN 生成独特的视觉效果，探索新的艺术表达形式。

（3）医学影像。使用 StyleGAN 辅助疾病诊断，如通过生成不同角度的心脏图像来帮助评估病情。

（4）广告营销。使用 StyleGAN 创建定制化的宣传材料，如模特照片、产品展示图等。

随着生成图像质量的提升，如何防止这些技术被用于伪造身份、散布虚假信息等问题变得尤为重要。此外，技术提高了工作效率，但也引发了对某些职业（如初级设计师）发展的担忧。

通过案例可以看到，StyleGAN 利用 GAN 的基本原理解决了特定领域的问题，并产生了深远的影响。这有助于理解 GAN 的实际应用价值以及它对未来技术和生活可能产生的变革。

步骤 2：VAE 应用实例。变分自编码器（VAE）因其强大的生成能力和对数据分布的建模能力，在多个领域得到了广泛应用。

（1）图像生成与编辑。面部属性编辑，在人脸识别和图像处理中，希望调整照片中人物的表情、发型、眼镜等特征。

实现方式：通过训练一个基于人脸数据集的 VAE，潜在空间中的不同维度可能会自然地与特定的面部属性相关联。可以选择性地调整这些维度来修改图像，如将微笑转换为严肃表情、添加或移除眼镜。

（2）艺术风格迁移。艺术风格迁移，艺术家或设计师想要快速尝试不同的艺术风格。

实现方式：VAE 可以被用来学习多种艺术风格，并允许用户上传自己的照片或画作，然后将其转换成指定的艺术风格，如梵高、毕加索等大师的作品风格。

（3）数据增强。医学影像分析，医疗领域中，高质量的标注数据往往稀缺且昂贵。

实现方式：利用 VAE 从现有的少量标注样本中生成额外的训练数据，从而提高模型的泛化能力和诊断准确性。例如，生成更多的 CT 扫描图像或 X 光片，帮助医生更好地理解和预测疾病。

（4）异常检测。工业监控，制造业中需要实时监控设备运行状态，以及时发现异常情况。

实现方式：通过训练 VAE 来捕捉正常操作下的模式，当新采集的数据重构误差显著增加时，表明可能存在故障或其他非正常事件。这种方法可以应用于各种传感器数据的异常检测。

（5）文本生成。自动摘要生成，新闻媒体或科研机构需要高效地处理大量文本信息。

实现方式：利用 VAE 对文档内容进行压缩表示，然后根据潜在空间中的信息生成简洁而准确的摘要，有助于加速信息检索过程并改善用户体验。

（6）音频合成。语音生成与转换，智能助手或虚拟角色需要能够产生自然流畅的人声叙述。

实现方式：VAE 可以用于学习语音信号的结构特征，并生成新的语音片段或者实现声音的风格转换，如改变说话人的口音或情绪表达。

（7）跨域翻译。图像到图像转换，如将黑白照片上色、夏季风景转换为冬季风景等任务。

实现方式：通过训练两个域之间的映射关系，VAE 能够保持原有结构的同时转换视觉效果，提供了一种新颖的内容创作方式。

（8）视频生成。自动驾驶需要预测道路状况，娱乐产业需要创建连贯的动画序列。

实现方式：VAE 可以被扩展为时空模型，不仅考虑单帧图像，还关注帧间的变化规律，从而有效地预测未来的视频帧。

步骤 3：小组讨论与思考。

3. 实验总结

4. 实验评价（教师）

第 4 章 提示工程与技巧

本章探讨如何通过优化提示设计来提升 LLM 的性能和输出质量。作为一种新兴技术，提示工程关注于通过精心设计的输入指令引导 LLM 生成高质量、符合预期的输出。它涉及明确的提示分类（系统提示和用户提示）、提示的构成要素（如指示、上下文、示例等）以及提示调优策略（明确性、简洁性、具体性和连贯性）。此外，本章还介绍了多种提示工程技术，包括链式思考提示、生成知识提示、少样本提示、自一致提示和思维树提示，这些方法通过逐步推理、知识整合和多路径探索，帮助模型更好地处理复杂任务和推理问题。同时，本章还探讨了提示学习和语境学习的概念，以及如何通过 ICIO、CO-STAR 和 CRISPE 等框架和实践技巧来优化提示词的编写，从而提高与 LLM 交互的效率和效果。

4.1 提示工程的定义

LLM（大语言模型）正在发展成为像水、电一样的基础设施。预训练 LLM 这种艰巨任务通常是由少数技术实力强、财力雄厚的公司去做，而大多数人则会成为其用户。人们已经运用各种技术来从这些 LLM 系统中提取所需的输出，其中的一些方法会改变模型的行为来更好地贴近期望，而另一些方法则侧重于增强查询 LLM 的方式，以提取更精确和更有关联的信息。提示、微调和检索增强生成等技术是其中应用最广泛的。

选择提示工程、微调工程还是检索增强生成方法，取决于应用项目的具体要求、可用资源和期望的结果。每种方法都有其独特的优势和局限性。提示是易用且经济高效的，但提供的定制能力较少；微调以更高的成本和复杂性提供充分的可定制性；检索增强生成实现了某种平衡，提供最新且与特定领域相关的信息，复杂度适中。

本质上，提示是指向 LLM 提供输入的方法，是与任何 LLM 交互的基本方式（见图 4-1）。用户可以把提示看作是给模型提供的指令，当使用提示时，会告诉模型希望它会反馈什么样的信息。这种方法像是学习如何提出正确的问题以获得最佳答案的方法。但是，用户能从中获得的东西是有限的，这是因为模型只能反馈它从训练中获知的内容。

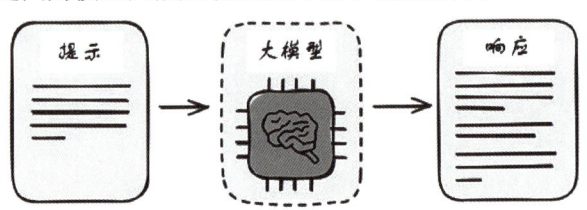

图 4-1 提示是 LLM 交互的基本方式

"提示工程"是促使 LLM 取得更好结果的科学。LLM 关注提示词的开发和优化，用于引导 LLM 生成高质量、符合预期的输出，帮助用户将语言模型用于各种应用场景和研究领域。掌握提示工程相关技能可以帮助用户更好地了解 LLM 的能力和局限性。研究人员可利用提示工程来提高 LLM 处理复杂任务的能力，如问答和算术推理能力以及 LLM 的安全性。开发人员可通过提示工程设计和实现与 LLM 或其他生态工具的交互和高效接轨，借助专业领域知识和外部工具来增强 LLM 的能力。随着 LLM 参数量的剧增和功能的日益强大，如何有效地与这些模型交互以获取有用的信息或创造性的内容变得尤为重要。提示工程的主要作用如下。

（1）设计有效提示。这是指构造问题或指令的方式，目的是最大化模型的响应质量。包括选择合适的词汇、句式结构，甚至创造上下文环境，以激发模型展示其最佳性能。例如，通过构建问题-回答对，精心设计的提示可以引导模型输出特定类型的内容，如创意写作、代码编写、专业建议等。

（2）领域知识嵌入。为提高模型在特定领域的表现，提示工程可能会融入该领域的专业知识。这有助于模型更好地理解和生成与该领域相关的高质量内容，如在化学、生物学或法律等专业领域。

（3）提示优化与迭代。通过不同的提示策略，评估模型输出的质量，并据此调整提示，以达到最优效果。包括 A/B 测试、迭代改进以及使用自动化工具来寻找最有效的提示形式。

（4）减少偏见与提高一致性。由于 LLM 可能承载了训练数据中的偏见，提示工程也致力于设计减少偏见的提示，以及确保模型输出的一致性和可预测性。这可能涉及制定公平性原则，以及使用特定的提示来测试和校正模型的偏见。

（5）利用提示模板和示例。开发一套提示模板和示例，可以作为引导模型输出的起点。这些模板可以根据不同的应用场景进行定制，帮助用户快速上手并获得期望的结果。

（6）模型交互的界面设计。为了让非技术人员也能高效使用 LLM，提示工程还包括设计直观易用的用户界面，让用户能够轻松输入提示、调整设置并查看模型的响应。

4.2 提示的原理

LLM 通过运用大量的文本数据进行训练，学习语言的结构和模式。例如，AI 语言模型 GPT 通过对海量数据的分析，学会了如何在不同语境下生成连贯和有意义的文本。用户在使用 LLM 时，系统依赖于提示词提供的上下文信息，提示词越清晰、越具体，系统越能理解你的意图。

当用户输入提示词后，AI 系统会通过以下步骤生成回答。

（1）解析提示词。首先解析输入的提示词，提取关键词和语境。

（2）检索知识库。根据解析结果，从训练数据中检索相关信息。

（3）生成文本。结合上下文和检索到的信息，生成连贯的回答。

上述每一步都依赖提示词的质量。如果提示词模糊或缺乏具体性，则 AI 的解析和检索过程就会受到影响，最终生成的回答也可能不尽如人意。提示不仅是用户与 AI 模型交互的桥梁，更是一种全新的"编程语言"。与传统的编程语言相比，提示通常更加即时和互动。用户可以直接在 AI 模型的接口中输入提示，并立即看到结果，而无须经过编译或长时间的运行过程。

用户通过精心设计的提示来指导 AI 模型产生特定的输出,执行各种任务。

提示任务的范围非常广泛,从简单问答、文本生成到复杂的逻辑推理、数学计算和创意写作等。作为生成式 AI 时代的"软件工程",提示工程涉及如何设计、优化和管理提示内容,以确保 AI 模型能够准确、高效地执行用户的指令(见图 4-2)。

图 4-2 提示工程的内容

(1)设计。提示设计需要仔细选择词汇、构造清晰的句子结构,并考虑上下文信息,确保 AI 模型能够准确理解用户的意图并产生符合预期的输出。

(2)优化。优化提示可能涉及调整词汇选择、改变句子结构或添加额外的上下文信息,以提高 AI 模型的性能和准确性。这可能需要多次尝试和迭代,以达到最佳效果。

(3)管理。随着 AGI 应用的不断增长和复杂化,管理大量的提示内容变得至关重要。这包括组织、存储和检索提示,以便在需要时能够快速找到并使用它们。同时,还需要定期更新和维护这些提示,以适应 AI 模型的改进和变化的需求。

4.2.1 提示词分类

提示词是用户输入的指令或问题,用来引导 AI 生成相应的回答。提示词可以分为系统提示和用户提示两大类(见表 4-1),理解两者的区别有助于更有效地引导 AI 生成所需的回答。

表 4-1 系统提示和用户提示

	系统提示	用户提示
设定者	AI 开发者或工程师	终端用户
灵活性	通常预定义,灵活性较差	用户可随时修改,灵活性好
适用范围	广泛,适用于多种任务	具体,针对特定问题或任务
作用	规范和优化 AI 的整体行为和输出	直接引导 AI 生成具体回答

(1)系统提示。这是 AI 模型内部使用的提示,通常用于指导模型如何执行特定任务。系统提示可以确保 AI 在不同用户交互中保持一致的语气和结构,提升用户体验。这些提示通常由 AI 开发者或工程师预先设计,用来规范和优化 AI 的工作方式。

(2)用户提示。这是由终端用户输入的具体指令或问题,用来引导 AI 生成特定的回答。通过用户提示,用户可以精准地控制 AI 的输出,使其更符合个人需求和特定情境。用户提示的灵活性和多样性使得它们能够针对具体需求进行定制。

4.2.2 提示构成

一个完整的提示应该包含清晰的指示、相关上下文、有助于理解的示例、明确的输入以及期望的输出格式描述。

（1）指示：是对任务的明确描述，相当于给模型下达了一个命令或请求，它告诉模型应该做什么，是任务执行的基础。

（2）上下文：是与任务相关的背景信息，有助于模型更好地理解当前任务所处的环境或情境。在多轮交互中，上下文尤其重要，因为它提供了对话的连贯性和历史信息。

（3）示例：是给出一个或多个具体示例，用于演示任务的执行方式或所需的输出格式。这种方法在机器学习中被称为示范学习，已被证明对提高输出正确性有帮助。

（4）输入：是任务的具体数据或信息，它是模型需要处理的内容。在提示中，输入应该被清晰地标识出来，以便模型能够准确地识别和处理。

（5）输出格式：是模型根据输入和指示生成的结果。提示中，通常会描述输出格式，以便后续模块能够自动解析模型的输出结果。常见的输出格式包括结构化数据格式，如 JSON、XML 等。

4.2.3 提示调优

提示调优是一个人与机器协同的过程，需要明确需求、注重细节以及灵活应用技巧，以实现最佳交互效果。

（1）人的视角：明确需求。它确保清晰、具体地传达自己的意图。策略是简化复杂需求，分解为模型易理解的指令。

（2）机器的视角：注重细节。机器缺乏人类直觉，需要详细提供信息和上下文。策略是精确选择词汇和结构，避免歧义，提供完整线索。

（3）模型的视角：灵活应用技巧。不同的模型和情境需要有不同的提示表达方式。策略是通过实践找到最佳词汇、结构和技巧，适应模型特性。

4.3 提示工程技术

一个好的提示词应该能够帮助使用者明确 AI 的任务、提供必要的背景信息以及限定回答的范围和深度，应该遵循的原则如下。

（1）明确性。提示词应清晰明确，避免模糊不清的问题。

（2）简洁性。尽量保持提示词简洁明了，避免过于复杂的句子结构。

（3）具体性。提供具体的背景信息和期望的回答方向，减少歧义。

（4）连贯性。在多轮对话中，提示词应保持前后一致，确保对话连贯性。

提示输入通常是一组描述如何执行所需任务的指令。例如，要使用 ChatGPT 根据职位描述起草求职信，可以使用以下提示：

"您是一位申请以下职位的申请人。写一封求职信，解释为什么您适合该职位。"

这看上去很容易，但研究人员发现，LLM 提供的结果在很大程度上取决于给出的具体提示。所以，虽然解释清楚一项任务（如写求职信）似乎很简单，但简单的调整（如措辞和格式）变化会极大影响用户收到的模型输出。

提示工程从根本上来说是不断做实验改变提示内容，以了解提示的变化对模型生成内容的影响，因此不需要高级的技术背景，而只需一点好奇心和创造力。此外，每个使用 LLM 的用户都可以成为一名提示工程师。最基本的原因是，提示工程将为 LLM 的输出带来更好的结果，即使只使用了一些基本技术，也可以显著提高许多常见任务的性能。

由于提示工程的效果很大程度上取决于模型的原始学习水平，所以它可能并不总能提供所需要的最新或最具体的信息。当处理的是一般性的主题时，或当只需要一个快速答案而不需要太多细节时，提示工程效果最好。

4.3.1 链式思考提示

链式思考提示（Chain-of-Thought，CoT，又称思维链提示）是一种注重和引导逐步推理的方法。通过将多步骤问题分解为若干中间步骤，构建一系列有序、相互关联的思考步骤，使模型能够更深入地理解问题，并生成结构化、逻辑清晰的回答（见图 4-3），使 LLM 能够完成零样本或少样本提示无法解决的复杂推理任务。

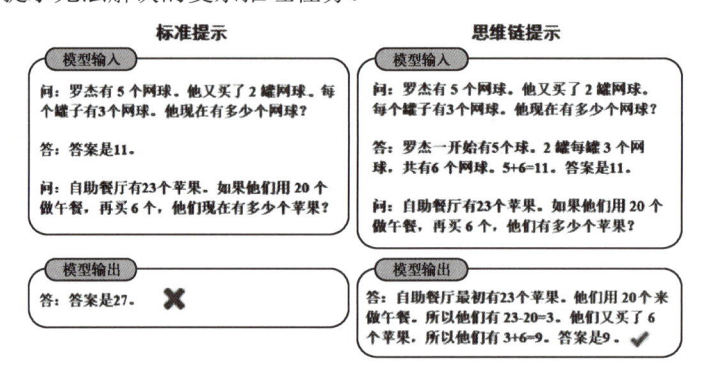

图 4-3 链式思考提示示例

所谓"零样本提示"是指通过提示向 LLM 授予一项任务，而该模型之前未曾见过该任务的数据。即使没有任何示例，LLM 也能够通过简单的提示正确执行多步骤推理任务，而这是通过少样本提示方法无法做到的。CoT 提示法对于多步骤推理问题、受益于中间解释的任务或只用简单的标准提示技术不足以完成的任务来说很有用。

链式思考提示的特点如下。

（1）有序性。要求将问题分解为一系列有序的步骤，每个步骤都建立在前一个步骤的基础上，形成一条清晰的思考链条。

（2）关联性。每个思考步骤之间必须存在紧密的逻辑联系，以确保整个思考过程的连贯性和一致性。

（3）逐步推理。模型在每个步骤中只关注当前的问题和相关信息，通过逐步推理的方式逐步逼近最终答案。

4.3.2 生成知识提示

生成知识提示是一种强调知识生成的方法，通过构建特定的提示语句，引导模型从已有的知识库中提取、整合并生成新的、有用的知识或信息内容。其特点如下。

（1）创新性。旨在产生新的、原创性的知识内容，而非简单地复述或重组已有信息。

（2）引导性。通过精心设计的提示语句，模型被引导去探索、发现并与已有知识进行交互，从而生成新的见解或信息。

（3）知识整合。该过程涉及对多个来源、多种类型的知识进行融合和整合，以形成更全面、深入的理解。

4.3.3 少样本提示

在针对文本的各种语言任务中，几乎总能通过一些示例，或者说"少样本提示"来提高性能。少样本提示方法一开始会针对文本的语言任务附加几个期望的输出示例来提高性能。

事实上，提供示例可以显著提高模型完成任务的能力。与其他机器学习模型不同，LLM 能够执行它们尚未训练过的各种任务。每种方法都有其自身的局限性。虽然少样本提示对于许多任务来说是有效的，但在解决更复杂的推理任务时往往会力不从心。

4.3.4 自一致提示

自一致提示是一种由谷歌研究人员引入的、建立在 CoT 基础上的提示技术，这种方法旨在为 LLM 提供多种推理路径，并在生成的响应中选择最一致的答案。与 CoT 结合使用时，自一致提示方法会更强大，并可以提高复杂推理任务的性能。

自一致提示方法的三个步骤如下。

（1）使用 CoT 提示语言模型。

（2）从语言模型中采样一组不同的推理路径。

（3）边缘化推理路径以聚合最终答案，并选择最一致的答案。

来看一个分析电子邮件的示例。假设一家软件咨询公司每天收到数百封电子邮件，但通常大多数都是促销内容或垃圾邮件，他们希望将电子邮件分类为重要或不重要两类。

您好！

我相信这封电子邮件会让您感到满意。我们目前正面临严峻挑战，鉴于您在软件工程方面的成功记录，相信您的专业知识可以提供宝贵见解和建议，以有助于解决此问题。

能否在您方便的时候尽早安排一次会议，来讨论细节并探讨我们如何合作应对这一挑战？

非常感谢您对此事的及时关注。

此致，

赵大刚

现在，将此电子邮件放入提示中，并要求 LLM "将上述电子邮件分类为重要或不重要，因为它与软件咨询公司相关。让我们一步一步思考。"然后，可以使用这个提示来生成多个响应，从中选择最一致的响应。

响应：电子邮件明确提到组织内部面临严峻挑战，这表明了此事的重要性。我会将这封电子邮件归类为"重要"。

响应：电子邮件提到组织内部面临严峻挑战，但他们没有描述问题或挑战。我会将这封电子邮件归类为"不重要"。

响应：虽然没有明确说明，但电子邮件的语气和要求立即关注的请求表明了一种紧迫感，强调了及时回应的重要性。我会将这封电子邮件归类为"重要"。

通过探索多种路径，LLM 很可能得出正确或很有意义的响应。此外，它可能有助于抵消模型或其训练数据中可能固有的偏差。虽然自一致提示方法在单独使用 CoT 方法没有效果时显示出了改善的结果，但对于需要探索或战略前瞻性的任务来说，它还是不够的。

4.3.5 思维树提示

思维树提示（ToT）是一个超越 CoT 的激励框架，鼓励模型探索多种想法作为使用 LLM 解决更广泛问题的中间步骤。将复杂思维过程通过树状结构清晰展现出来，并逐级分解主题或问题，形成具有逻辑层次和关联性的思维节点，从而帮助用户更清晰地组织和表达思考过程（见图 4-4）。该技术要求 LLM 在每个级别上考虑多个解决方案，鼓励模型不断评估其结果，规范其决策过程，并增强其对所选解决方案的信心。换句话说，它通过生成中间步骤和潜在的解决方案来形成动态决策，然后对其进行评估以确定它们是否走在正确的道路上。

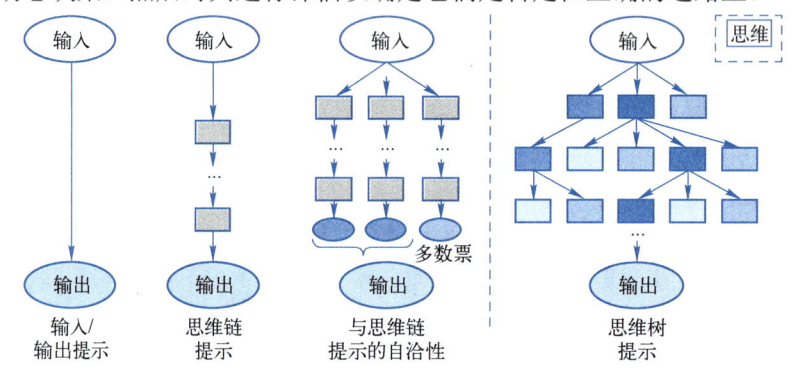

图 4-4 思维树提示

思维树提示的特点如下。

（1）层次性。将思考过程分解为多个层次，每个层次代表不同的思维深度和广度。

（2）关联性。各思维节点之间逻辑联系紧密，形成一个相互关联、互为支撑的思维网络。

（3）可视化。通过将思维过程以树状图的形式展现，增强了思考过程的可视化和直观性。

例如，如果任务是创建一个业务策略，LLM 首先为该策略生成多个潜在的初始步骤，然后，当生成初始想法时，可以让模型对每一个想法根据输入的提示来进行自我评价。在这里，LLM 将评估每个想法或步骤与待解决问题的目标的契合程度。该评估阶段可能会对每个想法进行排名，或者在适当的情况下打分。然后，被评估为不太有用或不太合适的想法可以被丢弃，并且可以扩展剩余的想法。在这个框架中继续类似的排名过程，直到做出最终决定。这种技术允许 LLM 同时评估多条路径。

以下是利用 ToT 框架的一个简化版本的分步过程。

第 1 阶段：头脑风暴——要求 LLM 在考虑各种因素的同时，产生三个或更多个选项。

第 2 阶段：评估——要求 LLM 通过评估其利弊来客观地评估每个选项的潜在成功概率。

第 3 阶段：扩展——要求 LLM 更深入地研究合适的想法，完善它们，并想象它们在现实世界中的影响。

第 4 阶段：决策——要求 LLM 根据生成的评估和场景，对每个解决方案进行排名或评分。

对于需要涉及搜索类型的工作、填字游戏甚至创意写作的问题类型，ToT 框架的性能相比

CoT 有很大提高。然而，它需要多次提示和多个迭代才能得出最终答案。

4.4 提示学习和语境学习

在指令微调 LLM 方法之前，如何高效地使用预训练好的基础语言模型是人们关注的热点。由此，提示学习和语境学习成为其中的两个核心概念，它们在模型的训练和应用中扮演着关键角色。

提示学习通过提供任务导向的框架，帮助模型理解预期的输出形式；语境学习则确保模型能够根据具体的上下文信息，生成既符合提示要求又贴合上下文的高质量内容。提示学习和语境学习在 LLM 中相辅相成，使得 LLM 能够在多样化的应用场景中展现出强大的理解和生成能力。

4.4.1 提示学习

提示学习通过给模型提供精心设计的提示或指令来引导模型产生更准确、更具针对性的输出。这种技术尤其在预训练阶段和微调阶段的大规模语言模型中展现出了巨大潜力。其基本思想是，不直接要求模型生成答案，而是先给模型一个"提示"或者"模板"，使其理解所需完成的任务类型和格式，然后在此基础上生成答案。例如，如果想要一个模型生成关于环保的文章开头，可以使用这样的提示："随着世界面临日益严峻的环境挑战，至关重要的是……"，模型会在这个提示的基础上继续生成内容。通过这种方式，提示学习能够帮助模型更好地理解任务意图，提高生成内容的质量和相关性。

与传统的微调方法不同，提示学习直接利用在大量原始文本上进行预训练的语言模型，通过定义新的提示函数，使该模型能够执行少样本甚至零样本学习，以适应仅有少量标注或没有标注数据的新场景，从而适应下游各种任务。提示学习通常不需要参数更新，但由于涉及的检索和推断方法多种多样，不同模型、数据集和任务有不同的预处理要求，其实施十分复杂。

使用提示学习完成预测任务的流程非常简洁，如图 4-5 所示，原始输入 x 经过一个模板，被修改成一个带有一些未填充槽的文本提示 x'，再将这段提示输入语言模型，语言模型即以概率的方式写入模板中待填充的信息，然后根据模型的输出导出最终的预测标签 $\hat{z}$。使用提示学习完成预测的整个过程可以描述为 3 个阶段：提示添加、答案搜索和答案映射。

步骤 1：提示添加。借助特定模板，将原始的文本和额外添加的提示拼接起来，一并输入到语言模型中。例如，在情感分类任务中，根据任务的特性可以构建如下含有两个插槽的模板：

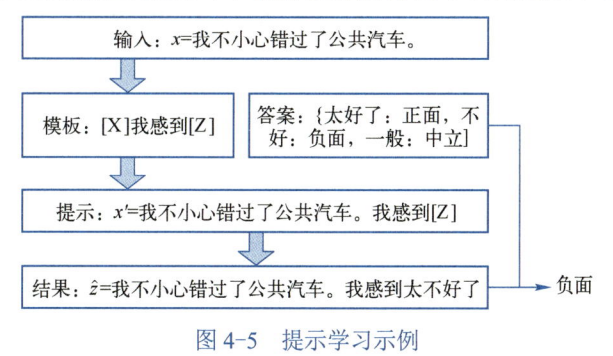

图 4-5 提示学习示例

"[X]我感到[Z]"

其中，[X]插槽中填入待分类的原始句子，[Z]插槽中是需要语言模型生成的答案。假如原始文本为：

x=我不小心错过了公共汽车。

通过此模板，整段提示将被拼接为：

x'=我不小心错过了公共汽车。我感到[Z]

步骤2：答案搜索。将构建好的提示整体输入语言模型后，需要找出语言模型对[Z]预测得分最高的文本$\hat{z}$。根据任务特性，事先定义预测结果z的答案空间为Z。在简单的生成任务中，答案空间可以涵盖整个语言，而在一些分类任务中，答案空间则可以是一些限定的词语，例如：

Z={"太好了"，"好"，"一般"，"不好"，"糟糕"}

这些词语可以分别映射到该任务的最终标签上。将给定提示为x'而模型输出为z的过程记录为函数，对于每个答案空间中的候选答案，分别计算模型输出它的概率，从而找到模型对[Z]插槽预测得分最高的输出$\hat{z}$。

步骤3：答案映射。得到的模型输出$\hat{z}$并不一定就是最终的标签。在分类任务中，还需要将模型的输出与最终的标签做映射。这些映射规则是人为制定的，例如，将"太好了""好"映射为"正面"标签，将"不好""糟糕"映射为"负面"标签，将"一般"映射为"中立"标签。

提示学习方法易于理解且效果显著，提示工程、答案工程、多提示学习方法、基于提示的训练策略等已经成为从提示学习衍生出的新的研究方向。

4.4.2 语境学习

语境学习，也称上下文学习，是指模型在处理输入时，能够基于上下文信息做出更加合理和准确的响应。在自然语言处理中，上下文对于理解句子的意义至关重要。LLM通过深度学习机制，能够捕捉到词语之间的依赖关系和长距离的上下文联系，从而在给定的语境中生成或推断出最合适的词汇、短语或句子。例如，在对话系统中，当用户提到"我昨天去了海边"，接下来如果模型接收到"那里的天气怎么样？"这样的后续询问时，它能够基于之前的对话内容理解到"那里"指的就是海边，从而提供相关的天气信息。这种能力让模型的交流更加自然流畅，仿佛能理解并记忆之前的对话，从而提升用户体验。

向模型输入特定任务的一些具体例子（也称示例）及要测试的样例，模型可以根据给定的示例续写测试样例的答案。如图4-6所示，以情感分类任务为例，向模型中输入一些带有情感极性的句子、每个句子相应的标签，以及待测试的句子，模型就可以自然地续写出它的情感极性为"正面"。

语境学习可以看作是提示学习的一个子类，其中示例是提示的一部分。

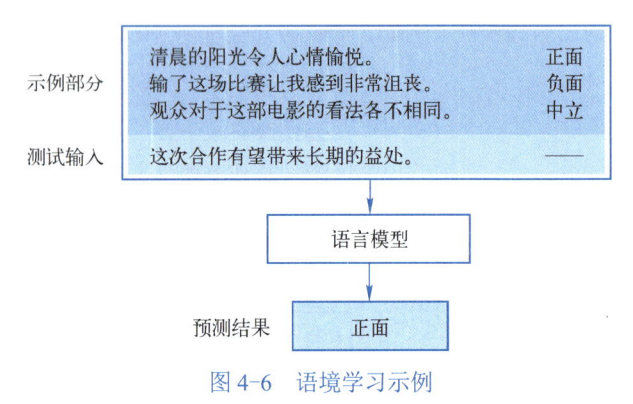

图4-6 语境学习示例

语境学习的关键是从类比中学习，整个过程并不需要对模型进行参数更新，仅执行前向的推理即可完成复杂的推理任务。

语境学习有许多独特的优势。首先，其示例是用自然语言编写的，提供了一个可解释的界面来与 LLM 进行交互。其次，不同于以往的监督训练，语境学习本身无须参数更新，可以极大降低使 LLM 适应新任务的计算成本。在语境学习中，示例标签的正确性（输入和输出的对应关系）并不是有效的关键因素，起到更重要作用的是样本配对的格式、输入和输出分布等。此外，语境学习的性能对特定设置很敏感，包括提示模板、上下文内示例的选择及示例的顺序。如何通过语境学习方法更好地激活 LLM 已有的知识成为一个新的研究方向。

4.5 提示词写作技巧

在 AIGC 的应用中，决定对话质量的，除了 LLM 本身的能力差异之外，还在于用户的提示词技巧。

4.5.1 提示词框架推荐

下面来介绍一些常用的提示词框架。这些框架不仅能帮助更好地组织和表达需求，还能大幅提高 AIGC 的质量。

1. ICIO 框架

ICIO 框架示例如下（见图 4-7）。

```
## Instruction
请生成一份关于最新社交媒体营销趋势的报告。

## Context
这份报告将用于下个月的公司战略会议，受众为公司高层管理人员和市场营销团队成员。报告的目的是帮助公司了解当前的社交媒体营销趋势，以便制定新的市场营销策略。

## Input Data
请参考2023年和2024年的最新社交媒体使用数据和营销研究报告，包括主要社交媒体平台的用户增长、热门内容类型、广告效果及用户参与度数据。

## Output Indicator
-报告应使用正式语气，包含以下几个部分：引言、主要趋势分析、平台比较、案例研究和结论。

-每个部分应详细解释趋势背后的原因，并包含相关的数据支持。

-报告应不超过2000字，并在结论部分提出3到5个具体的市场营销建议。
```

图 4-7　ICIO 框架示例

（1）指令（Instruction）：它是框架的核心，用于明确 AI 需要执行的任务。编写指令时，应简明扼要，确保 AI 可以准确把握任务目标及要求。

（2）背景信息（Context）：包括任务背景、目的、受众、范围、扮演角色等，有助于 AI 理解任务并生成响应。

（3）输入数据（Input Data）：告知模型需要处理的数据，非必需，若任务无须特定的输入数据，则可省略。

（4）输出引导（Output Indicator）：告知模型输出结果的类型或风格等，如指定所需语气（正式、随意、信息性、说服性等）、定义格式或结构（如论文、要点、大纲、对话）、指定约束条件（如字数或字符数限制）、要求包含引用或来源以支持信息等。

2. CO-STAR 框架

CO-STAR 框架示例如下（见图 4-8）。

```
## Context
我们正在为教育科技公司的官网撰写一篇文章，主题是"AI在教育中的应用"。这篇文章将作为公司对外宣传的一部分，展示我们在教育技术领域的创新和成果。

## Objective
撰写一篇详细的文章，介绍AI技术在教育中的具体应用，包括自适应学习系统、智能辅导系统和教育数据分析等方面。

## Style
使用专业的写作风格，参考学术论文的格式和结构，但保持通俗易懂，确保内容既有深度又能吸引广泛的读者。

## Tone:
语气应正式且具有说服力，展示我们的专业知识和对教育科技前沿的理解。

## Audience
目标读者为教育行业的专业人士，包括教育技术专家、学校管理者和教育政策制定者。他们对教育技术有一定了解，但可能对AI在教育中的具体应用不太熟悉。

## Response
-文章应包含以下部分：引言、AI在教育中的应用案例、各应用案例的详细解释、AI对教育的影响、结论与未来展望。
-每部分应包含小标题，文章总长度控制在3000字左右。
```

图 4-8　CO-STAR 框架示例

（1）上下文（Context）：提供任务的上下文信息，有助于 LLM 了解正在讨论的具体情景，确保其答复具有相关性。

（2）目标（Objective）：明确希望 LLM 执行的任务是什么，有助于 LLM 把回答的重点放在实现这一具体目标上。

（3）风格（Style）：表明希望 LLM 使用的写作风格，可以是鲁迅、余华等某个名人的写作风格，也可以是某个行业的某个专家，如商业分析专家或首席执行官。

（4）语气（Tone）：确定回复的态度，可确保 LLM 的回复与所需的情感或情绪背景符合，如正式的、幽默的、具有说服力的。

（5）受众（Audience）：确定回复的对象，根据受众（如初学者、儿童等）量身定制 LLM 的回复，确保其在所需的语境中是恰当的、可以理解的。

（6）回复（Response）：明确回复格式，确保 LLM 按照下游任务所需的准确格式输出。例如，列表、JSON、专业报告等。

3. CRISPE 框架

CRISPE 框架示例如下（见图 4-9）。

（1）能力（Capacity）和角色（Role）：指示 LLM 应扮演什么角色，具备什么能力。

（2）见解（Insight）：提供请求、背景和上下文。

（3）声明（Statement）：要求 LLM 做什么。

（4）个性（Personality）：希望 LLM 以何种风格、个性或方式回应。

（5）实验（Experiment）：请求 LLM 回复多个示例。

```
## Capacity and Role
你是一名市场营销专家,具备丰富的品牌推广经验。

## Insight
我们的公司即将发布一款新产品,这款产品具有创新的功能,可以显著提升用户体验。发布材料需要能
够引起目标受众的兴趣,并清晰传达产品的核心卖点。

## Statement
请为这款新产品生成一份宣传材料,内容包括产品的独特功能、目标市场、用户受益以及产品发布的日
期和地点。

## Personality
希望宣传材料采用热情洋溢且富有感染力的语气,展现出品牌的创新精神和对用户的重视。

## Experiment
请为我提供三个不同风格的宣传材料示例:一种适用于社交媒体发布、一种适用于公司官网、一种适用
于新闻发布会演讲。
```

图 4-9 CRISPE 框架示例

4.5.2 提示词实践技巧

在实践过程中,有一些技巧可以帮助我们获得 AI 的更好回答。通过这些技巧,可以极大提升与 AI 模型互动的效果,生成更精准和符合需求的内容。每个技巧都有其独特的应用场景,结合实际案例进行操作,会让提示词更加有针对性和实用性。

(1)结构化提示词。提示词的结构完整性极大地影响了模型回答的质量。一个结构化的提示词应包括以下要素:角色、背景、目标、技能、约束、工作流、输出要求、示例和初始化等。参考前述的框架(如 ICIO、CO-STAR、CRISPE),可以确保提示词覆盖所有必要的信息。

(2)加分隔符。在提示词中合理添加分隔符(如"'"),可以准确区分指令和待处理的内容,避免模型解读提示词时出现困扰。

例如:

● 指令和待处理的内容混淆

你:翻译成英文:翻译下面一段话

LLM:请提供您想要翻译的文本,我会帮您把它翻译成英文。

● 分隔符区分指令和内容

你:请将后文中"'"和"'"中间的文本翻译成英文:"'翻译下面这段话'"。

LLM:翻译下面一段话:Transtate the following paragtaph.

(3)提供示例。通过示例可以帮助 AI 更好地理解用户的意图,避免歧义,以更精确地控制模型的输出(见图 4-10)。

```
## 任务
请撰写一篇关于人工智能在医疗领域的应用的文章。

## 要求
请参照下述示例,生成类似结构和风格的文章。

## 示例
以下是我们之前撰写的一篇关于区块链在金融领域应用的文章。
"区块链技术正在革新金融行业,通过去中心化账本和智能合约,金融交易将变得更加透明和安全。一
个显著的案例是瑞士的SIX交易所,它使用区块链技术进行实时结算和清算,减少了交易成本并提高了
效率……"
```

图 4-10 提供示例

（4）根据回答不断调整要求。在 AI 生成初步结果后，可以根据需要进行调整和优化。通过反馈引导和规范模型的输出，以更好地符合预期（见图 4-11）。

> 初始提示词：请撰写一篇关于人工智能在医疗领域应用的文章，重点介绍技术原理和实际应用。
>
> 生成结果后反馈：请在文章中增加一些具体的案例，例如AI如何辅助医生诊断疾病，如何进行个性化治疗等。

图 4-11　根据回答不断调整要求

（5）分步骤提示。指导模型一步步输出信息，确保模型与用户的意图匹配。分步骤提示可以使复杂任务更易于管理（见图 4-12）。

> 步骤1：请列出人工智能在医疗领域的三个主要应用方向。
> 步骤2：对于每个应用方向，请分别详细解释其技术原理。
> 步骤3：请提供每个应用方向的实际案例，并解释其带来的益处。
> 步骤4：请总结人工智能在医疗领域的总体影响和未来前景。

图 4-12　分步骤提示

（6）检查用户输入信息完整性。在提示词中设定必须给出的一些关键信息，如果用户没有提供，模型可以主动询问以补充完整（见图 4-13）。

> ## Role：善于写作的人工智能专家
>
> ## Objective：撰写一篇关于人工智能在医疗领域应用的文章。
> 如果用户未提供应用的具体领域，请向用户提问："请具体说明您想了解的AI在医疗领域的哪个应用方向？如诊断、治疗、医疗管理等。"

图 4-13　检查用户输入信息完整性

（7）让 AI 帮助优化提示词。可以请求 AI 帮助优化提示词，使其更简洁和更有效。例如，Kimi 有提示词专家助手，Coze 也有自动优化提示词的功能。

【作业】

1．LLM 正在发展成为 AI 的一项基础设施，用好 LLM 的两个层次是（　　）。
　　① 掌握提示工程　　　　　　② 执行 LLM 的预训练任务
　　③ 做好 LLM 的微调　　　　　④ 严格测试 LLM 技术产品
　　A．①③　　　　B．②④　　　　C．①②　　　　D．③④

2．选择（　　），这取决于应用项目的具体要求、可用资源和期望的结果。每种方法都有其独特的优势和局限性。
　　① 质量工程　　② 提示工程　　③ 微调工程　　④检索增强生成方法
　　A．①③④　　　B．①②④　　　C．②③④　　　D．①②③

3．“（　　）"是促使 LLM 取得更好结果的科学。这些 LLM 可用于所有类型的语言任务，从起草电子邮件和文档到总结或分类文本都能适用。
　　A．质量工程　　B．提示工程　　C．微调工程　　D．检索工程

4．在提示工程中，（　　）是指构造问题或指令的方式，目的是最大化模型的响应质量。

包括选择合适的词汇、句式结构，甚至创造上下文环境，以激发模型展示其最佳性能。

A．领域知识嵌入　　　　　　B．减少偏见与提高一致性
C．提示优化与迭代　　　　　D．设计有效提示

5．在提示工程中，（　　）是指为提高模型在特定领域的表现，提示工程可能会融入该领域的专业知识。这有助于模型更好地理解和生成与该领域相关的高质量内容。

A．领域知识嵌入　　　　　　B．减少偏见与提高一致性
C．提示优化与迭代　　　　　D．设计有效提示

6．在提示工程中，（　　）是指通过不同的提示策略，评估模型输出质量，并据此调整提示以达到最优效果。包括 A/B 测试、迭代改进以及使用工具来寻找最有效的提示形式。

A．领域知识嵌入　　　　　　B．减少偏见与提高一致性
C．提示优化与迭代　　　　　D．设计有效提示

7．在提示工程中，（　　）是指由于 LLM 可能承载了训练数据中的偏见，为此需要减少偏见提示，以及确保模型输出的一致性和可预测性。这可能涉及制定公平性原则。

A．领域知识嵌入　　　　　　B．减少偏见与提高一致性
C．提示优化与迭代　　　　　D．设计有效提示

8．（　　）扮演着至关重要的角色，它不仅是用户与 AI 模型交互的桥梁，更是一种全新的"编程语言"，用户通过它来指导 AI 模型产生特定的输出，执行各种任务。

A．编程　　　　B．检索　　　　C．微调　　　　D．提示

9．作为生成式 AI 时代的"软件工程"，提示工程涉及如何（　　）提示内容，以确保 AI 模型能够准确、高效地执行用户的指令。

① 设计　　　② 优化　　　③ 管理　　　④ 计算
A．①②③　　B．②③④　　C．①②④　　D．①③④

10．一个完整提示的构成应该包含（　　）以及有助于理解的例子和期望的输出格式描述。

① 清晰的指示　② 相关上下文　③ 明确的输入　④ 可视化描述
A．①③④　　B．①②④　　C．①②③　　D．②③④

11．提示调优是一个人与机器协同的过程，需要（　　），以实现最佳交互效果。

① 明确需求　　② 自动编程　　③ 注重细节　　④ 应用技巧
A．①②④　　B．①③④　　C．①②③　　D．②③④

12．研究人员发现，LLM 提供的结果在很大程度上取决于给出的（　　）。所以，虽然解释清楚一项任务似乎很简单，但简单的调整会极大影响用户收到的模型输出。

A．图片分辨率　　B．词汇数量　　C．质量指标　　D．具体提示

13．提示工程从根本上来说是不断做实验改变提示内容，以了解提示的变化对模型生成内容的影响，因此不需要高级的技术背景，而只需要一点（　　）好奇心和创造力。

① 好奇心　　② 忍耐力　　③ 创造力　　④ 执行力
A．①③　　　B．②④　　　C．①②　　　D．③④

14．由于提示工程的效果很大程度上取决于模型的原始学习水平，所以它可能并不总能提供所需要的最新或最具体的信息。当处理的是（　　），而不需要太多细节时，提示工程效果最好。

① 精确答案　　② 一般性主题　　③ 快速答案　　④ 丰富细节
  A．①③　　　B．②④　　　C．②③　　　D．①④

15．（　　）提示是一种注重和引导逐步推理的方法。通过将多步骤问题分解为若干中间步骤，构建一系列有序、相互关联的思考步骤，使模型能够解决复杂推理任务。
  A．生成知识　　B．思维树　　C．自一致　　D．思维链

16．（　　）提示是一种强调知识生成的方法，通过构建特定的提示语句，引导模型从已有的知识库中提取、整合并生成新的、有用的知识或信息内容。
  A．生成知识　　B．思维树　　C．自一致　　D．思维链

17．（　　）提示是一种建立在 CoT 基础上的提示技术，这种方法旨在为 LLM 提供多种推理路径，并在生成的响应中选择最一致的答案。与 CoT 结合使用时，这种方法会更强大。
  A．生成知识　　B．思维树　　C．自一致　　D．思维链

18．（　　）提示是一个超越 CoT 的激励框架，鼓励模型探索多种想法作为使用 LLM 解决更广泛问题的中间步骤。将复杂思维过程通过树状结构清晰展现，并逐级分解主题或问题。
  A．生成知识　　B．思维树　　C．自一致　　D．思维链

19．（　　）是一种策略，其基本思想是，不直接要求模型生成答案，而是先给模型一个"提示"或者"模板"，使其理解所需完成的任务类型和格式，然后在此基础上生成答案。
  A．语境学习　　B．自主学习　　C．自一致　　D．提示学习

20．（　　）是指模型在处理输入时，能够基于上下文信息做出更加合理和准确的响应。LLM 通过深度学习机制，能够捕捉词语间依赖关系和长距离上下文联系。
  A．语境学习　　B．自主学习　　C．自一致　　D．提示学习

【研究性学习】练习撰写提示词

  提示扮演着至关重要的角色，它不仅是用户与 AI 模型交互的桥梁，更是一种全新的"编程语言"。请在熟悉本章内容的基础上，仔细体会本章 4.5 节提出的一些提示词写作技巧，并根据以下内容，尝试练习撰写提示词，熟悉提示词的编写方法，提高应用 LLM 的效率。

  （1）从简单开始。在设计提示时，记住这是一个迭代过程，需要大量实验来获得最佳结果。使用像 OpenAI 或 Cohere 这样的简单平台是一个很好的起点。

  可以从简单提示开始，随着目标获得更好的结果，不断添加更多的元素和上下文。在此过程中对提示进行版本控制至关重要。注重具体性、简洁性和简明性通常会带来更好的结果。

  当有一个涉及许多不同子任务的大任务时，可以尝试将任务分解为更简单的子任务，并随着获得更好的结果而不断构建。这避免了在提示设计过程一开始就添加过多的复杂性。

  （2）指令。可以使用命令来指示模型执行各种简单任务，如"写入""分类""总结""翻译""排序"等，从而为各种简单任务设计有效的提示。

  需要进行大量的实验，以查看哪种方法最有效。可以尝试使用不同的关键字、上下文和数据来尝试不同的指令，看看哪种方法最适合特定的用例和任务。通常情况下，上下文与要执行的任务越具体和相关，效果也就越好。

  也有人建议将指令放在提示开头，用一些清晰的分隔符（如"###"）来分隔指令和上下文。

例如：

提示：

###指令 ###将以下文本翻译成西班牙语：文本："hello!"

（3）具体性。对希望模型执行的指令和任务，提示越具体和详细，结果也就越好。当有所期望的结果或生成样式时，这一点尤为重要。没有特定的词元或关键字会导致更好的结果。更重要的是具有良好的格式和描述性提示。实际上，在提示中提供示例非常有效，可以以特定格式获得所需的输出。

在设计提示时，还应考虑提示的长度，因为长度有限制。包含太多不必要的细节并不一定是一个好方法。这些细节应该是相关的，并有助于完成手头的任务。鼓励大量实验和迭代，以优化应用程序的提示。

例如，尝试从一段文本中提取特定信息的简单提示。

提示：

提取以下文本中的地名。所需格式：地点：<逗号分隔的公司名称列表>输入："虽然这些发展对研究人员来说是令人鼓舞的，但仍有许多谜团。里斯本香帕利莫德中心的神经免疫学家恩里克·维加-费尔南德斯说：'我们经常在大脑和我们在周围看到的效果之间有一个黑匣子。''如果我们想在治疗背景下使用它，我们实际上需要了解机制。'"

输出：

地点：里斯本，香帕利莫德中心

（4）避免不精确。在关于详细和格式改进的提示中，很容易陷入那些过于聪明的提示陷阱，从而可能创建不精确的描述。通常最好是具体和直接的，非常类似于有效的沟通——越直接，信息传递就越有效。

例如，如果有兴趣了解提示工程的概念，可以尝试这样做：

提示：

解释提示工程的概念。保持解释简短，只有几句话，不要过于描述。

从上面的提示中不清楚要使用多少句话和什么样的风格，仍然可以通过上面的提示获得良好的响应，但更好的提示是非常具体、简洁和直接的。例如：

使用2～3句话向高中学生解释提示工程的概念。

（5）做还是不做？设计提示时的另一个技巧是避免说不要做什么，而是说要做什么。建议鼓励更具体化，并关注导致模型产生良好响应的细节。

以下是一个电影推荐聊天机器人的示例。

提示：

以下是向客户推荐电影的代理程序。代理负责从全球热门电影中推荐电影。它应该避免询问用户的偏好并避免询问个人信息。如果代理没有电影推荐，它应该回答"抱歉，今天找不到电影推荐。"。

……

顾客：请根据我的兴趣推荐一部电影。

客服输出：

抱歉，我没有关于您感兴趣的任何信息。不过，这是目前全球热门的电影列表：[电影列表]。希望您能由此找到自己喜欢的电影！

1. 实验总结

2. 实验评价（教师）

第 5 章 文本生成技术

文本生成源于语言模型，其目标是对自然语言的概率分布建模，从而实现文本的创造和预测（见图 5-1）。本章回顾了从基于规则的方法、统计语言模型到循环神经网络（RNN）及其变体的演进过程，重点探讨 Transformer 模型及其自注意力机制的工作原理和优势。Transformer 通过编码器和解码器结构，实现了高效的并行计算和长距离依赖关系的建模，成为现代文本生成的核心架构。此外，本章还介绍了文本生成技术在多个领域的应用，如文本摘要、诗歌生成、对话系统和翻译任务，同时指出了当前面临的挑战。

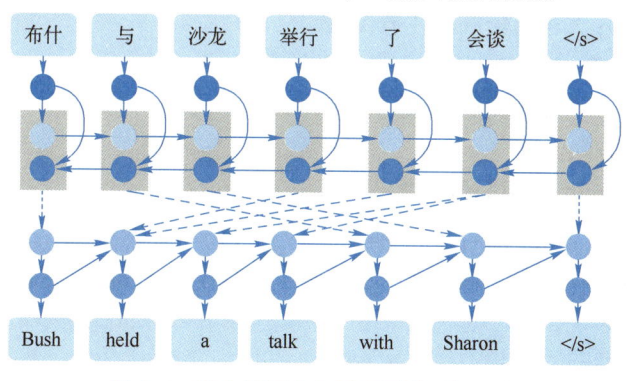

图 5-1 将自然语言句子翻译成目标语言

5.1 典型的语言模型方法

从基于统计的 n 元语言模型、神经语言模型以及预训练语言模型等不同角度开展了一系列研究工作，这些研究在不同阶段对 NLP 任务发挥着重要作用。随着基于谷歌 Transformer 的各类语言模型的发展，以及预训练微调范式在各类 NLP 任务中取得突破性进展，从 OpenAI 发布 GPT-3 开始，对 LLM 的研究逐渐深入。虽然 LLM 的参数量巨大，通过有监督微调和强化学习能够完成非常多的任务，但其基础理论仍然离不开对语言的建模。

5.1.1 基于规则的方法

基于规则的文本生成方法依赖于预定义的语法规则和模式来构造句子或段落。这种方法不需要大量的训练数据，而是通过编程设定具体的规则，规定如何组合词汇、短语和句子结构，以生成符合语法和逻辑的文本，适用于结构化较高的文本生成任务，如天气预报、新闻摘要等。

主要应用场景有自动生成简单的报告或通知、模板化的客户服务回复等。

以下是基于规则方法的一个简单示例：天气预报文本生成。
示例：假设要创建一个简单的天气预报文本生成系统，可以使用基于规则的方法如下。
规则 1：问候语。
- 如果是早晨："早上好！今天的天气预报是……"
- 如果是下午："下午好！最新的天气预报显示……"
- 如果是晚上："晚上好！今晚及明日的天气预报为……"

规则 2：描述天气状况。
- 晴天："今天将是晴朗的一天，阳光明媚。"
- 多云："天空多云，预计会有间歇性的阳光。"
- 阴天："全天阴沉，看不到太阳。"
- 小雨："有小雨，记得带伞哦！"
- 中雨："中等强度的降雨，外出时请注意防雨。"
- 大雨："大雨倾盆，尽量避免外出。"

规则 3：温度范围描述。
- 低温（<10℃）："气温较低，注意保暖。"
- 中温（10~25℃）："气温适中，穿着轻便即可。"
- 高温（>25℃）："天气炎热，保持清凉。"

规则 4：风速与方向。
- 风速低（<10km/h）："微风轻拂。"
- 风速中等（10~30km/h）："风力适中，请注意固定户外物品。"
- 风速高（>30km/h）："强风来袭，建议减少外出活动。"

规则 5：结束语。
- "祝您拥有美好的一天！"

综合应用：根据上述规则，可以构建一段完整的天气预报文本。例如，输入条件：
- 时间：上午
- 天气状况：晴天
- 温度范围：中温（18℃）
- 风速：微风（8km/h）

生成的天气预报文本："上午好！最新的天气预报显示，今天将是晴朗的一天，阳光明媚。气温适中，穿着轻便即可。微风轻拂。祝您拥有美好的一天！"

基于规则的方法非常适合于规则明确且变化较少的任务，如简单的天气预报、日程提醒或格式化的报告生成。此外，使用预定义的语法规则和模板生成诗句，简单直观，可以保证生成的诗句符合特定格式（如五言绝句、七言律诗等）。然而，基于规则的方法灵活性有限，难以覆盖所有可能的语言变体和例外情况。

5.1.2 统计语言模型

统计语言模型（SLM）是指基于概率分布来预测下一个词的概率的文本生成方法，通过分析大量文本数据来估计词或短语序列出现的概率。这类模型假设一个句子或文档中词语的顺序不是完全随机的，而是遵循一定的统计规律。通常使用 n 元模型，其训练数据越大，生成的文本越自然流畅。为了简化计算，可以引入一阶马尔可夫假设：每个词只依赖前一个词。也可以引入二阶马尔可夫假设：每个词依赖前两个词。马尔可夫假设可以方便地计算条件概率。

主要应用场景有自动补全和建议功能、初期的机器翻译系统等。

以下是使用统计语言模型的一个简单示例：n 元模型，这是最经典的统计语言模型之一。

示例：使用 2 元（二元语法）模型生成文本。

（1）构建语料库。首先需要一个包含大量文本的语料库，如新闻文章、书籍或其他类型的文本材料。将这些文本用于训练模型，以学习不同单词之间共现的概率。

（2）创建 2 元频率表。从语料库中提取所有相邻两个单词对，并计算每个单词对在文本中出现的频率。例如：

- "我 喜欢"出现了 50 次。
- "喜欢 猫"出现了 30 次。
- "猫 和"出现了 20 次。
- "和 狗"出现了 40 次。

（3）计算条件概率。根据单词对的频率，可以计算给定前一个词的后一个词出现的概率。

$$P(w_i | w_{i=1}) = \frac{C(w_{i-1}, w_i)}{\sum_w C(w_{i-1}, w)}$$

其中，$C(w_{i-1}, w_i)$ 表示 (w_{i-1}, w_i) 的计数，分母是对所有后续单词(w)的单词对计数之和。例如，如果想知道在"我 喜欢"之后出现"猫"的概率，则有：

$$P\left(\frac{"猫"}{"我\ 喜欢"}\right) = \frac{"喜欢\ 猫的次数"}{"喜欢后面跟任何词的总次数"} = \frac{30}{50+30+\cdots}$$

（4）生成文本。有了这些条件概率后，就可以开始生成文本。选择一个起始词（如"我"），然后根据已知的条件概率随机选择下一个词，重复这个过程直到生成所需的文本长度。例如：

- 起始词："我"。
- 根据 $P\left(\frac{"喜欢"}{"我"}\right)$ 选择下一个词："喜欢"。
- 接着根据 $P\left(\frac{"猫"}{"喜欢"}\right)$ 选择下一个词："猫"。
- 继续此过程……

最终生成的文本可能是："我 喜欢 猫 和 狗……"。

示例输出："我 喜欢 猫 和 狗 在公园里玩耍。"

本示例中，2 元模型展示了利用前后文信息预测下一个词，从而生成连贯的文本片段。虽然该方法相对简单，但能够捕捉到一些基本语言结构，并且可以在很多应用中表现良好，如自动补全、拼写检查等。然而由于仅考虑了最近的历史（即前一个词），该方法对于更长距离依赖关系的处理效果不佳。因此，在实践中通常会使用更高阶的 n 元（如 3 元或 4 元）或者结合其他技术（如平滑算法）来改进模型性能。在某些特定任务上，统计语言模型仍然因其高效性和可解释性被广泛应用。例如，通过分析大量诗歌数据中的词汇共现模式，预测下一个词的概率分布。

5.1.3 循环神经网络及其变体

循环神经网络（RNN）是一种专门设计用于处理序列数据的强大的神经网络工具，能够捕捉时间序列中的时间依赖关系。它们具有内部的记忆状态，可以记住之前的信息并在后续步骤中使用，因此特别适用于文本生成任务，广泛应用于 NLP、语音识别等领域。

标准 RNN 在处理长序列时容易遇到梯度消失或爆炸等问题，因此出现了几种改进的变体，如长短期记忆网络（LSTM）和门控循环单元（GRU），它们在保持长期依赖方面表现得更好。

虽然 LSTM 在处理长序列方面表现出色，但它的复杂性也带来了计算成本较高的问题。为了简化 LSTM 的设计同时保留其关键特性，提出了门控循环单元（GRU）。尽管 GRU 的结构更简单，其在许多应用中仍然能取得与 LSTM 相当甚至更好的效果。

示例：使用 LSTM 生成诗歌。

（1）数据准备。选择一个包含大量诗歌的语料库作为训练集。例如，可以选择中国古代诗歌、现代诗或者特定诗人的作品集。将每首诗分割成字符或单词级别的序列，并对每个字符或单词进行编码（如使用 one-hot 编码或词嵌入）。

（2）构建 LSTM 模型。定义一个 LSTM 网络架构，包括输入层、一个或多个 LSTM 层以及输出层。对于文本生成任务，通常采用多层堆叠的 LSTM 结构以增强模型的表达能力。

下面是一个简单的 Keras 代码片段，用来定义模型。

```python
from tensorflow.keras.models import Sequential
from tensorflow.keras.layers import LSTM, Dense, Embedding

model = Sequential()
model.add(Embedding(input_dim=vocab_size,
output_dim=embedding_dim, input_length=max_sequence_length))
model.add(LSTM(units=128, return_sequences=True))
model.add(LSTM(units=128))
model.add(Dense(units=vocab_size, activation='softmax'))
```

（3）训练模型。利用准备好的诗歌数据训练 LSTM 模型，目标是最小化预测下一个字符或单词的概率分布与实际标签之间的交叉熵损失函数。在训练过程中，模型会学习到诗歌的语言风格、韵律和其他特征。

（4）生成诗歌。模型训练完成后，就可以开始生成新的诗歌。给定一个起始字符或短语作为种子文本，然后让模型逐个预测接下来的字符或单词，直到达到所需长度或遇到终止符。每次生成新字符后，将其添加到当前序列末的尾，并再次输入模型进行下一步预测。

以下是生成诗歌的一个简单示例过程。

- 种子文本："春水初生"。
- 模型预测下一个字符："处"。
- 更新序列："春水初生处"。
- 再次预测："，"。
- 更新序列："春水初生处，"。

- 继续此过程……

最终生成的诗歌可能如下。

春水初生处，

绿柳垂丝间。

花开满庭院，

燕归巢未晚。

在这个例子中，LSTM 展示了如何利用其内部的记忆机制有效地捕捉文本中的长程依赖关系，从而生成符合语言规则且具有一定创意的诗歌。相比于传统的基于规则或统计的方法，LSTM 等深度学习模型能够更好地理解上下文并生成更加自然流畅的文本。此外，LSTM 还广泛应用于其他序列建模任务，如机器翻译、语音识别和时间序列预测等。

在应用场景方面，除了诗歌生成，RNN 及其变体还可以用于以下方面。

（1）自动对话系统：生成回复对话。

（2）音乐旋律生成：根据前几个音符预测接下来的音符。

（3）情感分析：理解文本的情感倾向。

（4）机器翻译：从一种语言转换到另一种语言。

5.2 Transformer 模型

Transformer 是一种在 NLP 领域中被广泛使用的深度学习模型，它源自谷歌在 2017 年发表的一篇论文《注意力就是你所需要的》。Transformer 模型的主要特点是使用了自注意力机制，允许模型在处理序列数据时考虑到序列中所有元素的上下文关系。

Transformer 模型首先被应用于机器翻译的神经网络模型架构，目的是从源语言转换到目标语言，它完成了对源语言序列和目标语言序列全局依赖的建模。因为适用于并行计算，它的模型复杂程度在精度和性能上都要高于之前流行的循环神经网络 RNN。如今的 LLM 几乎都是基于 Transformer 结构。

5.2.1 位置编码机制

当一个 Transformer 模型对一句话进行处理时，它会一次查看所有单词，并为每对单词计算一个"注意分数"。注意分数确定句子中每个单词应该对其他每个单词的解释产生多大影响。例如，如果句子是"猫坐在垫子上"，当模型处理单词"坐"时，它会更多地关注单词"猫"（因为"猫"是"坐"的对象），而对单词"垫子"关注较少；但是当处理单词"上"时，它会更多地关注单词"垫子"。

当要求 LLM 回答问题时，也会发生类似的过程。LLM 首先将该单词转换为嵌入，然后以相同的方式处理询问，使其专注于输入的最重要部分，并使用这些来预测：如果开始回答问题，则输入的下一个单词可能是什么。

为了解决序列信息中词语顺序的问题，Transformer 模型引入了位置编码机制，利用词嵌入来表达语言中的复杂概念。在 Transformer 中，每个单词都被表示为一个高维向量，而这些向量在表示空间中的位置反映了单词之间的语义关系。例如，具有相似含义的单词在表示空间中会更加接近，而含义不同的单词则会相对远离。这种机制允许模型理解并记住单词之间的相对或绝对位置关系，即使在转换成固定长度向量后也能保留上下文信息。

通过使用这种高维表示，Transformer 能够更好地理解和生成自然语言。通过学习大量文本数据，自动调整词嵌入向量的参数，使得模型能够根据上下文理解单词的含义，并生成连贯的语言输出。Transformer 模型中的注意力机制允许模型集中注意力于输入中与当前任务相关的部分，从而提高了模型在处理长文本序列和复杂语境中的性能。

5.2.2 自注意力机制

早期在解决机器翻译这一类序列到序列的问题时，通常采用的做法是利用一个编码器和一个解码器构建端到端的神经网络模型。但是，基于编码解码的神经网络存在两个问题。以机器翻译为例。

问题 1：如果翻译的句子很长且很复杂，比如直接输入一篇文章，模型的计算量很大，并且模型的准确率下降严重。

问题 2：在不同的翻译语境下，同一个词可能具有不同含义，但是网络对这些词向量并没有区分度，没有考虑词与词之间的相关性，导致翻译效果比较差。

同样，在计算机视觉领域，如果输入的图像尺寸很大，做图像分类或者识别时，模型的性能也会下降。所以，针对这样的问题，提出了注意力机制。

早在 20 世纪 90 年代就对注意力机制有研究，到 2014 年，弗拉基米尔的《视觉注意力的反复模型》一文将其应用在视觉领域。后来，伴随着 2017 年 Transformer 结构的提出，注意力机制被广泛应用在 NLP、计算机视觉等相关领域。

注意力机制实际上就是将人的感知方式、注意力的行为应用在机器上，让机器学会感知数据中的重要和不重要的部分。例如，要识别一张图片中是一个什么动物时，我们可能让机器侧重于关注图片中动物的面部特征，包括耳朵、眼睛、鼻子、嘴巴，而不用太关注其背景信息。其核心目的是希望机器能注意到当前任务的关键信息，而减少对其他非关键信息的注意。同样，在机器翻译中，让机器注意到每个词向量之间的相关性，有侧重地进行翻译，模拟人类的理解过程。

对模型的每一个输入项（可能是图片中的不同部分，或者是语句中的某个单词）分配一个权重，权重的大小代表了希望模型对该部分的关注程度。这样，通过权重大小来模拟人在处理信息时的注意力侧重，能有效地提高模型的性能，并且在一定程度上降低计算量。

深度学习中的注意力机制可分为 3 类。

（1）软注意（全局注意）机制。对每个输入项分配权重在 0 和 1 之间，即某些部分关注多一点，某些部分关注少一点。由于对大部分信息都有考虑，且考虑程度不一，所以相对计算量比较大。

（2）硬注意（局部注意）机制。对每个输入项分配的权重非 0 即 1，只考虑哪些部分需要关注，哪部分不用关注，即直接舍弃掉一些不相关项。优势在于可以减少一定的时间和计算成本，但有可能丢失一些本应该注意的信息。

（3）自注意力（内注意）机制。对每个输入项分配的权重取决于输入项之间的相互作用，即通过输入项内部的"表决"来决定应该关注哪些输入项。它在处理很长的输入时，具有并行计算的优势。

自注意力是 Transformer 模型的核心部件，通过计算输入序列中每个位置的单词与其他所有位置单词的相关性，来实现对整个句子的全局建模。多头自注意力则扩展了这一机制，使其能够从不同视角捕获并整合信息。在自注意力层之后，模型通常会包含一个或多个全连接的前馈神经网络层，用于进一步提炼和组合特征，增强模型对复杂语言结构的理解和表达能力。

5.2.3 Transformer 过程

可以简单地把 Transformer 当成一个黑盒子，当执行文本翻译任务时，输入一段中文，经过黑盒子之后，输出的是翻译后的英文（见图 5-2）。黑盒子主要由两部分组成：编码器组和解码器组（见图 5-3）。当输入一个文本时，通过编码器模块对该文本数据进行编码，然后将编码数据传入解码器模块进行解码，最终得到翻译后的文本。

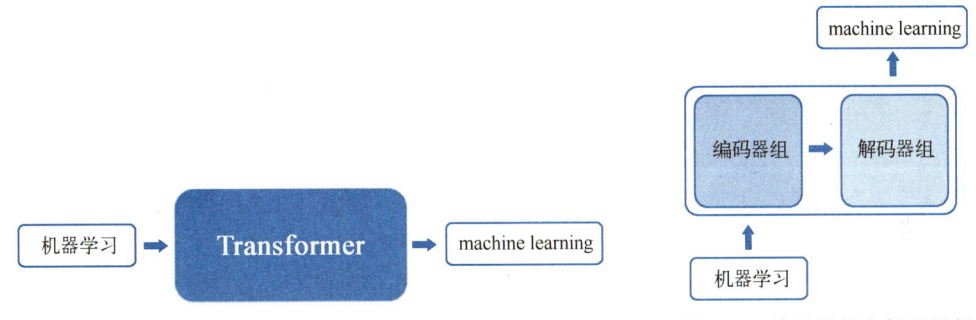

图 5-2 把 Transformer 当成黑盒子

图 5-3 编码器组和解码器组

一般情况下，编码器组有 6 个小编码器，解码器组有 6 个小解码器。编码器内部结构由自注意力机制和前馈神经网络组成（见图 5-4）。

所谓前馈神经网络，可以将其理解为一个多层感知机，即一个包含了多个隐藏层的神经网络（见图 5-5），其中层与层之间是全连接的，并且相邻两层的任意两个节点都有连接。

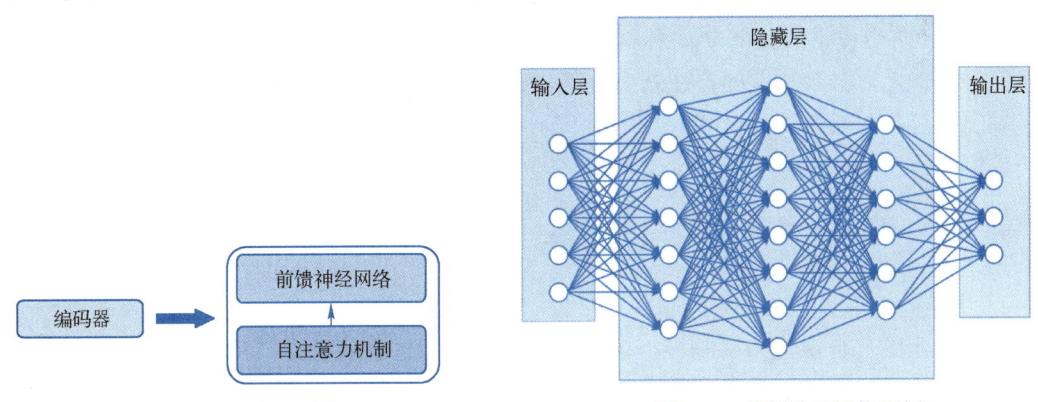

图 5-4 编码器内部结构

图 5-5 前馈神经网络示例

可以通过以下步骤来解释自注意力机制。

步骤 1：模型最初输入的是词向量形式。自注意力机制，顾名思义就是自己和自己计算一遍注意力，对每一个输入的词向量都需要构建自注意力机制的输入。这里，Transformer 将词向量乘以三个矩阵，得到三个新的向量，目的是获得更多的参数，提高模型效果。对于输入 X1（机器），乘以三个矩阵后分别得到 Q1、K1、V1（见图 5-6）。同样，对于输入 X2（学习），也乘以三个不同的矩阵，得到 Q2、K2、V2。

步骤 2：计算注意力得分。这个得分是通过计算 Q 与各个单词的 K 向量的点积得到的。以 X1 为例，分别将 Q1 和 K1、K2 进行点积运算，假设分别得到得分 112 和 96（见图 5-7）。

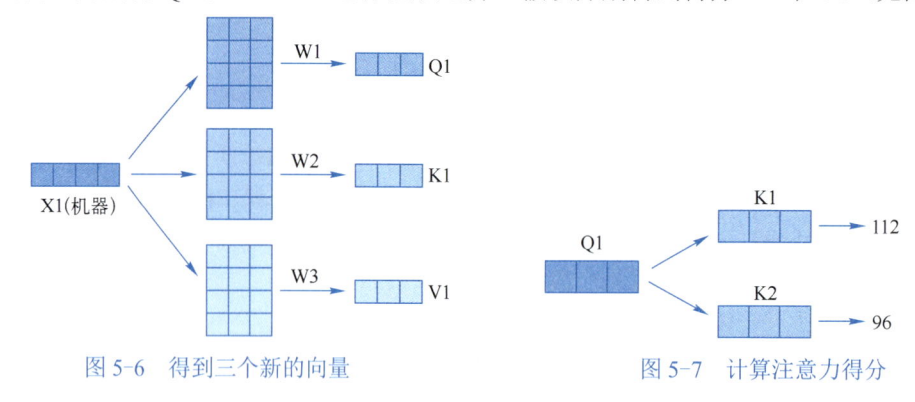

图 5-6　得到三个新的向量　　　　　图 5-7　计算注意力得分

步骤 3：将得分分别除以一个特定数值 8（K 向量的维度的平方根，通常 K 向量的维度是 64），这能让梯度更加稳定，得到 14 和 12。

步骤 4：将上述结果进行 Softmax 运算，得到 0.88 和 0.12。Softmax 运算主要是将分数标准化，使得分数都是正数并且相加等于 1。很多场景中需要找出数组所有元素中值最大的元素。

步骤 5：将 V 向量乘以 Softmax 的结果，目的是保持想要关注的单词的值不变，而掩盖掉不相关的单词，如将它们乘上很小的数字（见图 5-8）。

图 5-8　V 向量乘以 Softmax

步骤 6：将带权重的各个 V 向量相加。至此，产生在这个位置上（第一个单词）的自注意力机制层的输出，其余位置的自注意力机制输出的计算方式相同。

将上述过程总结为如下公式（见图 5-9）。

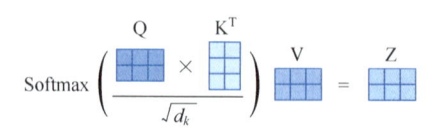

$$\text{Softmax}\left(\frac{Q \times K^T}{\sqrt{d_k}}\right) V = Z$$

图 5-9　自注意力机制计算过程总结

为进一步细化自注意力机制层，增加了多头注意力机制的概念，从两个方面提高自注意力层的性能，即扩展模型关注不同位置的能力，以及给自注意力层多个表示子空间。

多头自注意力机制不止有一组 Q/K/V 权重矩阵，而是有多组（如 8 组），所以每个编码器/解码器使用 8 个"头"（可以理解为 8 个互不干扰的自注意力机制运算），并且每一组的 Q/K/V 都不相同。然后，可以得到 8 个不同的权重矩阵 Z，每个权重矩阵被用来将输入向量投射到不同的表示子空间。经过多头注意力机制后，会得到多个权重矩阵 Z，将多个 Z 进行拼接就可以得到自注意力机制层的输出（见图 5-10）。

图 5-10　自注意力机制层的输出

自注意力机制层的输出即是前馈神经网络层的输入，只需要一个矩阵即可，而不需要 8 个矩阵，所以需要把 8 个矩阵压缩成一个，这只需要把这些矩阵拼接起来，然后用一个额外的权重矩阵与之相乘。最终的权重矩阵 Z 就作为前馈神经网络的输入（见图 5-11）。

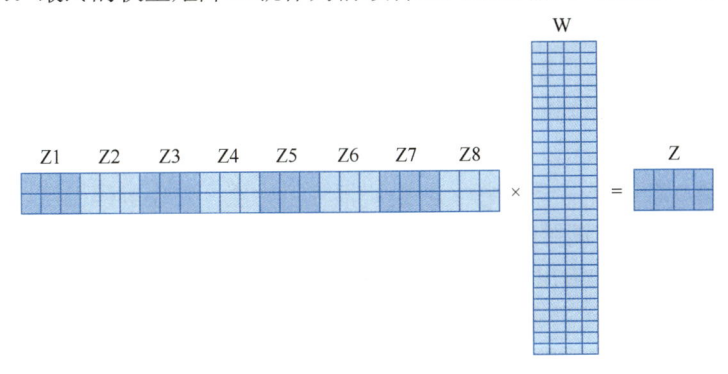

图 5-11　8 个矩阵的压缩

接下来进入小编码器里的前馈神经网络模块。其输入是自注意力机制的输出，即图 5-11 中的 Z，是一个维度为（序列长度×D 词向量）的矩阵。之后，前馈神经网络的输出也是同样的维度。一个大的编码部分就是将这个过程重复 6 次，最终得到整个编码部分的输出。

然后，在 Transformer 中使用 6 个解码器。为了解决梯度消失问题，在解码器和编码器中均用了残差神经网络结构，即每一个前馈神经网络的输入不仅包含上述自注意力机制的输出 Z，还包含最原始的输入。

这个过程中，编码器是对输入（机器学习）进行编码，使用的是自注意力机制+前馈神经网络的结构。在解码器中使用的也是同样的结构，首先对输出（机器学习）计算自注意力得分。不同之处在于，执行自注意力机制后，将其输出与解码器模块的输出计算一遍注意力机制得分，然后再进入前馈神经网络模块。

至此，通过 Transformer 编码和解码两大模块，完成将"机器学习"翻译成"machine learing"的过程。解码器输出原本是一个浮点型的向量，为转化成"machine learing"这两个词，需要在最后的线性层接上一个 Softmax 层。其中，线性层是一个简单的全连接神经网络，它将解码器产生的向量投影到一个更高维度的向量上，假设模型的词汇表是 10000 个词，那么向量就有 10000 个维度，每个维度对应一个唯一的词的得分。之后的 Softmax 层将这些得分转换为概率，选择概率最大的维度，并对应地生成与之关联的单词作为此时间步的输出。

假设词汇表的维度是 6，那么输出最大概率词汇的过程如图 5-12 所示。

	I	am	machine	he	is	learning
position1	0.01	0.02	0.93	0.01	0.01	0.02
position2	0.01	0.01	0.05	0.02	0.01	0.9

图 5-12　输出最大概率词汇过程

以上的 Transformer 框架没有考虑顺序信息，因此这里需要注意"位置编码"概念，可以通过引入位置编码让输入携带位置信息。

5.2.4 Transformer 结构

Transformer 模型主要由编码器和解码器两部分组成。

（1）编码器：由多个相同的层组成，每一层有两个子层。第一个子层是自注意力层，它可以考虑到输入序列中所有元素的上下文关系。第二个子层是一个前馈神经网络。每个子层后面都跟有一个残差连接和层归一化。编码器的任务是将输入序列转换为一组连续的表示，这些表示考虑了输入序列中每个元素的上下文。

（2）解码器：由多个相同的层组成，每一层有三个子层。第一个子层是自注意力层，但它在处理当前元素时，只考虑该元素及其之前的元素，而不考虑其后的元素，这种机制被称为掩码自注意力。第二个子层是一个编码器-解码器注意力层，它使解码器可以关注到编码器的输出。第三个子层是一个前馈神经网络层。每个子层后面都跟有一个残差连接和层归一化。解码器的任务是基于编码器的输出和前面已经生成的元素，生成下一个元素。

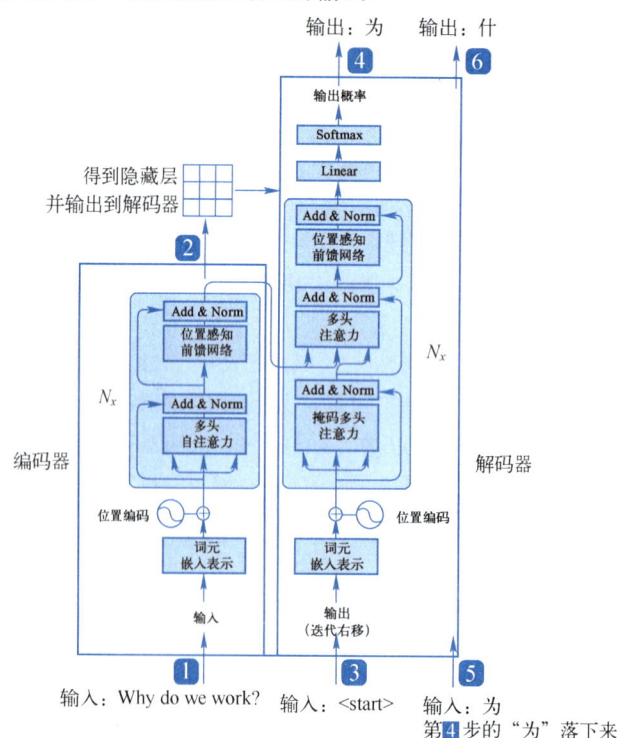

基于 Transformer 的编码器和解码器结构如图 5-13 所示，左侧和右侧分别对应编码器和解码器结构，均由若干个基本的 Transformer 块组成（对应图中的灰色框）。这里 N_x 表示进行了 N 次堆叠。每个 Transformer 块都接收一个向量序列 $\{x_i\}$ 作为输入，并输出一个等长的向量序列作为输出 $\{y_i\}$。这里的 x_i 和 y_i 分别对应文本序列中的一个词元的表示，y_i 是当前 Transformer 块对输入 x_i 进一步整合其上下文语义后对应的输出。

图 5-13 基于 Transformer 的编码器和解码器结构

Transformer 结构的主要特点如下。

（1）引入了自注意力机制，使得模型可以并行处理输入序列的不同部分。

（2）在大规模数据集上表现出色，能够学习复杂的模式并生成高质量的文本。

其主要应用场景包括高级机器翻译、复杂对话系统以及内容创作（如小说、剧本）等。

5.2.5　Transformer 模块

先通过输入嵌入层将每个单词转换为其相对应的向量表示。在从输入到输出的语义抽象过程中，主要涉及以下几个模块。

（1）注意力层。自注意力操作是基于 Transformer 的机器翻译模型的基本操作，在源语言的编码和目标语言的生成中频繁地使用，用来建模源语言、目标语言任意两个单词之间的依赖关系。使用多头注意力机制整合上下文语义，它使得序列中任意两个单词之间的依赖关系可以直接被建模而不基于传统的循环结构，从而更好地解决文本的长程依赖问题。

（2）位置感知前馈网络层。前馈层接收自注意力子层的输出作为输入，并通过一个带有 ReLU 激活函数的两层全连接网络，对输入文本序列中的每个单词表示进行更复杂的非线性变换。

由 Transformer 结构组成的网络结构通常都非常庞大。编码器和解码器均由多层基本的 Transformer 块组成，每一层中都包含复杂的非线性映射，导致模型的训练比较困难。因此，研究人员在 Transformer 块中进一步引入了残差连接与层归一化技术，以进一步提升训练的稳定性。

（3）残差连接。对应图中的 Add 部分。它是一条分别作用在上述两个子层中的直连通路，用于连接两个子层的输入与输出，使信息流动更高效，有利于模型的优化。

（4）层归一化。对应图中的 Norm 部分。它作用于上述两个子层的输出表示序列，对表示序列进行层归一化操作，同样起到稳定优化的作用。

5.3　混合模型

混合模型是指将不同类型的生成模型结合起来，取长补短，以达到更好的性能。例如，结合 Transformer 和 VAE 的优势，既能保持生成的多样性，又能提高文本质量。

其应用场景主要是高要求的内容创作、需要精确控制生成结果的任务等。

随着硬件性能的提升和算法的不断优化，文本生成技术正向以下几个方向发展。

（1）更大规模的预训练模型。如 GPT-n、PaLM 等，这些模型在海量数据上进行充分训练，具备强大的泛化能力。

（2）更高效的推理方法。为降低计算成本，研究者正在探索轻量级模型和加速推理技术。

（3）多模态融合。结合文本与其他形式的数据（如图像、音频），实现更加丰富和互动的应用体验。

（4）伦理和社会影响的关注。随着 AI 生成内容的广泛应用，如何确保生成内容的真实性和公正性成为重要议题。

5.4　典型的文本生成技术

文本生成技术已经从早期的基础研究走向实际应用，包括自动写作、聊天机器人、翻译系统、对话系统等，不断拓展 NLP 领域的边界。它允许机器根据给定的提示或上下文创建全新的、有意义的文本内容，展示出巨大的发展潜力。同时，文本生成技术也面临着一些挑战。

5.4.1 文本摘要技术

文本摘要旨在从较长的文本中提取关键信息以生成概括内容。基于深度学习方法，文本摘要技术已经取得显著进步，能够处理各种类型的文档，并在多个应用场景中表现出色。

定义：文本摘要是将一段较长的文本内容压缩成较短版本的过程，同时保留原文的核心信息和主要观点。

一个好的摘要应该具有以下特点。

（1）简洁性：用尽可能少的文字传达必要的信息。

（2）连贯性：确保生成的摘要逻辑清晰，易于理解。

（3）准确性：忠实于原文的意思，不歪曲或遗漏重要细节。

根据生成方式的不同，文本摘要可以分为两大类。

（1）抽取式摘要。直接从原始文本中选择最相关的句子或片段组成摘要，而不改变其核心内容。常见的算法包括 TF-IDF（词频-逆文档频率）、TextRank 等图模型，以及基于注意力机制的方法。其优点是简单直观，容易实现，同时保持了原文的语言风格。

（2）生成式摘要。通过理解和重述原文来创建全新的句子，类似于人类撰写摘要的方式。它主要依赖于序列到序列（Seq2Seq）架构及其变体，如带有注意力机制的 RNN/LSTM、Transformer 等。其优点是能够生成更紧凑且流畅的摘要，更接近人类撰写的质量。但它的训练难度较大，需要大量标注数据。

5.4.2 诗歌生成

诗歌生成要求机器不仅能够生成语法正确的句子，还要能捕捉到诗歌特有的韵律、节奏、情感以及诗意。随着深度学习技术的发展，尤其是基于 Transformer 架构的模型的成功应用，诗歌生成的质量得到了显著提升，它不仅是技术上的挑战，也是对美学和技术结合的探索。

诗歌生成的模型与工具中，开源项目主要如下。

（1）PoetGAN。结合生成对抗网络（GAN）思想，旨在提高生成诗句的真实感和多样性。

（2）使用深度学习生成诗歌。基于 TensorFlow，提供多种经典诗歌生成算法的实现。

（3）WuDao 诗歌机器人。是由阿里云开发的大规模预训练模型，专为中文诗歌生成而设计，支持古风、现代等多种风格。

诗歌生成的商业模型与工具产品主要如下。

（1）微软小冰。作为一款智能聊天机器人，它不仅可以进行日常对话，还能根据用户提供的关键词即时创作出具有美感的诗句。

（2）百度 AI 平台。提供丰富的 API 接口，允许将诗歌生成功能集成到开发者的应用中。

5.4.3 简单对话系统

简单对话系统旨在通过计算机程序实现人机之间的自然对话。其核心任务是从用户输入中理解意图，并根据上下文生成合适的回复。这一过程涉及以下几个关键步骤。

步骤 1：输入解析。将用户的文本或语音输入转换为机器可以处理的形式，如词向量或特征表示。

步骤 2：意图识别。确定用户表达的具体需求或问题类型，可以通过分类模型来完成。

步骤 3：槽位填充。提取出与特定任务相关的实体信息（如时间、地点等），这些被称为"槽位"。

步骤 4：对话管理。根据当前对话状态选择适当的响应策略，并决定下一步的操作。

步骤 5：输出生成。基于选定的策略构造并返回给用户的最终回答，可以是预定义模板中的句子或是通过生成模型创建的新文本。

简单对话系统的技术组件主要如下。

（1）自然语言理解：负责解析用户输入，包括分词、词性标注、命名实体识别等任务。

（2）对话管理器：维护对话的状态，跟踪对话历史，并决定下一步的动作。

（3）自然语言生成：将对话管理器的指令转化为人类可读的语言形式。

（4）知识库/数据库：存储有关领域的背景知识，供对话系统查询以提供准确的答案。

简单对话系统的示例平台和技术栈如下。

（1）Dialogflow（谷歌）：提供了强大的 NLU（自然语言理解）功能，支持多轮对话管理和集成第三方服务。

（2）Rasa：开源框架，允许开发者构建自定义的对话系统，支持本地部署。

（3）Microsoft 机器人框架：全面的工具集，涵盖了从设计到部署的所有环节。

（4）ChatterBot（Python）：轻量级的聊天机器人库，适合快速原型开发。

（5）Transformers（Hugging Face）：包含多种预训练的语言模型，用于构建高级对话系统。

5.4.4 翻译任务中的应用

通过利用深度学习模型的强大表示能力和生成能力，现代翻译系统能够提供更准确、流畅且自然的翻译结果。

（1）神经机器翻译（NMT）。这是一种利用深度学习技术实现的自动翻译方法，通过构建和训练大规模的神经网络模型来理解和生成不同语言之间的文本，从而实现高质量的语言转换。NMT 系统通常基于序列到序列（Seq2Seq）架构，使用编码器-解码器框架以及注意力机制，以捕捉源语言和目标语言之间更精确的语义映射，提供更为流畅和准确的翻译结果。

（2）多模态翻译。除了纯文本输入外，一些研究探索了结合图像、音频等其他形式的数据来进行翻译。例如，在旅游指南或产品说明书中，图片可以辅助理解文字内容，提高翻译准确性。

（3）低资源语言的支持。对于那些缺乏大规模平行语料库的语言，研究人员开发了多种策略来增强翻译效果。

- 迁移学习：利用高资源语言的知识迁移到低资源语言上，如共享参数或预训练模型。
- 无监督翻译：仅依靠单语言数据进行训练，通过对抗训练或其他方法实现跨语言映射。
- 数据增强：通过对现有数据集进行扩增或合成新样本，增加可用训练数据的数量和多样性。

（4）集成与混合方法。为了充分利用不同方法的优势，许多系统采用了集成或混合的方法。

- 规则+统计+NMT：结合传统的基于规则方法、统计机器翻译（SMT）以及 NMT，以弥补各自不足之处。

- 多模型融合：同时运行多个独立的翻译模型，并通过某种方式组合它们的输出，如加权平均或选择最佳候选。

（5）后编辑与人机协作。尽管自动翻译系统的质量不断提高，但在某些情况下仍然需要人工干预。因此，出现了"后编辑"模式，即先由机器生成初步翻译，再由专业译者进行校正和完善。此外，有些工具支持实时的人机协作，让译者可以直接参与到翻译过程中，指导模型改进特定领域的术语使用或风格偏好。

翻译任务中的典型应用如下。

（1）谷歌翻译。这是全球最受欢迎的在线翻译服务之一，它广泛采用了 NMT 技术，支持超过 100 种语言之间的互译。

（2）DeepL 翻译器。它以高质量的翻译著称，特别是在欧洲语言间的翻译表现尤为突出。DeepL 利用了 Transformer 架构，并且特别注重优化翻译的流畅性和准确性。

（3）微软 Azure 认知服务。它提供了丰富的 API 接口，允许开发者轻松集成先进的翻译功能到自己的应用程序中。

【作业】

1．典型的语言模型方法主要是（　　）。虽然 LLM 的参数量巨大，通过有监督微调和强化学习能够完成非常多的任务，但其基础理论仍然离不开对语言的建模。

① 面向对象方法　② 统计语言模型　③ 基于规则方法　④ 循环神经网络

A．①②④　　　　B．①③④　　　　C．②③④　　　　D．①②③

2．（　　）的文本生成方法依赖于预定义的语法规则和模式来构造句子或段落。它通过编程设定具体的规则，规定如何组合词汇、短语和句子结构，以生成符合语法和逻辑的文本。

A．统计语言模型　　　　　　　B．基于规则方法
C．循环神经网络　　　　　　　D．Transformer 模型

3．（　　）是指基于概率分布来预测下一个词的概率的文本生成方法，通过分析大量文本数据来估计词或短语序列出现的概率，这类模型通常使用 n 元模型。

A．统计语言模型　　　　　　　B．基于规则方法
C．循环神经网络　　　　　　　D．Transformer 模型

4．（　　）是一种专门设计用于处理序列数据的强大的神经网络工具，能够捕捉时间序列中的时间依赖关系，因此特别适用于文本生成任务，广泛应用于 NLP、语音识别等领域。

A．统计语言模型　　　　　　　B．基于规则方法
C．循环神经网络　　　　　　　D．Transformer 模型

5．（　　）是一种在 NLP 领域中被广泛使用的深度学习模型，它的主要特点是使用了自注意力机制，允许模型在处理序列数据时考虑到序列中所有元素的上下文关系。

A．统计语言模型　　　　　　　B．基于规则方法
C．循环神经网络　　　　　　　D．Transformer 模型

6．Transformer 模型首先被应用于（　　）的神经网络模型架构，目标是从源语言转换到目标语言，它完成了对源语言序列和目标语言序列全局依赖的建模。

A．文本摘要　　　B．机器翻译　　　C．诗歌生成　　　D．对话系统

7. 当一个Transformer模型对一句话进行处理时，它会一次查看所有单词，并为每对单词计算一个"（　　）"，它确定句子中每个单词应该对其他每个单词的解释产生多大影响。

　　A．注意分数　　B．自注意力　　C．位置编码　　D．对话规则

8. 为了解决序列信息中词语顺序的问题，Transformer模型引入了（　　）机制，利用词嵌入来表达语言中的复杂概念。

　　A．注意分数　　B．自注意力　　C．位置编码　　D．对话规则

9. 在Transformer中，每个单词都被表示为一个高维向量，而这些向量在表示空间中的位置反映了单词之间的（　　）。

　　A．注意力机制　　B．高维表示　　C．句法关系　　D．语义关系

10. （　　）实际上就是将人的感知方式、注意力的行为应用在机器上，让机器学会感知数据中的重要和不重要的部分，其核心目的是希望机器能注意到当前任务的关键信息。

　　A．注意力机制　　B．高维表示　　C．句法关系　　D．语义关系

11. 对模型的每一个输入项（可能是图片中的不同部分，或者是语句中的某个单词）分配一个（　　），它的大小代表了希望模型对该部分的关注程度。

　　A．数量　　B．权重　　C．颜色　　D．质量

12. （　　）是Transformer模型的核心部件，通过计算输入序列中每个位置的单词与其他所有位置单词的相关性，来实现对整个句子的全局建模。而多头自注意力扩展了这一机制。

　　A．数量　　B．权重　　C．自注意力　　D．质量

13. 所谓（　　），可以将其理解为是一个多层感知机，即一个包含了多个隐藏层的神经网络，其中层与层之间是全连接的，并且相邻两层的任意两个节点都有连接。

　　A．自注意力机制　　　　　　B．编码器-解码器
　　C．Transformer结构　　　　D．前馈神经网络

14. 混合模型是指将不同类型的生成模型结合起来，取长补短，以达到更好的性能。随着硬件性能的提升和算法的不断优化，文本生成技术正朝着（　　）等几个方向发展。

　　① 更大规模的预训练模型　　② 简单、细致的推理方法
　　③ 多模态融合　　　　　　　④ 伦理和社会影响的关注

　　A．①③④　　B．①②④　　C．①②③　　D．②③④

15. （　　）旨在从较长的文本中提取关键信息以生成概括内容。基于深度学习方法，这项技术已经取得显著进步，能够处理各种类型的文档，并在多个应用场景中表现出色。

　　A．翻译任务　　B．文本摘要　　C．诗歌生成　　D．简单对话系统

16. 文本摘要在压缩文本内容的同时，要保留原文的核心信息和主要观点，它应该具有（　　）等特点。

　　① 简洁性　　② 连贯性　　③ 完整性　　④ 准确性

　　A．①②④　　B．①③④　　C．①②③　　D．②③④

17. （　　）要求机器不仅能够生成语法正确的句子，还要捕捉到作品特有的韵律、节奏、情感以及诗意。它不仅是技术上的挑战，也是对美学和技术结合的探索。

　　A．翻译任务　　B．文本摘要　　C．诗歌生成　　D．简单对话系统

18. （　　）旨在通过计算机程序实现人机之间的自然对话。其核心任务是从用户输入中理解意图，并根据上下文生成合适的回复。

A．翻译任务　　　B．文本摘要　　　C．诗歌生成　　　D．简单对话系统

19．简单对话系统不仅是技术上的创新，也为人们的生活带来了极大的便利。其中的技术组件主要是（　　）和知识库/数据库。

① 自然语言理解　② 翻译器源代码　③ 对话管理器　④ 自然语言生成

A．①②④　　　B．①③④　　　C．①②③　　　D．②③④

20．通过利用深度学习模型的强大表示能力和生成能力，现代翻译系统能够提供更准确、流畅且自然的翻译结果。其主要技术包括（　　）以及后编辑与人机协作等。

① 神经机器翻译　② 单模态转换　③ 多模型融合　④ 低资源语言支持

A．①③④　　　B．①②④　　　C．①②③　　　D．②③④

【研究性学习】熟悉 AI 助手 Kimi

Kimi（https://kimi.moonshot.cn/）是由月之暗面科技有限公司（Moonshot AI）开发的一款人工智能助手（见图 5-14）。它于 2023 年 10 月 9 日首次推出，最初名为"Kimi Chat"，后更名为"Kimi 智能助手"。

图 5-14　Kimi 网页版主页界面

Kimi 的主要功能如下。

（1）多语言对话。能够流畅地进行中文和英文对话。

（2）长文本处理。支持长达 20 万字的文本输入，并且在 2024 年 3 月 18 日宣布开启 200 万字超长无损上下文的内测。

（3）文件阅读与解析。可以阅读和分析 TXT、PDF、Word、PPT 和 Excel 等多种格式的文件。

（4）网页内容解析。能够解析用户发送的网页链接，并结合解析内容回答问题。

（5）智能搜索。具备联网搜索功能，能够整合互联网上的信息来提供详尽的回答。

（6）辅助创作与编程。帮助用户创作文案、写作、策划方案，以及辅助编程和调试代码。

Kimi 适合各种人群，其界面设计简洁，操作直观，可以通过简单文字输入与 Kimi 进行交互。

1. 实验目的

（1）通过在手机端和 PC 端安装 Kimi App，熟悉 AIGC 应用工具的基本界面。

（2）通过应用实践，体验 LLM 以及生成式 AI 的技术发展路线，并展望 AGI 发展愿景。

（3）切实掌握 Kimi App 应用，熟能生巧，进而掌握更多的 AIGC 应用工具。

2. 实验内容与步骤

（1）安装 Kimi App。在计算机的网页浏览器界面或手机端，搜索并安装 Kimi 应用软件，浏览和感受 Kimi 的各项应用功能。

（2）请通过应用和网络学习，整理和记录 Kimi 工具的主要应用特色。

答：_____

_____

（3）考虑策划一次出国旅游，让 Kimi 编制一个旅行计划。为此，在 Kimi 中输入以下提示：

请编制一个旅行计划，10 天，上海出发，旅游目的地是柬埔寨、老挝。路线要点是：上海→柬埔寨金边→吴哥窟→洞里萨湖→老挝边境城市巴色→首都万象→万荣→搭乘中老铁路去琅勃拉邦→返回上海。

请分析：Kimi 给出的旅行方案你觉得满意吗？是否有疏漏的地方，例如，护照、入境签证的准备，是跟团游还是自由行，是否要调整交通工具（如巴色到万象是否将大巴改为飞机）等。

请调整你的提示内容，不断丰富和完善 Kimi 的回答，尽可能形成一份完善的旅行方案。然后，请思考 Kimi 或者说 AIGC 神奇吗？为什么？

答：_____

_____

（4）换一个你心仪或者向往的旅行目的地，验证 Kimi 能否给出令你满意的旅行计划。

答：请描述并分析。_____

_____

3. 实验总结

_____

4. 实验评价（教师）

_____

第 6 章 图像生成技术

本章介绍图像生成领域的多种模型和技术，包括 VAE、GAN、扩散模型、自回归模型等，并讨论它们在艺术创作、娱乐、医疗、广告、自动驾驶等多个领域的广泛应用。同时，本章还探讨图像风格迁移、超分辨率重建、视频生成和医疗影像合成等重要应用方向，以及这些技术发展方向和面临的挑战，如提高生成质量、优化计算效率、增强模型泛化能力和解决伦理问题等。

6.1 图像生成的模型

生成式 AI 在图像生成领域已经取得显著进展，能够创造出逼真且富有创意的图像内容。它既改变艺术创作、设计和娱乐行业的工作方式，还为科学研究提供了新的工具。

在图像生成技术中可以使用以下模型。

（1）VAE（变分编码器）模型，通过学习输入数据的概率分布来生成新样本。其中，编码器将图像映射到潜在空间做参数化分布，解码器则从该潜在空间中采样并重构原始图像。但 VAE 生成图像的质量不如其他方法，尤其是在复杂数据集上。此外，潜在空间的语义解释性较差。

（2）GAN（生成对抗网络）模型，其中的神经网络生成器尝试创建看起来真实的假图像，而神经网络判别器则试图区分真实图像与生成的假图像。两者在训练过程中不断优化，最终使得生成器能够产生高质量的图像。GAN 能够在高维数据上生成非常逼真、细节丰富的图像，灵活性强，但训练过程不稳定，容易出现模式崩溃或梯度消失等问题。

另一方面，流模型生成的图像质量较高，尤其在低维数据上表现优异，但其计算成本高昂。

6.1.1 扩散模型

扩散模型是一类生成式模型，最初由索尔-迪克斯坦等人在 2015 年提出，并在随后的研究中得到显著发展。这类模型通过逐步向数据添加噪声，然后学习逆转这个过程来生成新的样本或者恢复原始图像，可以看作是对图像生成的一种去噪过程。其特点是生成的图像质量和多样性都非常出色，尤其对于复杂的自然场景；且训练相对稳定，不容易出现模式崩溃问题（见图 6-1）。

图 6-1　扩散模型生成的作品

扩散模型的应用实例如下。

（1）图像生成：用于艺术创作、风格迁移、超分辨率重建等领域。

（2）音频合成：生成音乐旋律、语音波形等。

（3）视频生成：创建连贯的视频序列。

（4）医学影像：增强低质量医学影像，或者生成合成的训练数据以辅助诊断算法的开发。

（5）分子设计：帮助化学家设计新型药物分子结构。

尽管扩散模型成就显著，但仍面临一些挑战。

（1）计算成本较高。由于需要经过多个步骤才能完成一次完整的前向或反向过程，因此训练和推理的时间较长。

（2）优化效率。如何进一步提高模型训练的速度和效果是一个重要的研究方向。

（3）理论理解不足。对于为什么扩散模型能如此有效地工作，目前仍缺乏充分的理论解释。

6.1.2　自回归模型

自回归模型是一类用于处理时间序列数据和序列生成任务的统计模型。其核心思想是基于过去的观测值来预测未来的值，通过将当前值表示为先前值的线性组合加上噪声项来进行建模，即逐像素地预测下一个像素的概率分布，从而逐步构建完整的图像。其特点是生成的图像质量较高，特别是对于较小尺寸的图像；提供了明确的概率解释，适合某些特定应用。在现代机器学习中，自回归模型不仅限于线性关系，还可以扩展到非线性情况，并广泛应用于 NLP、语音合成、图像生成等领域。

自回归模型的应用实例如下。

（1）文本生成。

- 字符级 RNN：使用循环神经网络（RNN），特别是 LSTM 或 GRU 变体，来捕捉文本序列中的长期依赖关系。训练后模型可以根据前面的字符预测下一个字符，从而生成连贯的文本片段。
- 仅限 Transformer 解码器模型：如 GPT 系列，这些模型仅包含解码器部分，利用自注意力机制能够有效处理长距离依赖问题，并且能够在大规模语料库上预训练以实现强大的文本生成能力。

（2）语音合成。例如，DeepMind 提出的一种深度卷积神经网络架构 WaveNet，它采用因果卷积层来保证输出只依赖于过去的时间步，实现了高质量的音频波形生成。WaveNet 可以直接从原始音频信号中学习复杂模式，支持多种声音类型的生成，如人类语音、乐器演奏等。

（3）图像生成。例如，PixelCNN 或 PixelRNN，这类模型将像素视为一维序列，按照扫描顺序（如左至右、上至下）依次生成每个像素的颜色值。尽管计算复杂度较高，但它们能够产生逼真的图片，尤其是在小尺寸图像上表现良好。

自回归模型本质上是条件概率模型，提供了对生成过程的清晰理解，有助于分析和调试。相比一些复杂的生成对抗网络（GAN），自回归模型通常更容易训练且更稳定，尤其是在较小的数据集上。用户可以通过调整输入序列或引入额外条件变量（如类别标签）来指导生成过程，控制特定风格或内容。

为克服传统自回归模型的局限性，研究者们提出了许多改进方案。

（1）Transformer 架构。通过引入自注意力机制，允许模型同时考虑位置之间的关系，从而更好地捕捉全局依赖。

（2）非自回归模型。尝试一次性生成整个序列，而不是逐个元素地生成，提高速度并减少暴露偏差的影响，但这类模型往往需要特别设计以保持生成质量。

（3）混合模型。结合自回归和非自回归的优点，如先使用非自回归模型生成粗略框架，再用自回归模型细化细节。

自回归模型因其直观性和有效性，在序列建模任务中占据重要地位。

6.1.3 图像生成的代表性模型

在图像生成技术中，StyleGAN、BigGAN 和 DALL-E 等模型分别以高分辨率图像生成、大规模数据集上的卓越表现以及根据文本描述创造多样化图像的能力而闻名。

（1）StyleGAN：由 NVIDIA 开发，以其生成的高分辨率人脸图像而闻名，广泛应用于影视特效、游戏开发等领域。

（2）BigGAN：一种大规模的 GAN 架构，在 ImageNet 等大型数据集上展示了出色的图像生成能力。

（3）DALL-E：由 OpenAI 推出的图像生成模型，结合 Transformer 架构和图像生成技术，能够根据文本描述生成对应的图像，支持多种风格和主题，创造独特的图像和艺术作品。

（4）Glow：一种基于流模型的图像生成框架，能够在保证高质量生成的同时实现快速推理。

（5）Stable Diffusion：一种开源的 AI 图像生成器扩散模型，支持多种风格和类型的图像创作，因其高效性和易用性而受到广泛关注。

（6）Pixso AI：国产在线设计工具，集成 AI 功能，帮助设计师快速生成和编辑设计元素。

6.2 图像生成的应用场景

图像生成技术能够创建逼真的视觉内容或艺术化效果，广泛应用于社会生活的各个行业和领域。

（1）艺术与设计。

- 创意辅助：设计师可以利用图像生成技术快速生成概念图、纹理、图案等，激发灵感并加速创作过程。作为辅助工具，它可以帮助艺术家探索新的创意方向，尝试不同风格的表现形式，还可以自动生成具有特定艺术风格的作品，用于装饰、展览等多种用途。
- 风格迁移：将不同艺术作品的风格特点融合在一起，创造出独特的视觉效果，适用于绘画、摄影等多种形式的艺术创作。

（2）娱乐与媒体。
- 虚拟角色设计：用于创建游戏角色、电影角色或其他数字人物的形象，确保每个角色都有独特的外观和个性；创建更加丰富和互动的游戏环境，如 NPC（非玩家角色）行为模拟、关卡设计等；通过 AI 驱动的虚拟人物进行直播或表演，提供全新的娱乐形式。
- VR/AR：生成逼真的虚拟环境、物体或生物，提升用户的沉浸感和交互体验，如游戏场景、虚拟旅游等，增强用户的沉浸感。
- 影视特效制作：快速生成高质量的特效镜头、虚拟场景、视觉效果和场景氛围，减少实际拍摄（如背景合成、特效制作等）的成本和难度，节省后期制作时间。
- 视频处理：实现老旧影片或低清视频的高清化，提升观看体验；也可用于实时视频通话中的画质增强。

（3）广告与营销。
- 个性化内容生成与定制：根据目标受众的特点快速生成定制化的广告素材，提高广告的相关性和吸引力，如生成特定风格的产品图片或宣传海报；根据品牌调性和市场需求生成独特的产品包装、宣传海报等视觉材料。
- A/B 测试优化：快速生成多种版本的广告创意，用 A/B 测试找到最有效的设计方案。
- 增强用户体验（UX）：为用户提供个性化的界面主题或背景图案，提升交互乐趣。

（4）医疗健康。
- 医学影像分析：提升 CT（计算机断层扫描）、MRI（核磁共振成像）等医学成像设备获取的图像分辨率，帮助医生更准确地诊断疾病发现细微病变，更好地理解和预测疾病，如生成更多的 CT 扫描图像或 X 光片，辅助诊断和治疗计划。
- 数据增强：为训练机器学习模型提供更多样化的数据集，尤其是针对罕见病或特殊病例，提高模型的鲁棒性和泛化能力。
- 手术模拟与训练：生成详细的虚拟患者模型（三维重建图像），供外科医生练习复杂的手术操作，降低实际手术风险。
- 康复训练：创建个性化的康复方案，帮助患者在家完成专业的物理治疗课程。
- 疾病检测：生成更多样化的病变图像，帮助医生识别早期症状或难以察觉的微小变化，提高诊断准确性。
- 病理分析：通过合成不同阶段的病理切片图像，深入理解疾病的发展过程，指导个性化治疗策略。
- 放疗计划：优化放射治疗剂量分布图，确保肿瘤区域得到充分照射的同时最大限度地保护周围的正常组织。
- 减少辐射暴露：利用合成图像代替真实的 X 光片或 CT 扫描，减少患者接受的辐射剂量，特别是针对儿童和孕妇等敏感群体。

(5)自动驾驶。
- 场景模拟：模拟各种驾驶场景，测试和改进车辆的安全性能，包括天气变化、交通状况等因素。
- 数据增强：为训练自动驾驶算法提供多样化的数据集，提高系统的鲁棒性和泛化能力。

(6)时尚与零售。
- 虚拟试衣：通过生成用户穿着不同服装的效果图，提供在线购物参考，改善用户体验。
- 产品展示：快速生成高质量的产品设计草图或渲染图，加速研发流程，电商平台的商品展示无须实物拍摄即可呈现多种视角和细节。
- 消费电子：应用于智能手机、平板电脑等设备，即使在不理想的拍摄条件下也能获得高质量的照片和视频。

(7)建筑与房地产。
- 建筑设计可视化：生成建筑外观和内部空间的效果图，帮助客户直观地理解设计方案，促进销售。
- 房产营销：生成虚拟的室内装饰方案，让潜在买家提前体验未来的居住环境。

(8)教育与培训。
- 互动学习材料：生成生动的教学资源，如教学插图、科学实验动画、历史场景重现等，使学习更加有趣和有效。
- 职业技能训练：模拟真实工作环境，如工厂生产线、医院急诊室等，培养学生的专业技能。

(9)科学研究。
- 数据可视化：生成复杂数据的图形表示，帮助研究人员更清晰地理解实验结果，发现新的模式或趋势。
- 模拟实验：在无法直接实验的情况下，通过生成图像来推测可能结果，如天文学。
- 卫星遥感：改善卫星照片质量，用于地理测绘、环境监测等领域，提供高精度数据支持。

(10)安全与监控。
- 异常检测：结合图像生成技术与监控系统，实时生成正常情况下的预期图像，对比实际画面以识别异常行为或事件。
- 隐私保护：为避免泄露个人身份信息，生成模糊处理后的监控图像，既保持监控的有效性，又能保护个人隐私。
- 监控系统：从低分辨率监控摄像头捕获的画面中提取更多有用信息，辅助安防工作，如人脸识别、车牌识别等。

6.3 图像风格迁移

图像风格迁移是图像生成技术中的一个重要应用，它将一张图片的艺术风格应用到另一张图片的内容上，从而创造出新视觉效果的图像（见图6-2）。这项技术结合了内容图像的结构信息和风格图像的纹理、颜色及笔触特征，广泛应用于艺术创作、设计和个性化内容生成等领域。

图 6-2　图像风格迁移示例

6.3.1　基本原理

图像风格迁移通常利用卷积神经网络（CNN）提取内容图像的高级特征和风格图像的纹理特征，并在其中找到平衡以创造视觉上和谐的结果。

图像风格迁移的基本概念如下。

（1）内容图像：提供主要形状和对象布局的基础图像。

（2）风格图像：提供视觉风格（如色彩、纹理、笔触等）的参考图像。

（3）目标图像：最终生成的图像保留了内容图像的主要结构，但采用风格图像的美学特征。

图像风格迁移主要的实现方法如下。

（1）卷积神经网络（CNN）。最常用的实现方式是基于预训练的深度卷积神经网络，如VGGNet。通过分析不同层的激活值来捕捉图像的内容和风格特征。

（2）内容损失。衡量生成图像与内容图像在高级特征表示上的差异，确保两者之间的结构相似性。

（3）风格损失。衡量生成图像与风格图像在低级特征（如纹理、颜色分布）上的统计相似性，通常通过对特征图进行 Gram 矩阵计算来实现。其优化过程主要是在初始时使用内容图像作为起点或随机噪声图像，使用梯度下降法最小化内容损失和风格损失之和，并逐步调整像素值以接近理想的效果。

6.3.2　代表性算法

图像风格迁移的代表性算法举例如下。

（1）基于卷积神经网络（CNN）的经典的"神经风格迁移"方法。该方法由加蒂等人提出，通过优化生成图像的内容和风格损失函数来有效地分离并融合重组内容图像与风格图像的特征，其在学术界和工业界产生了深远影响，并启发了许多后续研究。

（2）快速样式传输。为了加速传统风格迁移的速度，约翰生等人提出了快速风格迁移算法，该算法训练一个前馈神经网络直接从输入图像生成带有所需风格的结果，极大提高了处理效率。适用于实时应用场景，如移动设备上的滤镜应用。

（3）具有自适应实例归一化的神经风格迁移（AdaIN）。该算法简化了风格迁移的过程，仅需对单个风格图像进行适应性归一化操作，即可实现高质量的风格转换。该算法特别适合多风格切换任务，因为可以在推理阶段轻松更换不同的风格参数。

（4）CycleGAN 和其他无监督方法。当没有成对的训练数据时，CycleGAN 及其变体可以通过对抗训练机制学习两个域之间的映射关系，实现跨域风格迁移。该算法应用范围广泛，包括照片编辑、视频处理以及医学影像分析等。

6.4 超分辨率重建

超分辨率重建（SR）是图像生成技术中的一个重要领域，旨在从低分辨率（LR）图像中恢复出高分辨率（HR）图像（见图 6-3）。这项技术通过增强图像的细节和清晰度，广泛应用于医疗影像、卫星遥感、视频处理、监控系统以及消费级电子产品等多个领域。

a）原分辨率为1m的测试影像 b）超分辨处理的结果

图 6-3 超分辨率重建示例

6.4.1 基本原理

超分辨率重建是通过算法融合多帧低分辨率图像或利用深度学习模型，推测并生成更高分辨率的图像，恢复细节信息，提升图像的清晰度和质量。

超分辨率重建的主要概念如下。

（1）低分辨率图像：原始输入图像，具有较低的空间分辨率，通常表现为模糊或细节丢失。

（2）高分辨率图像：期望输出的图像，具有较高的空间分辨率，能够展现更多的细节和更清晰的视觉效果。

超分辨率重建面临的主要挑战如下。

（1）信息缺失。从数学角度来看，这是一个不适定问题，因为低分辨率图像丢失了高频成分，不能通过直接放大来恢复这些信息。

（2）多解性。同一张低分辨率图像可能对应多个不同的高分辨率版本，如何选择合理方案成为挑战。

6.4.2 传统方法

超分辨率重建的传统方法主要包括基于插值、重构和多帧融合的技术，通过数学模型和算法处理低分辨率图像，以估计并生成更高分辨率的图像细节。

例如插值法，包括双线性插值、双三次插值等，通过简单的数学公式在已知像素之间插入新像素。虽然可以增加图像尺寸，但不能有效恢复细节，容易导致模糊效果。而基于边缘检测的方法，可以利用图像的边缘信息来指导插值过程。虽然可以在一定程度上改善细节，但仍存在局限性，特别是在复杂纹理区域。

6.4.3 基于学习的方法

深度学习的发展使基于学习的超分辨率重建方法取得了显著进展，主要分为以下几类。

（1）基于卷积神经网络（CNN）。
- SRCNN（超分辨率卷积神经网络）：最早的深度学习 SR 模型之一，它将超分辨率问题建模为端到端的学习任务，通过训练一个三层卷积网络来直接映射 LR 到 HR 图像。
- VDSR（非常深的超分辨率）：扩展了 SRCNN 的思想，使用更深的网络结构以捕捉更复杂的特征表示，进一步提高了重建质量。
- EDSR（增强的深度超分辨率）：移除不必要的模块（如批归一化层）并增加网络深度和宽度，从而实现更好的性能。

（2）基于递归网络（RNN）。
- DRCN（深度递归卷积网络）：引入递归机制，允许网络重复利用先前层的信息，从而增强对上下文的理解能力。
- DRRN（深度递归残差网络）：结合密集连接和残差学习技术，使网络能够更好地传播梯度，避免深层网络中的梯度消失问题。

（3）基于生成对抗网络（GAN）。
- SRGAN（超分辨率生成对抗网络）：将 GAN 应用于超分辨率重建，通过对抗训练使生成器不仅关注像素级别的准确性，还注重图像的感知质量（如纹理、颜色等）。判别器负责区分真实 HR 图像与生成的假 HR 图像，迫使生成器产生更加逼真的结果。
- ESRGAN（增强的超分辨率生成对抗网络）：改进 SRGAN，采用新的损失函数（如相对感知损失）和优化策略，进一步提升生成图像的真实感和细节表现。

（4）基于注意力机制。
- RCAN（残差通道注意力网络）：引入通道注意力机制，自动调整不同特征通道的重要性，使得网络能够聚焦于最具代表性的部分，提高重建效果。
- SAN（空间注意力网络）：利用空间注意力机制捕捉图像中的局部依赖关系，增强对复杂结构的理解。

6.5 视频生成

视频生成是一个复杂且多样的领域，它结合计算机视觉、机器学习和深度学习等技术，旨在从静态图像或具有时间连贯性和空间合理性的少量视频帧（包括文本描述、关键帧）中生成连贯的视频序列（见图 6-4）。它要确保生成的每一帧都与前后帧保持逻辑上的联系，形成自然流畅的动作或场景变化，即时空一致性。视频生成在娱乐产业中有广泛应用，还为医疗、安全监控、自动驾驶等多个行业提供了新的工具和支持。

图 6-4 视频生成示例

6.5.1 主要方法

视频生成的主要方法是利用深度学习模型，如生成对抗网络（GAN）、变分自编码器（VAE）和基于 Transformer 的架构，从静态图像或低分辨率视频中预测并合成连贯的高分辨率的对应视频帧序列，从而提升整个视频的分辨率和细节清晰度。

（1）基于卷积神经网络（CNN）。
- VideoGAN：扩展图像生成对抗网络（GAN），通过引入 3D 卷积层来处理视频数据的空间和时间维度，从而生成逼真的视频片段。
- MoCoGAN（动作和内容 GAN）：将视频分解为运动和内容两部分，分别用不同的子网络建模，从而更好地控制生成视频的风格和动态特性。

（2）基于循环神经网络（RNN）。
- LSTM/GRU：利用长短期记忆单元（LSTM）或门控循环单元（GRU）来捕捉视频帧之间的长期依赖关系，适用于较短序列的预测任务。
- ConvLSTM：结合卷积操作和 LSTM 的优点，专门用于处理具有时空结构的数据，如视频。

（3）基于 Transformer 架构。
- Vivit（视频视觉变压器）：基于 Transformer 的架构，可以同时处理视频的空间和时间特征，展现出色的泛化能力和表达力。
- TimeSformer：进一步优化 Transformer 在视频理解中的应用，特别强调对时间信息的有效编码。

（4）基于流模型。使用流模型来学习视频帧的概率分布，允许精确地估计数据点的确切对数似然，并支持高效的采样过程。

（5）基于扩散模型。DDPM（去噪扩散概率模型）通过逐步向图像添加噪声，然后学习逆转这一过程以恢复原始图像。这种方法也可以应用于视频生成，提供高质量的结果。

6.5.2 代表性算法

视频生成的代表性算法举例如下。

（1）MoCoGAN：提出了一种分离运动和内容的方法，使得用户可以通过调整输入参数来定制生成视频的特定方面。

（2）Vid2Vid：由 NVIDIA 开发，可以从给定的关键帧或草图自动生成完整的视频，广泛应用于影视特效、游戏开发等领域。

（3）Text-to-Video：结合了文本到图像生成技术和视频合成，可以根据自然语言描述直接生成相应的视频内容，如故事叙述或虚拟旅行体验。

（4）CIPS-3D：一种新的三维感知生成对抗网络，能够在保持物体形状一致性的前提下生成不同视角下的视频。

（5）Runway Gen-2：支持基于文本到视频的生成，可以创建具有特定主题或风格的短片。

（6）Reelskit：专为短视频创作者设计，可以利用 AI 快速生成吸引人的视频内容。

6.6　医疗影像合成

图像生成技术的应用在医疗影像合成中得到快速发展。它通过人工智能和深度学习方法从现有医学图像数据（低分辨率图像、不同模态图像或其他形式数据）中学习特征，进而生成新的或增强的医学影像，或者将来自不同医学成像技术的多模态数据结合在一起，生成综合性的图像，提供更全面的信息，以提高诊断准确性、减少辐射暴露和优化治疗方案（见图 6-5）。

图 6-5　医疗影像合成示例

6.6.1　主要方法

医疗影像合成的主要方法是利用生成对抗网络（GAN）、变分自编码器（VAE）和卷积神经网络（CNN）等深度学习技术，从有限的医学图像数据中生成高质量、逼真的影像，用于辅助诊断、手术规划及个性化治疗。

（1）基于生成对抗网络（GAN）。
- CycleGAN：用于跨模态转换，如将 MRI 图像转换为 CT 图像，或反之。这种方法无须配对数据即可实现有效的图像翻译，适用于多种临床场景。

- Pix2Pix：基于条件 GAN，可以将带有标注的图像（如带病变标记的图像）作为输入，生成相应的高分辨率图像，有助于病理分析和手术规划。

（2）基于变分自编码器（VAE）。
- CVAE（条件 VAE）：可以在给定某些条件的情况下生成特定类型的医学图像，如特定疾病状态下的器官图像，帮助医生理解疾病的进展模式。
- β-VAE：通过调整超参数 β 来控制生成图像的多样性和清晰度之间的平衡，适用于探索不同的解剖变异。

（3）基于流模型。Glow 是一种强大的流模型，能够在保持高质量的同时高效地生成复杂的医学图像，特别适合需要精确概率估计的任务，如异常检测。

（4）基于扩散模型。DDPM（去噪扩散概率模型）通过逐步去除添加到图像中的噪声来恢复原始图像，这种方法可以生成逼真的医学图像，并且在处理大尺寸图像时表现出色。

（5）基于 Transformer 架构。
- MedT（医用变压器）：专门为医学图像设计的 Transformer 架构，能够更好地捕捉长距离依赖关系和局部细节，适用于各种复杂的医学图像任务。
- 带变压器的 UNet++：结合了经典的 U-Net 架构和现代 Transformer 的优点，提供了更高的灵活性和表达力，适用于多模态医学图像合成。

6.6.2 代表性算法

医疗影像合成的代表性算法举例如下。

（1）用于医学成像的 CycleGAN：实现了无监督的跨模态医学图像转换，减少了获取配对数据的需求，广泛应用于放射学和病理学等领域。

（2）Pix2PixHD：扩展了 Pix2Pix 的功能，支持高分辨率医学图像生成，特别是在皮肤科和整形外科的应用中表现出色。

（3）MedGAN：专门为医学图像生成设计的 GAN 架构，能够在保留重要解剖特征的同时引入合理的变异，有助于模拟罕见病或进行虚拟人群研究。

6.7 挑战与未来发展

图像生成技术面临的挑战包括提高生成图像的真实性和多样性、减少计算资源消耗以及解决潜在的伦理问题。其未来发展方向在于增强模型的泛化能力、实现更加精细的控制和交互性，并探索在更多实际应用场景中的落地。

（1）人机协作。探索人类创作者与 AI 系统的合作方式，共同完成高质量的艺术作品或其他创造性任务。

（2）计算资源需求与效率。高质量（医学）图像/视频生成、高分辨率重建、提高视频生成速度和效率等往往需要大量的计算资源，需要强大的硬件支持和大量的计算时间，增加了部署成本，尤其是在实时应用、高分辨率、移动设备或嵌入式系统应用时，如何优化算法以降低计算成本和时间延迟至关重要。

（3）内容与风格的平衡。确保生成图像既保留原始内容的关键特征又充分体现风格图像的独特美感是一个持续的研究课题。

（4）实时性能优化。随着应用场景的扩展，提高风格迁移算法的运行速度和效率变得越来越重要，特别是在移动端和在线服务中。

（5）训练稳定性。特别是对于 GAN 而言，确保训练过程稳定且不会陷入局部最优解。

（6）可解释性和透明度。开发更加透明和可解释的生成模型，使用户理解模型的选择依据，提高信任度。

（7）多样性与可控性。平衡生成图像的真实感、让风格迁移结果更加多样化且易于控制（如指定某些区域不受风格影响），尤其是在处理复杂或抽象的概念时。

（8）真实性与创新性。既要保证每个瞬间的真实感，又要能够根据输入创造新颖的内容。需要在保持图像真实性的同时尽可能多地恢复或创造有价值的细节，避免出现伪影或失真现象。

（9）长期连贯性和依赖性。视频包含的时间跨度可能很长，因此模型需要捕捉并维持整个视频中的上下文信息。需要保持生成视频在整个时间线上的连贯性和一致性，尤其是在涉及复杂动作或场景转换时。

（10）多尺度重建。开发能够同时处理多种尺度变化的方法，以适应不同应用场景的需求。

（11）多模态融合。结合文本、音频、触觉、视频等多种感官信息，以及多种形式的数据来进行图像生成、视频生成、医学图像合成，提供更加丰富和互动的应用体验。

（12）无监督学习。探索无须配对训练数据的超分辨率重建、视频生成方法、训练数据的医学图像合成方法，如利用自监督学习或跨域迁移学习，以应对实际场景中难以获取大量配对数据的问题。

（13）数据稀疏性。高质量的标注数据通常稀缺且昂贵，限制了模型训练的效果。

（14）解剖结构复杂性。人体内部结构复杂多变，要求模型具备高度的泛化能力和细节捕捉能力。

（15）法规遵从性。确保所有开发和使用的图像生成工具符合相关的医疗法规和标准，如 FDA 认证、HIPAA 合规等。

（16）隐私保护。处理敏感的个人健康信息时必须严格遵守相关法律法规，确保患者隐私不受侵犯，研究如何在不泄露个人隐私的前提下利用用户提供的数据进行个性化图像生成。

（17）伦理和社会影响。随着 AI 生成内容的广泛应用，确保生成内容的真实性和公正性成为重要议题，避免传播虚假信息或侵犯版权。

【作业】

1. 生成式 AI 能够创造出逼真且富有创意的图像内容，这些技术改变艺术的（   ）等的工作方式，还为科学研究提供了新的工具。
   ① 创作　　　　② 设计　　　　③ 编程　　　　④ 娱乐
   A．①②④　　　B．①③④　　　C．①②③　　　D．②③④

2. 可以使用（   ）模型，通过学习输入数据的概率分布来生成新样本。编码器将图像映射到潜在空间做参数化分布，解码器则从该潜在空间中采样并重构原始图像。
   A．DNN　　　　B．GAN　　　　C．CNN　　　　D．VAE

3. 可以使用（　　）模型，其中的神经网络生成器尝试创建看起来真实的假图像，而神经网络判别器则试图区分真实图像与生成的假图像，两者在训练过程中不断优化。
　　A．DNN　　　　　B．GAN　　　　　C．CNN　　　　　D．VAE

4. （　　）是一类生成式模型，它通过逐步向数据添加噪声，然后学习逆转这个过程来生成新的样本或者恢复原始图像，其特点是生成的图像质量和多样性都非常出色。
　　A．聚拢模型　　　B．同步模型　　　C．扩散模型　　　D．自回归模型

5. （　　）是一类用于处理时间序列数据和序列生成任务的统计模型，其核心思想是逐像素地预测下一个像素的概率分布，从而逐步构建完整的图像。
　　A．聚拢模型　　　B．同步模型　　　C．扩散模型　　　D．自回归模型

6. 在图像生成技术中，（　　）等模型分别以高分辨率图像生成、大规模数据集上的卓越表现以及根据文本描述创造多样化图像的能力而闻名。
　　① OpenGAN　　② StyleGAN　　③ BigGAN　　④ DALL-E
　　A．②③④　　　B．①②③　　　C．①②④　　　D．①③④

7. 在图像生成技术中，（　　）是指利用图像生成技术快速生成概念图、纹理、图案等，激发灵感并加速创作过程，可以帮助艺术家探索新的创意方向，尝试不同风格的表现形式。
　　A．影视特效制作　B．创意辅助　　C．数据增强　　D．虚拟角色设计

8. （　　）用于创建游戏角色、电影角色或其他数字人物的形象，确保每个角色都有独特的外观和个性，以及创建更加丰富和互动的游戏环境。
　　A．影视特效制作　B．创意辅助　　C．数据增强　　D．虚拟角色设计

9. （　　）是指快速生成高质量的特效镜头、虚拟场景、视觉效果和场景氛围，减少实际拍摄（如背景合成、特效制作等）的成本和难度，节省后期制作时间。
　　A．影视特效制作　B．创意辅助　　C．数据增强　　D．虚拟角色设计

10. 在图像生成技术中，（　　）是指为训练机器学习模型提供更多样化的数据集，尤其是针对特殊病例、自动驾驶等，提高模型的鲁棒性和泛化能力。
　　A．影视特效制作　　　　　　　B．创意辅助
　　C．数据增强　　　　　　　　　D．虚拟角色设计

11. 图像风格迁移技术结合了内容图像的结构信息和风格图像的（　　）特征，广泛应用于艺术创作、设计和个人化内容生成等领域。
　　① 纹理　　　　② 代码　　　　③ 颜色　　　　④ 笔触
　　A．①②④　　　B．①③④　　　C．①②③　　　D．②③④

12. 图像风格迁移通常利用卷积神经网络（CNN）提取（　　）的高级特征和一些纹理特征，并在其中找到平衡，以创造视觉上和谐的结果。
　　A．原始图像　　B．目标图像　　C．风格图像　　D．内容图像

13. （　　）旨在从低分辨率图像中恢复出高分辨率图像。这项技术广泛应用于医疗影像、卫星遥感、视频处理、监控系统以及消费级电子产品等多个领域。
　　A．图像风格迁移　　　　　　　B．医疗影像合成
　　C．超分辨率重建　　　　　　　D．视频生成

14. 超分辨率重建的传统方法主要包括基于（　　）的技术，通过数学模型和算法处理低分辨率图像，以估计并生成更高分辨率的图像细节。

① 插值 　　　② 重构 　　　③ 多帧融合 　　　④ 细节重叠

A．①③④ 　　B．①②④ 　　C．①②③ 　　D．②③④

15．深度学习的发展使基于学习的超分辨率重建方法取得了显著进展，主要分为（　　）和基于注意力机制等几类。

① 基于自然神经网络 　　　　② 基于卷积神经网络
③ 基于递归网络 　　　　　　④ 基于生成对抗网络

A．①②③ 　　B．②③④ 　　C．①②④ 　　D．①③④

16．（　　）是一个复杂且多样的领域，它从给定的数据（如静态图像、文本描述、关键帧等）创建连续的视频帧序列，这些帧之间具有时间上的连贯性和空间上的合理性。

A．图像风格迁移 　　　　B．医疗影像合成
C．超分辨率重建 　　　　D．视频生成

17．（　　）是从现有医学图像数据中学习特征，进而生成新的或增强的医学影像，以提高诊断准确性、减少辐射暴露和优化治疗方案。

A．图像风格迁移 　　　　B．医疗影像合成
C．超分辨率重建 　　　　D．视频生成

18．医疗影像合成的主要方法是利用（　　）等深度学习技术，从有限的医学图像数据中生成高质量、逼真的影像，用于辅助诊断、手术规划及个性化治疗。

① 生成对抗网络 　　② 变分自编码器 　　③ 线性分析技术 　　④ 卷积神经网络

A．①②④ 　　B．①③④ 　　C．①②③ 　　D．②③④

19．图像生成技术面临的挑战包括提高生成图像的（　　）以及解决潜在的伦理问题，其发展方向在于增强模型的泛化能力、实现更加精细的控制和交互性，并探索更多应用场景落地。

① 经济性 　　　② 真实性 　　　③ 实用性 　　　④ 多样性

A．①②③ 　　B．②③④ 　　C．①②④ 　　D．①③④

20．图像生成技术的（　　）是指确保所有开发和使用的图像生成工具符合相关的医疗法规和标准，如 FDA 认证、HIPAA 合规等。

A．隐私保护 　　B．伦理影响 　　C．版权保护 　　D．法规遵从性

【研究性学习】基于深度学习的图像生成

本实践环节是一个综合性项目，旨在让学生亲身体验图像生成技术从理论到实践的过程。通过实践，学生将掌握如何使用深度学习框架（如 TensorFlow 或 PyTorch）实现图像生成任务，理解不同生成模型的特点及其应用场景。

1. 实验内容与步骤

（1）选择生成模型。

☐ 选项 A：实现一个简单变分自编码器（VAE），用于生成手写数字（MNIST 数据集）。
☐ 选项 B：构建一个生成对抗网络（GAN），尝试生成人脸图像（CelebA 数据集）。
☐ 选项 C：探索风格迁移算法，将艺术作品的风格应用于普通照片。

（2）环境搭建。
- 安装 Python 开发环境，并配置好所需的深度学习库（如 TensorFlow、Keras、PyTorch 等）。
- 下载并准备好所需的数据集（根据所选模型而定）。

（3）模型训练。
- 按照提供的代码模板或自行编写代码，完成模型架构的设计与实现。
- 训练模型，记录训练过程中的损失函数变化曲线，调整超参数以优化结果。

（4）结果评估。
- 对比生成的图像与真实样本之间的差异，分析生成效果。
- 使用定量指标（如 FID 分数、IS 指数）和定性评价方法（如视觉检查）来评估模型性能。

（5）创新与改进。
- 尝试对现有模型进行改进，如引入条件变量、改变损失函数形式或者添加正则化项。
- 探索其他类型的生成模型（如 WGAN、CycleGAN 等），并与原始模型做对比实验。

（6）报告撰写。

撰写一份详细的实验报告，主要内容包括：
- 实践背景及意义。
- 所选模型的工作原理简介。
- 数据预处理步骤说明。
- 模型训练过程及遇到的问题解决方案。
- 最终生成图像的质量分析。
- 对未来工作的思考与展望。

2. 提交要求

（1）提交完整的 Jupyter Notebook 文件，包含所有代码、注释以及实验结果截图。

（2）同时提交一份 PDF 格式的实验报告文档。

3. 实验总结

4. 实验评价（教师）

评分标准：

（1）代码质量（30%）：代码结构清晰、逻辑严谨、易于阅读和维护。

（2）实验完整性（30%）：按照要求完成了各个阶段的任务，展示了良好的动手能力和解决问题的能力。

（3）创新性（20%）：在原有基础上有所创新，提出了有效的方法或思路。

（4）报告撰写（20%）：报告条理清楚、内容详实、语言表达准确流畅。

第 7 章 音频生成技术

本章介绍生成式 AI 在音频领域的应用与发展。音频生成技术在音乐创作、声音设计、自动配乐、个性化推荐和教育工具等场景中得到广泛应用。其核心技术包括生成对抗网络（GAN）、变分自编码器（VAE）、循环神经网络（RNN）及其变体，以及基于 Transformer 的模型，这些技术推动了音频的生成（见图 7-1）。此外，本章还探讨了波形建模、音乐旋律生成和语音合成等关键领域，分析相关技术（如 WaveNet、SampleRNN、MelGAN 等）的特点和应用，介绍音频增强与修复技术，包括降噪、回声消除和动态范围压缩等。

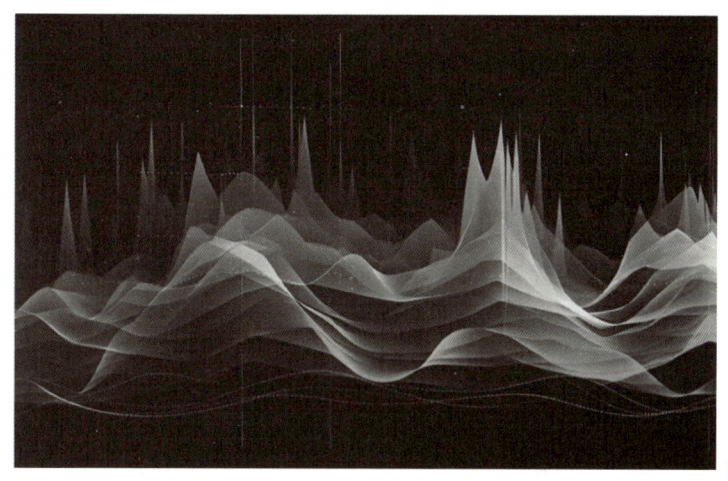

图 7-1 Suno AI V3 Alpha 音乐生成器图例

扫码看视频

7.1 定义音频生成技术

音频生成技术利用 AI 算法，从数据中学习声音模式和音乐结构，从而自动创作出高质量的音频片段和音乐作品。这些技术能够模拟各种乐器的声音、生成旋律以及和声，甚至根据特定风格或情感定制音乐，广泛应用于音乐创作、语音合成、音效设计以及娱乐产业等领域，极大地拓展了创意表达的可能性并提升了生产效率。

7.1.1 音频与音乐

音频（Audio）是指所有可以被听到的声音信号，包括语音、环境声、噪声等任何形式的声音记录或传输。它是一个更广泛的概念，涵盖了任何通过电子手段捕捉、处理、存储和播放的声音。

音频的形式与用途如下。

（1）语音录音。如播客、有声书、电话通话录音等。

（2）音效。用于电影、视频游戏或其他多媒体中的背景音效、特效声音。

（3）广播内容。包括新闻播报、访谈节目等。

（4）技术应用。在专业音频领域，还涉及声音工程、混音、母带处理等技术操作。

而音乐（Music）是一种特定类型的音频，它由一系列有组织的声音组成，通常包含旋律、节奏、和声等元素，旨在表达情感或思想，并能引起听众的情感共鸣。音乐是人类文化的重要组成部分，具有艺术性和创造性。

音乐的形式与用途如下。

（1）歌曲。结合歌词和旋律的作品，可以是流行音乐、摇滚、古典等多种风格。

（2）器乐曲。没有歌词的纯乐器演奏，如交响乐、钢琴独奏等。

（3）电子音乐。使用合成器和其他电子设备制作的音乐。

（4）表演艺术。音乐会、歌剧、舞蹈配乐等形式，强调现场演出的魅力。

音频和音乐虽然密切相关，但它们有着不同的定义和用途。两者的主要区别如下。

（1）范围。音频包含了所有的声音，而音乐是音频的一个子集，特指那些经过精心编排以产生美感和情感共鸣的声音组合。

（2）结构与目的。音乐通常遵循一定的结构规则（如节拍、调式），旨在传达某种情感或信息；普通音频可能不具备这种结构性，其目的也更加多样化，如传递信息或增强体验。

（3）创作过程。音乐创作往往需要较高的艺术技巧和创造力，涉及作曲、编曲等多个环节，而一般的音频录制可能只需要基本的技术知识即可完成。

虽然音乐本质上也是一种音频，但其独特的艺术价值和复杂的创作过程使其成为一个独立且重要的领域。同时，随着技术的发展，两者之间的界限也会变得模糊。

定义：音频与音乐生成是指利用机器学习算法，尤其是深度学习模型，从大量现有的音乐数据中学习模式，并据此生成新的、原创性的音乐片段或完整曲目。

音频与音乐生成技术的主要应用场景如下。

（1）音乐创作。辅助作曲家快速构思旋律、和弦进行等元素。

（2）声音设计。为电影、游戏等行业提供定制化的声音效果。

（3）自动配乐。根据视频内容自动生成背景音乐。

（4）个性化推荐。基于用户偏好生成专属音乐体验。

（5）教育工具。作为教学资源帮助学生理解音乐理论。

7.1.2 核心生成技术

早期的音乐生成系统基于预定义的规则集来指导创作过程。虽然这种方法可以保证一定的结构合理性，但缺乏灵活性和多样性。随着机器学习的发展，统计模型如隐马尔可夫模型（HMM）、高斯混合模型（GMM）开始应用于音乐分析和合成，它们通过概率分布描述音符之间的关系，进而生成符合特定风格的音乐序列。

当前，音频与音乐生成的核心技术主要包括深度学习方法如生成对抗网络（GAN）、变分自编码器（VAE）、循环神经网络（RNN）及其变体（如 LSTM 和 GRU），以及基于 Transformer 的模型，它们能够从数据中学习音乐模式并生成新的音频内容。

（1）循环神经网络（RNN）。RNN 及其变体（如 LSTM、GRU）擅长处理时间序列数据，在音乐生成方面表现出色。它们能够捕捉旋律中的长期依赖关系，从而生成连贯且富有表现力的音乐片段。

（2）变分自编码器（VAE）。这是一种生成对抗性框架，它不仅能够重建输入数据，还能从隐含空间中抽样生成新的实例。VQ-VAE（向量化变分自动编码器）及其改进版 VQ-VAE-2 结合了离散潜变量的概念，使得模型既能学习有效的压缩表示又能生成多样化的音频。

VAE 模型的特点在于能够对未知数据进行合理推测，非常适合用于多样化的音乐生成任务。

- 离散潜空间：通过量化操作引入了离散的潜在表示，有助于减少过拟合并促进泛化能力。
- 多分辨率建模：VQ-VAE-2 扩展到了多尺度建模，进一步增强了表达能力和生成质量。

（3）生成对抗网络（GAN）。它由两个相互竞争的神经网络组成——生成器负责创建新样本，而判别器则试图区分真实样本与生成样本。两者不断优化自身性能，最终达到平衡状态。在音频生成领域，WaveGAN 是最早应用 GAN 直接生成波形的成功案例之一，MelGAN 则特别强调了从梅尔频谱图到波形的转换。

（4）自回归模型。这类模型能逐个预测音频信号的时间点，并逐步构建完整的波形文件。

- WaveNet：是由谷歌 DeepMind 提出的一个标志性模型，它采用一种称为"因果卷积"的特殊卷积神经网络（CNN）架构，能够在保持未来预测不受当前及过去输出影响的情况下逐个样本地生成音频波形。WaveNet 因其卓越的语音合成质量而闻名，同时也适用于高质量音乐音频的生成。
- SampleRNN：是一个基于递归神经网络（RNN）的自回归模型，它将音频信号分解为多个尺度的时间步长，然后分别用不同层级的 RNN 单元来建模这些尺度上的依赖关系。某些变体实现了部分并行化生成，提高了效率。

（5）Transformer 架构。它以其强大的并行计算能力和长距离依赖建模能力著称。音乐变形金刚是一个典型例子，它可以生成长度更长且结构更加复杂的音乐作品。

（6）流模型（Parallel WaveNet 和 ClariNet）。它们是 WaveNet 的快速变体，利用了流模型的思想，通过一系列可逆变换将复杂的分布映射到简单的先验分布上，从而加速了生成过程。它们可以在一次前向传播中同时生成所有时间步的数据点，极大加快了生成速度，理论上能够完美地重建训练集中的音频样本。

7.2 波形建模

波形建模技术使用数学模型和深度学习算法，直接在音频信号的时域波形级别进行操作，以捕捉声音的本质细微特征和复杂结构，包括频率、振幅和相位等信息，并能够生成高质量、逼真、连续的时间域音频信号（片段）。

波形建模技术具有如下特点。

（1）高保真度。由于直接处理原始音频信号，得以保留更多细节，生成的声音真实自然。

（2）复杂性。相比其他级别的音频表示方式，波形数据量大且结构复杂，需要更强大的计算资源和技术手段来处理。

波形建模的工作原理如下。

（1）直接建模。波形建模的核心在于直接处理音频信号的时域表示，即波形本身。与基于频谱或梅尔频谱的方法不同，它不依赖间接的频率或感知特征，而是试图从最基本的层次上理解并再现声音。

（2）神经网络架构。现代波形建模采用特定的深度学习神经网络架构，如因果卷积 WaveNet、递归神经网络 SampleRNN、结合流模型的 WaveGlow、改进传统 GAN 架构的 HiFi-GAN 等。

（3）条件控制。为了使生成的内容更加可控和多样化，波形建模还可以引入条件变量，如音高、速度、情感标签等，使得模型可以根据用户的需求生成特定风格或情感的音频片段。

其特点与优势如下。

- 细节丰富。由于直接作用于波形，波形建模可以捕捉到音频信号中非常细微的变化，如发音的微妙差异或乐器演奏的独特质感。
- 灵活性高。适用于多种音频类型，包括但不限于人声、乐器演奏、环境音效等，并且可以在不同的采样率和位深下工作。
- 创造性强。不限于模仿现有声音，还能探索全新的音色和听觉体验，为艺术家提供无限的创意空间。

7.3 音乐旋律生成

音乐旋律生成技术是通过算法和数学模型自动生成一段具有美感和逻辑连贯性的音符序列（见图 7-2）。这个过程可以模仿人类作曲家的创作方式，也可以探索全新的音乐表达形式。

（1）基于规则的方法。早期的旋律生成系统依赖于预定义的规则集，这些规则通常由音乐理论指导，如和声学、对位法等。这些系统会根据给定的起始条件（如调式、节奏形态等）以及规则来构建旋律。

（2）统计模型。通过大量的现有音乐作品数据来学习旋律模式。例如，马尔可夫链可以基于当前或前几个音符的历史，来预测下一个音符的概率分布。

（3）机器学习与深度学习。随着机器学习的发展，特别是神经网络的应用，旋律生成变得更加复杂和多样化。

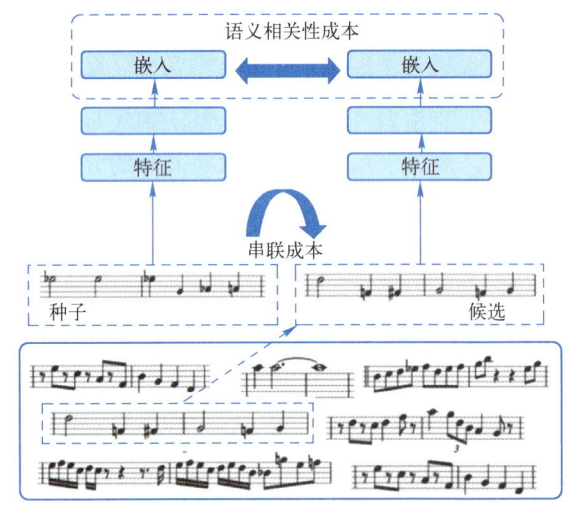

图 7-2 从高质量旋律库中提取旋律，然后将选出的旋律串联

- 循环神经网络（RNN）、长短时记忆网络（LSTM）、门控循环单元（GRU）等可以用来捕捉音乐的时间序列特性。

- 卷积神经网络（CNN）有时也用于分析音乐结构中的局部特征。
- 自编码器和变分自编码器（VAE）能够学习音乐表示，并尝试生成新的旋律。

（4）强化学习。在此框架下，系统通过试错来优化旋律生成策略，并可以根据设定的目标函数（如旋律的流畅性、创新性等）来调整生成的音乐。

（5）进化算法。使用遗传算法或其他进化计算技术，通过模拟自然选择的过程来演化旋律。音乐"基因"被编码成一系列参数，然后通过交叉、突变等操作产生后代。

（6）符号推理。结合 AI 中的符号推理技术，可以在高级抽象层面上进行音乐创作。例如，使用逻辑编程语言描述音乐概念，然后利用推理引擎生成符合这些概念的新旋律。

（7）混合方法。实际应用中常采用多种技术相结合的方式，以获得更好的效果。例如，结合统计模型和规则基础的方法，或者将机器学习与用户交互相结合。

（8）用户交互。许多现代旋律生成工具允许一定程度的用户控制，如设置情感氛围、指定某些音乐元素等。用户反馈可以进一步改进生成结果。

7.4 语音合成

语音合成（TTS）技术是将输入的文本转换成对应的人类可听的自然语言语音信号输出的过程，极大地提升了人机交互的自然性和便捷性。这个过程涉及多个步骤，包括文本分析、语言处理、音韵处理和音频生成。语音合成技术在多个领域有着广泛的应用。

（1）智能助手。例如，Siri、Alexa 和谷歌 Assistant 等都使用了语音合成界面为用户提供交互体验。

（2）娱乐和教育。创建有声书、在线课程等内容，将书籍内容转化为语音，方便听众随时随地收听，或制作教学材料，帮助学生练习听力或学习新语言。

（3）无障碍技术。为视障者提供帮助，使他们能够阅读电子文档或浏览网页以获取信息。

（4）电话客服系统。自动回复客户查询，提高服务效率。

（5）车载导航。指导驾驶者到达目的地，同时保持安全驾驶。

语音合成技术从基于统计参数模型的 HMM 和 DNN 方法，进化到直接操作音频波形的生成模型（如 WaveNet、Tacotron、FastSpeech）以及基于 Transformer 的框架，实现了从文本到自然流畅语音的高效高质转换。

7.4.1 基本原理

语音合成的基本原理如下。

（1）文本分析。
- 词法分析：将输入文本分解为单词和标点符号。
- 语法解析：识别句子结构，确定词语的语法角色（如名词、动词等）。
- 语义理解：理解文本的含义，包括上下文信息、情感色彩等，以便正确发音。

（2）音素序列生成。
- 音素选择：根据语言规则和发音字典，将单词转换为对应的音素序列（即最小语音单位）。

- 重音和语调标注：标记需要强调的音节以及句子的整体语调模式，确保发音的自然流畅。

（3）波形生成。
- 参数化模型：通过数学公式或统计模型生成语音信号的参数表示，然后将其转换为实际的声音波形。
- 拼接模型：从预录制的语音片段库中选择合适的单元（如音素、音节），拼接成完整句子。

7.4.2 主要方法

语音合成的技术主要包括拼接合成、参数化合成和深度学习驱动的端到端合成，通过这些方法将文本转换为自然流畅的语音输出。

（1）拼接合成。从大量真实语音样本中提取小片段（如音素、音节），然后根据需要重新排列这些片段来构建新的语音。其优点是可以产生非常自然的声音，因为直接使用了真人录音。缺点是数据库庞大，难以覆盖所有可能的组合，以及容易出现拼接点处不连续的问题。

（2）参数化合成。使用数学模型描述语音特征（如频率、振幅、谐波成分），并通过调整这些参数来生成所需的声音波形。其优点是灵活性高，易于实现多种语言和说话风格的支持。缺点是相比于拼接合成，声音听起来可能不够自然。

（3）深度学习驱动的端到端合成。利用深度神经网络直接从文本映射到音频波形，无须显式的中间步骤（如音素标注），代表性架构包括 WaveNet、Tacotron 等。其优点是生成的声音质量高，支持多样发音和情感表达；缺点是训练数据量大，计算资源需求高，并且实时性能有待优化。

7.4.3 合成质量

语音合成的合成质量取决于其自然度、清晰度、情感表达和语音的一致性，高质量的系统能够生成听起来像真人发音且富有表现力的语音。

（1）自然度。指合成语音听起来与真人说话相似的程度。现代的 TTS 系统可以达到非常高的自然度，甚至与真实人类声音难以区分。

（2）情感表达。一些先进的 TTS 系统能够根据文本内容调整语调、节奏和音高，以传达不同的情感。

（3）多语言支持。许多 TTS 引擎能够支持多种语言，并且可以根据需要切换不同的发音风格。

7.4.4 用户定制

语音合成的用户定制允许用户根据个人偏好调整语音的音色、语速、音调和情感表达，以满足特定应用场景或个体需求。

（1）个性化语音。用户可以通过录制自己的声音样本来创建个性化的 TTS 模型，使得合成的语音更加贴近个人特点。

（2）语音克隆。短时间内收集少量目标人的语音样本后，可以快速训练出模仿该人说话方式的 TTS 模型。

7.5 音频增强与修复

音频增强与修复技术是用于改善音频质量、去除噪声或恢复受损音频文件的一系列方法，它们在录音后期处理、广播、电影制作、语音通信、历史音频档案修复等领域有着广泛的应用。

如今，机器学习和深度学习在音频增强与修复领域中扮演着越来越重要的角色。这些技术通过从大量数据中自动学习复杂的模式，能够显著提升音频处理的效果，以解决传统信号处理方法难以应对的挑战。

7.5.1 噪声减少

噪声减少是指通过一系列信号处理和机器学习方法，从原始音频中去除或者显著降低不需要的背景噪声，同时尽量保持语音或音乐等目标信号的清晰度和完整性。这项技术广泛应用于录音后期处理、语音识别系统、电话通话质量改善等领域。

传统的噪声减少方法主要是信号处理。例如，频谱减法通过分析音频信号的频谱，识别并减弱或移除不需要的频率成分，这种方法可以有效去除稳态噪声（如风扇声、空调声等）；Wiener 滤波是基于最小均方误差准则的自适应滤波器，通过使用算法动态调整滤波器参数以适应变化的噪声环境，从而更好地保留语音或其他重要信息，优化信噪比，它适用于平稳噪声环境，能够有效恢复被噪声污染的信号；而小波变换是将信号分解为不同频率尺度上的小波系数，然后对这些系数进行阈值处理来消除噪声，其优势是能够在时频域内灵活操作，适用于非平稳噪声环境。

现代的噪声减少采用机器学习方法。噪声减少的应用实例如下。

（1）语音助手。提升智能音箱、语音助手的识别准确率，确保在嘈杂环境中也能正常工作。

（2）电话会议。确保远程会议参与者之间的交流更加顺畅，不受背景噪声干扰。

（3）医疗记录。改善医院病房内的录音质量，便于后续分析和存档。

（4）影视后期制作。清理现场录制的对话或其他重要声音，保证最终作品的专业水准。

7.5.2 回声消除

回声通常发生在电话会议、免提通话、视频通话以及录音环境中，当讲话者的声音通过扬声器播放后被麦克风（送器）重新捕捉时就会产生回声。回声消除旨在从音频信号中去除不必要的回声，以提高语音清晰度和通话质量。

回声的类型如下。

（1）声学回声。发生在物理空间内，由于声音从扬声器传播到房间表面反射后再被麦克风拾取而形成。

（2）电气回声。由电信网络中的不匹配阻抗引起，特别是在模拟电话线路上较为常见。

有效的回声消除对于确保通信系统的用户体验至关重要。

回声消除的技术方法主要是传统信号处理方法和基于机器学习的方法。其中，传统方法包括自适应滤波器和非线性处理器。

7.5.3 音频修复

音频修复是指通过一系列技术手段，对受损或质量不佳的音频信号进行处理和改进，以恢复其原始状态或提升听觉体验。这一过程涵盖了多种任务，包括噪声减少、回声消除、削波恢复、缺失数据填补和音频增强等。各个任务都有传统方法和深度学习模型方法。

音频修复技术广泛应用于老录音翻新、电影音轨修复、现场录音后期处理等领域，旨在尽可能还原音频的真实性和完整性。

7.5.4 动态范围压缩

动态范围是指音频信号中最响亮部分与最安静部分之间的差异。动态范围压缩（DRC）是一项强大的音频处理技术，旨在通过调整音频信号的幅度来缩小其最大和最小声音水平之间的差距。它不仅能够显著提升音频的质量和一致性，还能为创作者提供更多创意表达的空间。这项技术广泛应用于音乐制作、广播、电影音效处理以及语音通信等领域，目的是确保音频在各种播放环境中都能清晰且舒适地被听众感知。

动态范围压缩的基本概念如下。

（1）压缩比：降低音频信号的动态范围，使得较弱的声音更加清晰可听，同时防止过强的声音造成失真。它定义了超过阈值后的输入信号如何被压缩。例如，4:1 的压缩比意味着当输入电平超出阈值 4dB 时，输出电平仅增加 1dB。

（2）扩展器和门限：用来减少背景噪声，在没有实际声音输入时关闭音频通道。

（3）阈值：设定一个电平值，只有当音频信号超过这个值时才会触发压缩。

（4）攻击时间：从信号超过阈值到压缩器开始工作的延迟时间。

（5）释放时间：从信号下降到低于阈值后，压缩器恢复正常所需的时间。

（6）增益补偿：用于提升整体音量，以补偿因压缩而导致的音量损失。

其工作流程主要如下。

（1）检测阶段。监测音频信号的瞬时电平。

（2）决策阶段。根据预设参数（如阈值、压缩比等），确定是否需要对当前电平进行压缩。

（3）处理阶段。应用适当的压缩算法，调整信号电平。

（4）输出阶段。将处理后的信号发送出去，并可能添加增益补偿以维持期望的平均音量。

动态范围压缩的应用场景如下。

（1）音乐制作。例如均衡音轨：使得不同乐器或人声在混音中的相对音量更加一致，避免某些部分过于突出或被淹没；母带处理：在整个专辑范围内统一音量和音质，确保每首歌曲都有相似的听觉体验。

（2）广播和电视。例如标准化音频：保证所有节目段落之间音量的一致性，防止观众频繁调节音量；广告优化：使广告片段与正片内容的音量相匹配，避免突然的音量变化引起不适。

（3）电影音效。例如沉浸式体验：控制背景音乐、对话和特效的声音层次，创造更丰富的听觉环境，同时确保重要信息不会被忽视。

（4）语音通信。例如提高通话质量：减少背景噪声的影响，增强语音清晰度，特别是在嘈杂环境中尤为重要；保护听力健康：避免过高音量对用户听力造成损害，尤其是在长时间使用耳机的情况下。

7.5.5 等化

等化用于调整音频信号的频率响应，以改善音质、修正录音缺陷或适应特定播放环境。通过增强或衰减某些频率范围，等化可以帮助音频工程师实现更加平衡和清晰的声音表现。

等化的主要应用场景如下。

（1）音乐制作。
- 混音优化：确保每个乐器和人声在最终混音中都有适当的空间，避免频率冲突。
- 母带处理：整体调整专辑中的所有曲目，使其具有一致的音色和音量水平。

（2）现场音响。
- 房间校正：根据场地的声学特性调整频率响应，以减少反射和驻波造成的失真。
- 监听优化：为表演者提供清晰且准确的返听音频，帮助更好地掌控演出。

（3）广播与电视。
- 标准化音频：确保节目内容在各种播放设备上都能保持一致的音质。
- 广告优化：使广告片段与正片内容的音质相匹配，避免突然的音质变化引起观众不适。

（4）语音通信。
- 提高通话质量：增强语音的清晰度，特别是在嘈杂环境中尤为重要。
- 消除共振峰：去除电话线路上可能存在的不自然共振，使对话更加自然流畅。

等化的应用实例如下。

（1）老录音翻新。通过等化去除不必要的低频噪声或高频噪声，同时增强人声或主要乐器的表现力。

（2）影视后期制作。调整电影音轨中对话、背景音乐和特效之间的平衡，确保每个元素都能清晰传达给观众。

（3）汽车音响系统。根据车内空间的声学特点，优化频率响应，提供最佳的听觉体验。

（4）耳机和扬声器校准。通过内置或外部等化设置，补偿设备本身的频率响应偏差，提升播放质量。

7.5.6 时间拉伸与音高转换

时间拉伸与音高转换允许在不显著影响对方的情况下独立改变音频的时间长度或音高。这些技术广泛应用于音乐制作、广播、电影音效处理以及语音通信等领域，目的是优化音频内容以适应不同的播放需求或创意效果。

（1）时间拉伸。指在不改变音频音高的前提下，调整其播放速度的技术（见图 7-3）。这意味着可以延长或缩短音频的持续时间，同时保持原有的音质和音调不变。

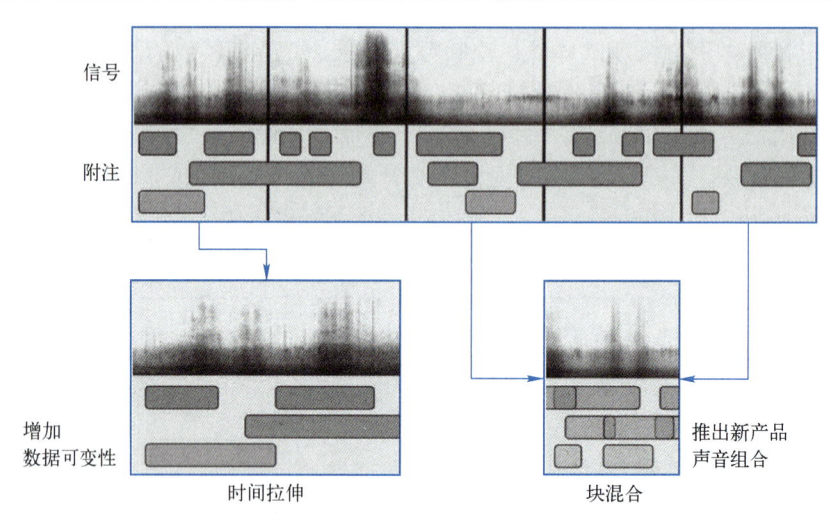

图 7-3　使用时间拉伸和块混合的数据增强引入声学可变性和新的声音组合

其应用场景主要如下。
- 广播和电视。调整广告或节目段落的长度以适应固定的时间槽。
- 电影音效。微调背景音乐或特效的声音持续时间，确保与画面同步。
- 语音识别系统。预处理输入音频，使不同说话人的语速一致，提高识别准确性。

（2）音高转换。指在不改变音频播放速度的前提下，调整其音高的技术。这可以通过改变音频的频率成分来实现，但要确保不会引入失真或其他不良效应。

其应用实例如下。
（1）老录音翻新。调整历史录音的速度或音高，使其符合现代播放标准或创造艺术效果。
（2）影视后期制作。微调对话或音乐的播放速度，确保既画面动作完美同步又不影响音质。
（3）游戏音效设计。根据不同场景需求，动态调整音效的时间长度或音高，提升沉浸感。
（4）音乐流媒体服务。为用户提供个性化选项，如调整歌曲的播放速度而不改变音高，满足不同聆听习惯。

7.5.7　用户交互与自动化

用户交互与自动化是两个互补的关键方面。用户交互允许专业人员根据经验和创意需求对音频进行精细调整，而自动化则通过智能算法和机器学习技术简化与优化处理流程，提高效率并确保一致性。

（1）用户交互。一些现代音频编辑工具往往集成了多种技术和功能，并提供了直观的用户界面，使用户能够轻松应用复杂的音频增强和修复操作。

① 手动调整。
- 参数控制：提供直观的界面，用户可以手动调整各种音频处理参数，如增益、阈值、压缩比等。
- 实时预览：允许在调整过程中实时监听或查看处理效果，帮助用户做出最合适的决策。
- 图形化编辑：通过波形图、频谱图等可视化工具，帮助用户更直观地理解和修改音频。

② 个性化定制。

- 预设管理：提供一系列预设配置，涵盖不同类型的音频内容（如人声、乐器、环境音效），用户可以根据需要选择或创建自己的预设。
- 模板应用：为特定应用场景（如广播、电影、音乐会）提供标准化的处理模板，用户可以直接使用或进一步微调。

③ 反馈机制。
- A/B 对比测试：使用户能够轻松比较原始音频和经过处理后的版本，以评估改进效果。
- 用户评价系统：收集用户的主观评价，作为后续优化的基础。

（2）自动化。一些高级系统支持批处理模式下的自动化音频增强，这对于大规模音频库的管理和维护非常有用。

① 智能分析。
- 自动检测：利用机器学习模型自动识别音频中的问题区域，如噪声、回声、削波等，并提出相应的修复建议。
- 场景分类：将音频片段归类到不同的声学环境中，以确定最适合的处理策略。

② 批量处理。
- 脚本执行：自动完成一系列音频处理任务，适用于大量文件的快速处理。
- 云服务集成：借助云计算平台的强大计算能力，实现大规模音频数据的高效处理。

③ 自适应调整。
- 动态参数优化：基于音频内容的变化，自动调整处理参数，确保最佳效果。
- 上下文感知：结合播放设备、环境条件等因素，智能调整音频输出，提供一致且舒适的听觉体验。

④ 实时处理。
- 低延迟算法：开发高效的算法，确保在直播或电话会议等实时应用场景中能够即时处理音频信号。
- 边缘计算：利用边缘设备（如智能音箱、移动设备）的本地处理能力，减少网络传输延迟。

（3）用户交互与自动化结合的优势。
- 提高效率：自动化处理减少了重复性工作，使用户能够专注于更有创造性的部分。同时，用户交互确保了最终结果符合个人偏好和项目要求。
- 增强灵活性：用户可以根据具体需求灵活切换手动和自动模式，以获得最佳平衡点。
- 提升质量：通过智能算法的辅助，即使非专业人士也能达到专业级别的音频处理效果。
- 降低成本：减少了对昂贵硬件和软件的依赖，降低了入门门槛。

其应用实例如下。

（1）音乐制作软件。如 Ableton Live、Logic Pro X 等，提供了丰富的用户交互功能，同时集成了多种自动化工具，帮助音乐人高效创作高质量的作品。

（2）语音助手和电话会议系统。利用自动化技术实现实时音频处理，如降噪、回声消除等，同时提供用户可调节的选项，以满足不同场合的需求。

（3）影视后期制作。通过自动化的音频修复插件（如 iZotope RX），极大缩短了清理录音的时间，同时保留了用户对关键细节的手动控制。

（4）老录音翻新。结合用户交互和自动化处理，既保证了技术上的精确性，又尊重了历史音频的艺术价值。

【作业】

1．音频生成技术利用 AI 算法，从数据中学习声音模式和音乐结构，从而自动创作出高质量的音频片段和音乐作品。它能够（　　），得到广泛应用。
　　① 模拟各种乐器的声音　　　　② 建立新的音频、视频流派
　　③ 生成旋律以及和声　　　　　④ 根据特定风格或情感定制音乐
　　A．②③④　　　B．①②④　　　C．①③④　　　D．①②③

2．音频（Audio）是指所有可以被听到的声音信号，包括（　　）等任何形式的声音记录或传输。它是一个更广泛的概念。
　　① 影像　　　② 语音　　　③ 环境声　　　④ 噪声
　　A．①②③　　　B．②③④　　　C．①②④　　　D．①③④

3．音乐（Music）是一种特定类型的音频，它由一系列有组织的声音组成，通常包含（　　）等元素，旨在表达情感或思想，并能引起听众的情感共鸣。
　　① 音符　　　② 旋律　　　③ 节奏　　　④ 和声
　　A．①③④　　　B．①②④　　　C．①②③　　　D．②③④

4．音频和音乐虽然密切相关，但它们有着不同的定义和用途，两者的主要区别在于（　　）。
　　① 范围　　　② 结构与目的　　　③ 规模　　　④ 创作过程
　　A．①②④　　　B．①③④　　　C．①②③　　　D．②③④

5．虽然（　　）本质上也是一种音频，但其独特的艺术价值和复杂的创作过程使其成为一个独立且重要的领域。随着技术的发展，两者之间的界限有时也会变得模糊。
　　A．艺术　　　B．音乐　　　C．节奏　　　D．符号

6．音频与音乐生成的核心技术主要包括深度学习方法如（　　），以及基于 Transformer 的模型，它们能够从数据中学习音乐模式并生成新的音频内容。
　　① 生成对抗网络　　② 变分自编码器　　③ 循环神经网络　　④ 预定义规则集
　　A．①③④　　　B．①②④　　　C．②③④　　　D．①②③

7．波形建模技术使用数学模型和深度学习算法，直接在音频信号的（　　）级别进行操作，以捕捉声音的本质细微特征和复杂结构，并能够生成高质量、逼真、连续的时间域音频信号。
　　A．频率等级　　　B．振幅大小　　　C．时域波形　　　D．相位区间

8．音乐（　　）是通过算法和数学模型自动生成一段具有美感和逻辑连贯性的音符序列。这个过程可以模仿人类作曲家的创作方式，也可以探索全新的音乐表达形式。
　　A．旋律生成　　　B．波形建模　　　C．音频增强　　　D．语音合成

9．（　　）技术是将输入的文本转换成对应的人类可听的自然语言语音信号输出的过程，极大地提升了人机交互的自然性和便捷性。这个过程涉及多个步骤。
　　A．旋律生成　　　B．波形建模　　　C．音频增强　　　D．语音合成

10．语音合成技术从基于统计参数模型方法，进化到直接操作音频波形的生成模型以及

基于 Transformer 的框架，实现了从文本到自然语音的高质量转换。它的文本分析功能主要包括（　　）。

① 词法分析　　② 段落划分　　③ 语法解析　　④ 语义理解

A．①②④　　B．①③④　　C．①②③　　D．②③④

11．在语音合成技术中，（　　）是从大量真实语音样本中提取小片段（如音素、音节），然后根据需要重新排列这些片段来构建新的语音，它可以产生非常自然的声音。

A．拼接合成　　B．协同生成　　C．参数化合成　　D．自动学习

12．在语音合成技术中，（　　）使用数学模型描述语音特征（如频率、振幅、谐波成分），并通过调整这些参数来生成所需的声音波形。其优点是灵活性高。

A．拼接合成　　B．协同生成　　C．参数化合成　　D．自动学习

13．语音合成的合成质量取决于其（　　）和语音的一致性，高质量的系统能够生成听起来像真人发音且富有表现力的语音。

① 自然度　　② 清晰度　　③ 情感表达　　④ 语速规划

A．①③④　　B．①②④　　C．②③④　　D．①②③

14．语音合成的（　　）允许用户根据个人偏好调整语音的音色、语速、音调和情感表达，以满足特定应用场景或个体需求。它包括个性化语音和语音克隆等内容。

A．用户定制　　B．合成质量　　C．波形建模　　D．音频修复

15．音频增强与修复技术是用于（　　）的一系列方法，它们在录音后期处理、广播、电影制作、语音通信、历史音频档案修复等领域有着广泛的应用。

① 改善音频质量　　　　　　② 去除噪声
③ 恢复受损音频文件　　　　④ 提高生成效率

A．①③④　　B．①②④　　C．①②③　　D．②③④

16．（　　）是指通过一系列信号处理和机器学习方法，从原始音频中去除或者显著降低不需要的背景噪声，同时尽量保持语音或音乐等目标信号的清晰度和完整性。

A．噪声减少　　B．音频修复　　C．等化　　D．回声消除

17．（　　）旨在从音频信号中去除不必要的回声，以提高语音清晰度和通话质量。有效的回声消除对于确保通信系统的用户体验至关重要。

A．噪声减少　　B．音频修复　　C．等化　　D．回声消除

18．（　　）是指通过一系列技术手段，对受损或质量不佳的音频信号进行处理和改进，以恢复其原始状态或提升听觉体验。

A．噪声减少　　B．音频修复　　C．等化　　D．回声消除

19．（　　）用于调整音频信号的频率响应，以改善音质、修正录音缺陷或适应特定播放环境。通过增强或衰减某些频率范围，可以帮助音频工程师实现更加平衡和清晰的声音表现。

A．噪声减少　　B．音频修复　　C．等化　　D．回声消除

20．（　　）指在不改变音频音高的前提下，调整其播放速度的技术。这意味着可以延长或缩短音频的持续时间，同时保持原有的音质和音调不变。

A．时间拉伸　　B．音高转换　　C．用户交互　　D．自动操作

【研究性学习】探索音乐旋律生成模型

通过本实践环节，学生将深入了解音乐旋律生成技术的实际应用，掌握基本的旋律生成模型搭建与调试方法，培养对音频与音乐生成技术的兴趣和实践能力。通过亲身体验音乐旋律生成的过程，加深对音频与音乐生成技术的理解，为未来在深入了解该领域打下坚实基础。

1. 实验内容与步骤

（1）环境搭建。
- 工具准备：安装 Python 编程环境，推荐使用 Anaconda 发行版，便于管理包依赖。
- 库安装：安装必要的 Python 库，包括 NumPy、Pandas、TensorFlow 或 PyTorch（用于深度学习模型搭建），以及 pretty_midi（用于处理 MIDI 文件）。

（2）数据准备。
- 数据收集：从互联网上收集一些简单的 MIDI 音乐文件，作为训练数据。可以选择一些经典的旋律，如《小星星》《欢乐颂》等，以确保旋律的简单性和规律性。
- 数据预处理：使用 pretty_midi 库将 MIDI 文件转换为适合模型训练的格式。提取音符的音高、时值等信息，并将其转换为数值序列。

（3）模型搭建。
- 选择模型：选择一个简单的循环神经网络（RNN）模型作为基础，如 LSTM。LSTM 能够捕捉音乐旋律中的时间序列特性，适合初学者理解和实现。
- 模型架构：搭建一个包含一个 LSTM 层和一个全连接层的神经网络。LSTM 层用于处理序列数据，全连接层用于输出预测的音符。
- 损失函数与优化器：选择合适的损失函数（如交叉熵损失）和优化器（如 Adam），用于模型的训练和优化。

（4）模型训练。
- 训练过程：使用预处理后的数据训练模型。设置合理的训练轮数（Epoch），观察模型在训练过程中的损失变化。
- 超参数调整：尝试调整不同的超参数，如学习率、批量大小（Batch Size）、LSTM 层的单元数等，观察对模型性能的影响。

（5）旋律生成。
- 生成旋律：使用训练好的模型生成新的旋律。输入一个起始音符或一小段旋律，让模型根据学习到的模式继续生成后续的音符。
- 结果评估：将生成的旋律转换回 MIDI 格式，使用音乐播放器播放，评估生成旋律的流畅性和可听性。

（6）实验报告。
- 报告内容：撰写实验报告，内容包括实验目的、实验环境、数据处理过程、模型架构、训练过程、生成结果以及实验心得。
- 结果展示：在报告中附上生成旋律的 MIDI 文件或音频文件，以及模型训练过程中的损失曲线图。

2. 实验指导

（1）指导教师：在实验过程中，指导教师应提供必要的技术支持，解答学生在模型搭建、数据处理和结果分析中遇到的问题。

（2）小组合作：鼓励学生以小组形式进行实验，促进团队合作和交流。

3．实验总结

4．实验评价（教师）

评价标准：根据实验报告的完整性、模型的创新性、生成旋律的质量以及实验过程中的团队合作情况进行综合评价。

第 8 章 多模态生成技术

本章主要介绍利用 AI 算法创造多种数据模式（如文本、图像、音频、视频等）内容的技术。它通过深度学习、预训练模型和注意力机制等技术，结合多模态嵌入、跨模态交互学习等关键方法，实现不同模态数据之间的融合与生成。本章探讨了多种模型结构融合策略，如早期、晚期和中间融合，并介绍了多模态变换器、联合嵌入空间等典型架构。此外，本章涵盖了多模态技术在视觉与文本结合、跨媒体内容生成、智能感知与响应等领域的应用场景和现有工具，并指出数据对齐、泛化能力、隐私保护等面临的挑战与未来发展趋势。

8.1 多模态生成概述

多模态生成技术是指利用 AI 算法来创造涉及两种或更多种不同数据模式（如文本、图像、音频、视频等）的内容。这些技术能够处理、理解并结合多种信息来源，生成更加丰富和复杂的内容结果，即多种模态之间可以组合搭配，进行模态间的转换生成（见图 8-1），通过整合不同模态的信息，从而实现更加复杂和真实的内容生成。例如，文本生成图像（AI 绘画，根据提示词生成特定风格图像）、文本生成音频（AI 作曲，根据提示词生成特定场景音频）、文本生成视频（AI 视频制作，根据一段描述性文本生成语义内容相符的视频片段）、图像生成文本（根据图像生成标题，根据图像生成故事）、图像生成视频等。随着技术的进步，多模态生成技术正逐步成为推动媒体、教育、娱乐、电商等多个行业创新发展的关键技术。

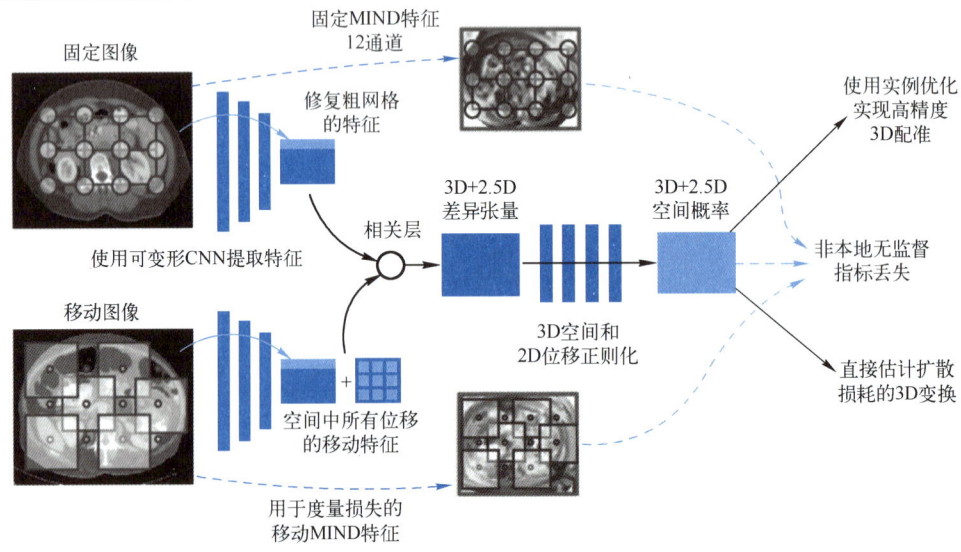

图 8-1 多模态生成处理示意图

8.1.1 技术基础

多模态生成的技术基础在于整合和处理来自不同类型的输入数据（如文本、图像、音频等），通过深度学习模型（如 Transformer、GAN、VAE 等）捕捉跨模态之间的复杂关系，以生成连贯且一致的多类型输出。

多模态生成技术的关键技术点如下。

（1）多模态嵌入。这是一种将不同模态的数据转换成统一的高维向量表示的方法，使得模型能够理解不同模态间的关联性，为跨模态生成和分析打下基础。

（2）跨模态交互学习。模型通过联合训练，学习不同模态之间的相互影响，提高生成内容的相关性和协调性，如根据文本描述生成匹配的图像或视频。

（3）多任务学习。在一个模型中同时处理多个生成任务，每个任务可能对应不同的模态，模型可以共享知识，提升整体性能。

（4）注意力机制与 Transformer 架构。这些技术允许模型在处理多模态数据时，能够聚焦于输入中的重要部分，增强对多模态信息的理解和整合能力，提高生成内容的质量和准确性。

深度学习，尤其是神经网络架构，是多模态生成的核心。卷积神经网络（CNN）、循环神经网络（RNN）、变换器（Transformer）及其变体广泛应用于处理不同类型的模态数据。

（5）预训练模型。通过在大规模的数据集上进行预训练，模型可以学到丰富的特征表示，这有助于提高跨模态任务的表现。

8.1.2 模型结构融合策略

模型结构融合策略旨在有效整合来自不同模态（如文本、图像、音频等）的数据，以捕捉跨模态之间的复杂关系，并生成连贯且一致的输出。

以下是几种常见的模型结构融合策略。

（1）早期融合。指在输入阶段或特征提取之前，直接将所有模态的数据转换为统一的向量表示后进行合并，形成一个联合表示，再传递给下游任务。其优点是简单直观，允许模型在整个训练过程中学习跨模态的交互；缺点是需要处理高维数据，可能导致过拟合，并且不同模态的数据尺度和分布差异可能影响性能。

（2）中间融合。指先对每个模态分别进行特征提取，然后在中间层（如编码器的隐藏层）合并这些特征，再继续后续处理，以在某些层次上共享参数或交互信息。其优点是能够在一定程度上缓解早期融合中的维度灾难问题，同时保持模态间信息的有效交互；缺点是需要精心设计特征提取器以确保各模态信息的质量。

（3）晚期融合。指对每个模态独立地进行完整的处理流程（包括特征提取和预测），最后在输出层或决策层结合各个模态的结果。其优点是为每个模态定制专门的处理逻辑，可以避免不同模态之间的直接冲突；缺点是难以捕捉深层次的跨模态交互，可能会丢失一些潜在的相关性。

（4）交叉模态注意力机制。引入注意力机制来动态权衡不同模态的重要性，使得模型能够根据当前任务需求自动聚焦于最相关的模态信息。例如，Transformer 架构中的自注意力机制被扩展到处理多模态数据，通过计算不同模态之间的相似度矩阵来指导信息流动。其优点是提高了模型对复杂场景的理解能力，增强了灵活性和适应性。

（5）模态特定分支与共享主干。设计一个通用的主干网络用于所有模态的初步处理，然后分叉成多个分支并针对各自的特性进一步细化处理。其优点是既保留了模态间的共通特征，又照顾到了各自独特的属性；缺点是需要平衡好共享部分和分支部分的设计，避免过度简化或复杂化。

（6）多模态变换器。指基于变换器（Transformer）架构，扩展到多个输入流，支持并行处理不同的模态。Transformer 模型是专门为多模态数据设计的模型，利用自注意力机制同时处理多种类型的输入。例如，MUTAN、ViLT 等模型通过调整变换器的内部结构，支持图像-文本、视频-文本等多模态任务。其优点是强大的序列建模能力和并行计算优势，适合处理长依赖性和大规模数据集。

其典型架构如下。

（1）联合嵌入空间。构建一个共同的空间，让来自不同模态的数据点在这个空间中具有相似性度量。

（2）交叉模态生成对抗网络。使用生成对抗网络框架，其中生成器试图创建逼真的另一模态数据，而判别器则评估其真实性。

选择合适的融合策略取决于具体的应用场景、可用资源以及预期的效果。随着深度学习技术的发展，越来越多的创新性融合方法不断涌现，推动了多模态生成技术的进步。

8.2　视觉与文本结合

视觉与文本结合是指将图像（或视频）和文本两种不同类型的模态数据进行融合，以实现更加丰富和复杂的交互式应用。这种结合可用于多种场景，如图像字幕生成、视觉问答（VQA）、基于文本的图像合成等。

8.2.1　图像字幕生成

图像字幕生成是指给定一张图片，自动生成一句或多句描述该图片内容的文字。它结合了计算机视觉和 NLP 的能力，需要理解图像内容与文本信息之间的关系。其技术方法如下。

（1）编码器-解码器架构。通常使用卷积神经网络（CNN）作为编码器来提取图像特征，然后通过循环神经网络（RNN）、长短期记忆网络（LSTM）或变换器（Transformer）作为解码器生成相应的句子。

（2）注意力机制。通过引入注意力模型，使解码器在生成每个单词时能够聚焦于图像的不同区域，从而提高描述的准确性和相关性。

8.2.2　视觉问答

视觉问答（VQA）是指根据提供的图片及一个自然语言的问题，回答出正确答案，并自动生成描述图片的文字说明。其技术方法如下。

（1）联合嵌入空间。构建一个共同的空间，让来自不同模态的数据点在这个空间中具有相似性度量，使得问题和图像可以在同一个语义空间中被比较。

（2）多模态变换器。采用变换器架构处理图像和文本输入，通过交叉注意力层捕捉两者之间的关系，并最终预测答案。

8.2.3 文生图的合成与编辑

文本到图像生成,即基于脚本或简短描述性生成完整图像或视频,如 DALL-E 系列模型(见图 8-2)。用户输入文本描述,模型可以依据文字描述生成与之匹配的图像,适用于快速内容创作、新闻摘要生成、个性化视频广告等艺术及广告行业。

图 8-2 DALL-E 系列模型绘画示例

主要技术方法如下。

(1)生成对抗网络(GAN)。利用生成器从文本(特征)描述中学习并创建新的图像或视觉内容,同时由判别器评估生成图像的真实性。

(2)条件变分自编码器(CVAE)。通过条件设置,以文本为条件指导图像的生成过程。

(3)扩散模型。一种概率模型,它逐步将噪声添加到初始图像,并通过逆向过程生成新图像。

文本引导的图像编辑是根据文本指令对现有图像进行修改,如改变颜色、添加或移除对象等。主要技术方法如下。

(1)可控生成模型。设计允许用户指定特定编辑操作的生成模型,如通过文本命令调整图像属性。

(2)掩码引导的编辑。用户可以通过提供文本描述和选择要编辑的区域来指导模型执行精确的图像编辑。

8.2.4 生成中的情感一致性

语音识别与合成中的情感传递,综合文本、表情符号、语音语调等多种信息来判断情绪状态,不仅能够转录语言内容,还能捕捉说话人的情感状态并反映在合成的语音中。要确保生成的内容(如图像和文本、音乐配图、情感化故事叙述)与初始输入的情感基调相匹配,如快乐的音乐配上愉快的风景画。

其主要技术方法如下。

(1)情感标签。在训练过程中加入情感标签,以便模型能够在生成时考虑情感因素。

(2)情感转移学习。使用预训练的情感分类器帮助模型理解输入文本的情感色彩,并应用于图像生成。

(3)情感分析和表达。利用情感分析工具理解输入内容的情感属性,并指导生成过程以保持一致性。

8.2.5 案例：Muse 文生图模型

自 2021 年初以来，AI 领域推出了大量基于文本到图像的模型，如 DALL-E 2、Stable Diffusion 和 Midjourney 等。2023 年，谷歌公开了一个 Muse 模型。作为一种文本到图像的 Transformer 模型，Muse 具有先进的图像生成性能，它在离散空间中进行掩码任务的训练，基于从预训练的 LLM 中提取的文本嵌入，训练 Muse 以预测随机遮蔽的图像元（token，图元或词元）。与 Imagen 和 DALL-E 2 等像素空间扩散模型相比，Muse 使用离散图像元并且用到更少的采样迭代，效率得到了显著提升。此外与 Parti 等自回归模型相比，Muse 由于使用了并行解码，因此效率更高。使用预训练的语言模型可以实现细粒度的语言理解，并转化为高保真图像生成和视觉概念的理解，如对象、空间关系、姿势、基数等。

图 8-3 展示了 Muse 框架，包括在 T5-XXL 预训练的文本编码器、基础模型和超级分辨率模型。文本编码器生成一个文本嵌入，用于与基础和超分辨率 Transformer 层的图像进行交叉注意力计算。基础模型使用 VQ 分词器在较低分辨率（256×256）的图像上进行预训练，并生成 16×16 的隐空间。序列以可变速率被遮蔽，然后通过交叉熵损失学习预测被遮蔽的图像 token。重建的低分辨率 token 和文本 token 会被传递到超分辨率模型中，然后学习预测更高分辨率下的遮蔽 token。

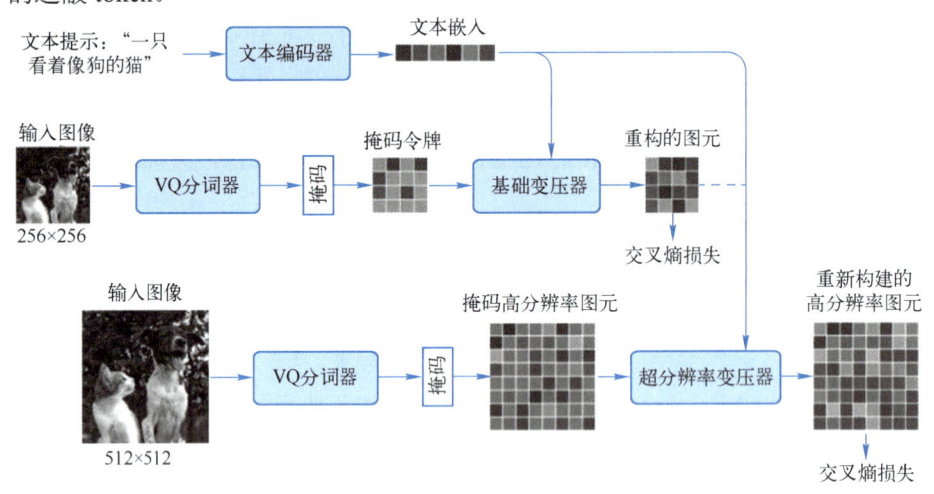

图 8-3 谷歌的 Muse 框架

8.3 跨媒体内容生成

跨媒体内容生成指的是利用多种不同类型的媒体数据（如文本、图像、音频、视频等）作为输入，通过计算模型和算法来生成新的、综合性的媒体内容。这种技术旨在捕捉和融合来自不同模态的信息，以创建更加丰富和互动的内容体验。

前面已经介绍了文本到图像/视频的生成，本节介绍多模态生成的其他技术形式。

8.3.1 图像到文本生成

图像到文本生成是一种将视觉内容转换为自然语言描述的技术，结合了计算机视觉和 NLP 两大领域的最新进展。该技术使得机器能够"看懂"图片并用人类可读的语言表达出来，广泛应用于图像标注、辅助视觉障碍者理解图片、自动化报告生成等领域。图像到文本生成不仅拓展了机器感知世界的边界，也为各行各业带来了新的可能性。

图像到文本生成的技术主要如下。

（1）计算机视觉。
- 特征提取：使用卷积神经网络（CNN）等深度学习模型从图像中提取高层语义特征，如物体类别、位置关系等。
- 目标检测与分割：识别图像中的多个对象及其边界，有助于构建更详细的场景描述。

（2）NLP。
- 编码-解码框架：采用编码器-解码器结构，用卷积神经网络（CNN）作为编码器提取图像特征，再用递归神经网络（RNN）、长短期记忆网络（LSTM），或者变换器（Transformer）作为解码器生成文本，其中编码器负责将图像特征转化为隐含表示，而解码器则基于此生成对应的文本序列。
- 注意力机制：引入注意力机制使模型能够在生成描述时聚焦于图像的不同部分，从而提高描述的相关性和准确性。

（3）多模态融合。
- 跨模态对齐：通过联合训练图像和文本数据集，确保两者之间的语义一致性，以便更好地进行信息转换。
- 特征级融合：在特征空间层面整合视觉和语言信息，形成统一表示形式，便于后续处理。

图像到文本生成的主要方法如下。

（1）基于模板的方法。规则匹配，根据预定义的模板或模式匹配图像中的元素，并填充相应的文字描述。其优点是简单直观，适用于特定领域内的固定格式化输出；缺点是灵活性差，难以应对复杂的现实世界场景。

（2）端到端深度学习模型。展示和讲述是 2015 年谷歌提出的一种经典架构，使用 CNN 提取图像特征后连接 RNN/LSTM 生成句子。

其改进模型如下。
- 注意力机制：增强版展示和讲述加入了注意力机制，允许模型关注图像的不同区域。
- 基于 Transformer 的模型：近年来兴起的 Transformer 架构因其强大的序列建模能力而被广泛应用，如 ViLT、MDETR 等模型。

（3）预训练与微调。
- 大规模预训练：利用海量无标注或多模态数据进行预训练，学习通用视觉-语言映射关系。
- 下游任务微调：针对具体应用场景调整参数，以适应特定的任务需求，如医学影像报告生成、商品图片描述等。

8.3.2　跨媒体翻译

跨媒体翻译是指将一种媒介形式的内容转换为另一种媒介形式的过程，如从图像到文本、从视频到音频、从文本到图像等。它涉及不同媒体类型之间的信息传递，并要求保留原始内容的意义、情感和上下文关系。跨媒体翻译是信息处理领域的一个重要发展方向。

定义：跨媒体翻译是利用多模态处理技术和 AI 算法，在不同类型的媒体之间进行内容转换的技术。它可以跨越文本、图像、音频、视频等多种数据格式，实现信息的有效传递和表达。

跨媒体翻译的主要特点如下。
（1）多模态融合。整合多种感官通道的信息，形成综合性的理解框架。
（2）语义一致性。确保转换前后的内容在语义层面保持一致，准确传达原意。
（3）自然交互。支持更贴近人类交流方式的互动模式，如口语对话、视觉反馈等。
（4）情境感知。根据当前环境和用户状态调整输出形式，提高翻译的相关性和准确性。

跨媒体翻译的关键技术如下。
（1）计算机视觉。
- 图像识别与分析：使用卷积神经网络（CNN）等模型提取图像中物体、场景以及属性信息。
- 目标检测与跟踪：识别并追踪图像或视频中的人物、物品及其运动轨迹。
- 场景重建：从二维图像重构三维场景结构，辅助理解和生成描述。

（2）NLP。
- 语义解析与生成：解析输入文本的语法结构和语义含义，生成符合目标媒体格式的新内容。
- 对话管理：维持连贯的对话流程，确保每次交互都能推进目标实现。
- 文本到语音/语音到文本：通过TTS（文本转语音）和ASR（自动语音识别）技术实现语言形式的转换。

（3）音频处理。
- 声纹识别：验证用户身份，保障信息安全。
- 语音合成与修改：调整音调、语速等因素，使输出的声音更加自然流畅。
- 音乐生成与编辑：基于给定的主题或风格创作新的音乐片段。

（4）视频处理。
- 动作捕捉与合成：记录并模拟人体动作，用于动画制作或虚拟角色驱动。
- 视频摘要与检索：提取关键帧或段落，快速定位感兴趣的内容。
- 视频字幕生成：自动为视频添加同步的文字说明，方便观众理解。

（5）多模态融合。
- 特征级融合：在特征表示层面整合不同模态的数据，构建联合嵌入空间。
- 决策级融合：根据各模态提供的线索做出最终决定，优化整体性能。

8.3.3 多模态对话系统

多模态对话系统是一种能够处理和生成多种类型输入（如文本、语音、图像、视频等）并进行交互的智能系统。这类系统结合了NLP、计算机视觉、语音识别与合成等多种技术，以提供更加丰富、自然且人性化的用户体验，它是人机交互领域的一个重要发展方向。

定义：多模态对话系统是指可以接收来自不同感官通道的信息（如用户的语音指令、面部表情、手势动作以及环境中的图像或视频），并对这些信息进行综合分析，从而生成适当的回应或行动的智能系统。

其特点如下。
（1）跨模态融合。将不同类型的数据源结合起来，形成统一的理解框架。
（2）自然交互。支持更贴近人类交流方式的互动模式，包括口语对话、视觉反馈等。

（3）情境感知。根据当前环境和用户状态调整响应策略，提高对话的相关性和准确性。其关键技术主要如下。

（1）NLP。
- 语义理解：解析用户的意图和需求，即使表达方式不完全标准也能正确解读。
- 对话管理：维持连贯的对话流程，确保每次交互都能推进目标的实现。
- 文本生成：基于上下文自动生成合适的回答内容。

（2）计算机视觉（CV）。
- 物体识别：从图片或视频中提取有用信息，如识别人脸、物品类别等。
- 场景理解：分析整个场景的布局以及动态变化，辅助决策过程。
- 情感检测：通过面部表情和肢体语言判断用户的情绪状态。

（3）语音处理。
- 自动语音识别（ASR）：将用户的语音转换成文本形式，作为后续处理的基础。
- 语音合成（TTS）：将系统生成的文本转换为自然流畅的语音输出，增强沟通效果。
- 声纹识别：验证用户身份，保障信息安全。

（4）多模态融合。
- 特征级融合：在特征表示层面整合不同模态的数据，构建联合嵌入空间。
- 决策级融合：根据各模态提供的线索做出最终决定，优化整体性能。

8.4 智能感知与响应

在物联网（IoT）环境下，多模态生成技术可以用于创建智能感知与响应系统，实现对物理世界的全面理解和响应。这些系统能够收集、处理和理解来自多个传感器的数据，并根据环境状态自动生成适当的反应。这种技术的应用范围广泛，包括智能家居、智慧城市、工业自动化、健康监护等领域。这种融合不仅增强了系统的环境感知能力，还能通过生成连贯且一致的多类型输出来提供更智能的服务。

8.4.1 技术基础

智能感知的技术基础在于利用多样化的传感器网络收集数据，结合边缘计算和云计算进行实时分析，并通过机器学习和 AI 算法实现环境理解与自主决策。

（1）数据采集。
- 多传感器融合：在物联网环境中，不同类型的传感器（如温度、湿度、光照、声音、图像、视频摄像头等）部署在网络中，以收集不同模态的数据，捕捉物理世界的各种信息。
- 边缘计算：为了减少延迟并提高效率，数据可以在靠近传感器的边缘设备上进行初步的本地数据处理和分析，只将必要的信息传输到云端或中心服务器，减少延迟并降低带宽需求。

（2）数据预处理。
- 噪声过滤：去除不相关或冗余的数据点，确保后续处理的质量。
- 特征提取：从原始数据中提取有意义的特征，例如，通过图像识别算法获取物体轮廓，或者通过音频分析得到声纹特征。
- 跨模态数据整合：将来自不同传感器的数据融合在一起，形成一个综合的环境模型。
- 表示学习：通过深度学习算法提取每个模态的关键特征，并学习它们之间的关联性。
- 联合建模：构建数学模型来表示不同模态之间的关系，如结合视觉和听觉输入以更准确地理解场景。
- 同步与时序分析：确保来自不同来源的数据时间对齐，并且考虑事件发生的时间顺序。

（3）智能决策。
- 规则引擎：基于预定义的逻辑规则做出快速反应。
- 机器学习与深度学习：训练模型预测未来状态或识别复杂模式，支持更复杂的决策过程。

8.4.2 制定响应决策

智能响应决策制定基于智能感知的数据，利用机器学习和 AI 算法自动产生优化的行动指令，实现自主且高效的系统反应。

（1）规则引擎。基于预定义的逻辑规则集，当满足特定条件时触发相应的动作。

（2）机器学习/深度学习。利用训练好的模型预测未来趋势或分类当前情境，从而指导决策过程。

（3）强化学习。通过试错学习最佳的行为策略，在动态变化的环境中不断优化系统的表现。

（4）自动控制。行动执行，直接控制连接到网络的设备，如调节灯光亮度、调整空调温度、启动警报系统等。

（5）通知与反馈。向用户发送消息提醒，提供个性化建议，或展示实时监控结果。

（6）服务推荐。根据用户的习惯和偏好，推荐相关的增值服务或产品。

8.5 应用与发展

多模态生成技术通过整合文本、图像、音频等多种类型的数据，利用深度学习模型捕捉不同模态间的复杂关系，广泛应用于智能助手、自动驾驶、医疗影像分析等领域，不仅提升了机器对环境的理解能力，还实现了更加自然和人性化的交互体验。

8.5.1 多模态生成的应用场景

多模态生成技术正处于快速发展阶段，随着硬件性能的提升、新算法的不断涌现以及跨学科合作的加深，有望看到更多创新的应用和服务。

（1）智能家居。
- 情境感知控制：根据用户的日常行为习惯（如语音命令、手势动作识别）自动调节室内环境设备参数（如照明、空调温度）。
- 个性化服务：根据用户的日常行为习惯（偏好，如音乐选择、阅读内容）提供定制化的建议和服务，如推荐音乐、调节灯光亮度等。
- 场景联动：当检测到主人回家时，自动打开门锁、调节室内照明和播放欢迎音乐；离开家时则关闭电器并设置安防模式。

- 节能管理：根据天气预报和实际能耗情况，智能调节供暖和制冷设备的工作强度。

（2）智能客服。
- 结合语音识别、语义理解与生成回答，创建更加智能和人性化的客服系统，提供更加人性化的用户体验。例如，理解用户的表情和语气，并做出合适的回应。
- 客户支持：为企业客户提供全天候的在线咨询服务，解决常见问题。
- 虚拟助手：帮助用户完成复杂的任务，如预订机票、查询信息等。
- 客服聊天机器人：集成图像识别功能，快速回答顾客关于产品的疑问。

（3）社交媒体内容审核。
- 自动标签生成：为上传的照片添加合适的标签，方便用户搜索和分类管理。
- 违规内容检测：识别不适当或违反平台规定的图像，并给出理由说明。
- 产品详情页优化：自动生成详细的商品描述，节省人力成本的同时可以提高用户体验。

（4）智慧城市。
- 交通管理：通过分析道路摄像机视频和车辆 GPS 数据、车流量传感器及天气预报等信息，优化交通信号灯配置，动态调整信号灯时间，缓解拥堵状况。
- 公共安全监控：实时监测公共场所的安全状况，集成多种传感装置，及时发现异常事件并触发警报机制，快速响应突发事件，如火灾报警、犯罪预防等。

（5）自动驾驶。
- 车内交互：允许驾驶员通过简单的语音指令或手势控制车辆功能。
- 外部通信：与其他交通参与者（如行人、其他车辆）进行有效沟通，确保安全行驶。

（6）工业自动化。
- 故障诊断与预测性维护：利用振动传感器、声学传感器、温度感应及视觉系统检测设备运行状态，提前预警机械设备潜在故障，并安排检修计划。
- 质量控制：通过高分辨率相机捕捉产品的表面缺陷，并结合其他传感器数据确保产品质量符合标准。实时检查生产线上的产品质量，及时发现缺陷并采取纠正措施。

（7）医疗健康与监护。
- 病理切片分析与报告解释：协助医生解读显微镜下的细胞结构，提供初步诊断建议。用通俗易懂的语言解释复杂的医学影像结果，帮助患者理解病情。
- 可穿戴设备：集成设备（如心率监测器、血糖仪、健康追踪器等）与移动应用程序，持续收集患者的生命体征数据。
- 远程诊疗：医生借助系统对患者远程监控病情发展，进行初步诊断，并给予相应的治疗方案，为患者提供持续健康跟踪和紧急情况报警。患者上传照片后，系统可以即时生成病情描述供专业人员参考。
- 康复训练与指导视频：指导病人进行正确的恢复练习，监测进度并及时调整计划。制作针对特定疾病的恢复练习教程，便于患者在家自行练习。
- 辅助生活：帮助老人或残障人士独立生活，如通过语音助手提醒服药时间或呼叫援助。
- 老年人关怀：为独居老人设计安全辅助系统，在紧急情况下能够迅速联系家人或急救人员。

（8）多媒体内容创作。
- 图像配文：为图片配上合适的标题或描述性文字，增强传播效果。

- 视频脚本生成：根据提供的素材自动生成详细的拍摄指导或解说词。
- 漫画书改编：将文学作品转化为图文并茂的形式，吸引更多读者群体。
- 音乐可视化：依据音乐节奏、旋律等特性生成相应的视觉效果，如动画或艺术作品。

（9）语音合成与翻译。
- 将文本转化为自然流畅的语音，或者在不同语言之间进行语音翻译，从一种语言的语音转换为另一种语言的文字或语音，提升了多语言内容的可达性和交互性。
- 文档翻译：将纸质或电子文档中的文字内容转换为目标语言，并保持原有的排版格式。
- 实时会议翻译：提供多语言同声传译功能，打破语言障碍，促进国际交流。
- 新闻报道：捕捉实时事件，记者拍摄现场照片后，系统立即生成简短的文字说明，加快新闻发布的速度。

（10）无障碍服务。
- 为视障人士将图像转述为详细的文字描述，或为听障人士将语音转化为字幕，增强信息的可访问性。
- 为视觉障碍者提供帮助，通过语音反馈描述周围环境或物品外观，提升生活质量。

（11）教育内容创作。
- 生成包含图像、声音、文字等多元素的互动教学材料，以适应不同的学习风格，提升教育效果。
- 互动学习平台：利用多模态对话系统创建沉浸式的学习体验，激发学生兴趣。
- 教育工具：创建互动式教学材料，让学生通过触摸屏操作了解图形背后的科学原理。
- 在线课程开发：创建包含丰富媒体元素的教学资源，提升学习兴趣和效率。
- 职业技能训练：模拟真实工作场景，帮助学员掌握必要的操作技能。

（12）娱乐与游戏。
- 游戏开发：设计更加逼真的人机交互环节，提升玩家的参与度。生成动态游戏场景、角色对话、背景音乐等，丰富游戏内容和用户体验。
- 创建 VR/AR 沉浸式的环境，其中声音、图像和其他感官反馈被无缝集成。
- 电影配音与字幕：高效地完成外语影片的本地化处理，扩大受众范围。
- 游戏本地化：调整游戏中出现的文本、音频和视频内容，使之符合当地文化和法规要求。

8.5.2 技术挑战与发展趋势

多模态生成技术面临的挑战包括跨模态数据的对齐与融合、语义一致性保持以及高效计算资源利用。其解决方案涉及采用先进的深度学习模型（如 Transformer 和 GAN）、引入注意力机制以增强特征提取，并通过预训练与微调策略优化模型性能，同时，利用边缘计算和专用硬件加速处理速度。

（1）异构数据处理。不同传感器产生的数据格式各异，需要统一标准化接口。确保数据对齐，不同模态的数据之间的时间同步性和语义一致性是一个关键挑战。解决方案是开发通用的数据交换协议和中间件平台，简化数据集成流程。其中，找到有效的方法来表示和关联不同模态的数据是关键。

（2）逻辑连贯性。因果关系推理，除了描述静态元素外，还需要解释事物间的动态联系和发展趋势。时间顺序表达,对于包含动作序列的图像,保持正确的时空关系至关重要。

(3) 上下文理解和推理。系统需要具备一定的常识和逻辑推理能力,才能给出合理且连贯的回答或生成恰当的内容。

(4) 实时性和可靠性。确保系统能够及时响应变化,同时保持稳定可靠的性能。应该保障系统的稳定运行,确保生成的内容是真实的,并符合用户的期望。特别是在关键任务应用中,如医疗保健领域。解决方案是采用分布式架构和冗余设计,提高系统的容错能力和鲁棒性。

(5) 多样性、复杂性与创造力。现实中存在大量罕见但重要的图像类型,现有模型可能无法准确描述(长尾问题)。某些图像的理解依赖于丰富的领域知识,这对通用模型提出了更高要求。保证生成结果不仅限于最可能的选择,而是能够展示多样性和创意。

(6) 标准化与互操作性。促进不同品牌和类型设备间的无缝协作,建立统一的标准协议。

(7) 解释性。尽管复杂的模型可以生成令人印象深刻的结果,但它们往往是"黑箱",缺乏透明度,因此提高模型的可解释性也是一个研究方向。

(8) 泛化能力。模型应该能够在未见过的情境下保持良好的性能,这要求更强的抽象能力和适应性。跨模态表示学习,找到一种有效的方法来表征图像和文本之间的语义联系是关键。

(9) 能源效率。物联网设备通常依赖电池供电,对于电池供电的移动或便携式设备,需特别注意降低功耗,考虑节能措施。解决方案是优化算法降低功耗,采用低功耗硬件组件,并探索能量收集技术。

(10) 模型复杂度与计算资源。为了处理多个模态的数据,系统通常需要强大的计算能力和存储空间,这对硬件设施提出了更高的要求。

(11) 数据获取与标注。高质量、多样化的训练数据对于多模态对话系统、跨媒体翻译系统的成功至关重要,但收集和标记这些数据往往成本高昂且耗时较长。

(12) 模型复杂度与计算资源。为了处理多个模态的数据,系统通常需要强大的计算能力和存储空间,这对硬件设施提出了更高的要求。

(13) 隐私保护与伦理。随着多模态数据的增加,如何在保证数据安全的同时有效利用数据成为一个重要议题。涉及个人敏感信息的处理必须严格遵守相关法律法规,采取有效的加密技术和访问控制措施,防止数据泄露,确保个人数据的安全性和保密性,避免未经授权的访问,确保合规性和安全性。解决方案是实施加密技术和访问控制策略,保障用户数据的安全性和私密性。

(14) 公平性考量。防止算法产生偏见,保证所有群体都能得到公正对待。

(15) 用户体验。尽管技术不断进步,但要让所有用户都感到满意仍面临诸多挑战,例如,如何保证翻译的流畅性、准确性和趣味性等问题。

随着 AI 技术的不断发展,多模态生成技术将在以下几个方面取得更大进展。

(1) 高效能计算。借助边缘计算和专用硬件加速,实现实时处理大规模图像数据的能力。

(2) 更加智能化。通过引入深度强化学习等算法,使系统具备更强的学习能力和适应性。

(3) 更广泛的适用性。拓展到更多领域,如法律咨询、金融顾问等专业服务行业。

(4) 更好的协作能力。与其他智能设备无缝对接,共同构建一个全面的服务生态系统。

(5) 更高的安全性。加强隐私保护机制,确保用户信息安全。

(6) 更精细的理解。深入挖掘图像背后的故事,不仅仅是表面现象的描述。

(7) 跨模态交互。与其他感知方式(如音频、触觉)相结合,提供更加全面的体验。

(8) 个性化定制。根据不同用户的偏好和上下文环境生成独特的描述内容。

【作业】

1. 多模态生成技术是指利用 AI 算法来创造涉及两种或更多种不同数据模式（如文本、图像、音频、视频等）的内容，能够（　　）多种信息来源，生成更加丰富和复杂的内容结果。
   ① 存储　　② 处理　　③ 理解　　④ 结合
   A．①③④　　B．①②④　　C．②③④　　D．①②③

2. 多模态生成的技术基础在于整合和处理不同类型的输入数据，通过深度学习模型，如（　　）等，捕捉跨模态之间的复杂关系，以生成连贯且一致的多类型输出。
   ① Transformer　　② Music　　③ GAN　　④ VAE
   A．①②④　　B．①③④　　C．①②③　　D．②③④

3. 在多模态生成技术中，（　　）是一种将不同模态的数据转换成统一的高维向量表示的方法，使得模型能够理解不同模态间的关联性，为跨模态生成和分析打下基础。
   A．多模态嵌入　　B．预训练模型　　C．多任务学习　　D．跨模态交互学习

4. 在多模态生成技术中，（　　）是指模型通过联合训练，学习不同模态之间的相互影响，提高生成内容的相关性和协调性，如根据文本描述生成匹配的图像或视频。
   A．多模态嵌入　　B．预训练模型　　C．多任务学习　　D．跨模态交互学习

5. 在多模态生成技术中，（　　）是在一个模型中同时处理多个生成任务，每个任务可能对应不同的模态，模型可以共享知识，提升整体性能。
   A．多模态嵌入　　B．预训练模型　　C．多任务学习　　D．跨模态交互学习

6. 在多模态生成技术中，（　　）是通过在大规模的数据集上进行预训练，模型可以学到丰富的特征表示，这有助于提高跨模态任务的表现。
   A．多模态嵌入　　B．预训练模型　　C．多任务学习　　D．跨模态交互学习

7. 在模型结构融合策略中，（　　）是指在输入阶段或特征提取之前，直接将所有模态的数据转换为统一的向量表示后进行合并，形成一个联合表示，再传递给下游任务。
   A．中间融合　　B．多模态变化　　C．晚期融合　　D．早期融合

8. 在模型结构融合策略中，（　　）是指先对每个模态分别进行特征提取，然后在中间层（如编码器的隐藏层）合并这些特征，再后续处理，以在某些层次上共享参数或交互信息。
   A．中间融合　　B．多模态变换　　C．晚期融合　　D．早期融合

9. 在模型结构融合策略中，（　　）是指对每个模态独立地进行完整处理流程（包括特征提取和预测），最后在输出层或决策层结合各个模态的结果。它可以避免不同模态之间的直接冲突。
   A．中间融合　　B．多模态变换　　C．晚期融合　　D．早期融合

10. 选择合适的融合策略取决于具体的（　　）。随着深度学习技术的发展，越来越多创新性的融合方法不断涌现，推动了多模态生成技术的进步。
    ① 应用场景　　② 可用资源　　③ 预期效果　　④ 开发语言
    A．②③④　　B．①②③　　C．①③④　　D．①②④

11. 视觉与文本结合是指将图像（或视频）和文本两种不同类型的模态数据进行融合，以实现更加丰富和复杂的交互式应用。这种结合可用于多种场景，如（　　）等。
    ① 图像字幕生成　② 逻辑组合生成　③ 视觉问答　④ 基于文本图像合成

　　　　A．②③④　　　B．①②③　　　C．①②④　　　D．①③④

12．（　　）生成是指给定一张图片，自动生成一句或多句描述该图片内容的文字。它结合了计算机视觉和 NLP 的能力，需要理解图像内容与文本信息之间的关系。

　　　　A．图像字幕　　B．图像到文本　　C．文本到图像　　D．跨媒体内容

13．（　　），即基于脚本或简短描述文字生成完整图像或视频，用户输入文本描述，模型可以依据文字描述生成与之匹配的图像。

　　　　A．图像字幕　　B．图像到文本　　C．文本到图像　　D．跨媒体内容

14．语音识别与合成中的情感传递，综合（　　）等多种信息来判断情绪状态，不仅能够转录语言内容，还能捕捉说话人的情感状态并反映在合成的语音中。

　　　①　文本　　　　②　画面色彩　　　③　表情符号　　　④　语音语调

　　　　A．②③④　　　B．①③④　　　C．①②④　　　D．①②③

15．（　　）指的是利用多种不同类型的媒体数据作为输入，通过计算模型和算法来生成新的、综合性的媒体内容。

　　　　A．图像字幕　　B．图像到文本　　C．文本到图像　　D．跨媒体内容生成

16．（　　）是一种将视觉内容转换为自然语言描述的技术，使得机器能够"看懂"图片并用人类可读的语言表达出来。

　　　　A．图像字幕　　B．图像到文本　　C．文本到图像　　D．跨媒体内容

17．（　　）是指将一种媒介形式的内容转换为另一种媒介形式的过程，它涉及不同媒体类型之间的信息传递，并要求保留原始内容的意义、情感和上下文关系。

　　　　A．跨媒体翻译　　B．虚拟现实　　C．多模态对话　　D．多模态生成

18．（　　）系统是一种能够处理和生成多种类型输入并进行交互的智能系统，以提供更加丰富、自然且人性化的用户体验，它代表了人机交互领域的一个重要发展方向。

　　　　A．跨媒体翻译　　B．虚拟现实　　C．多模态对话　　D．多模态生成

19．（　　）技术可以用于创建智能感知与响应系统，实现对物理世界的全面理解和响应，它收集、处理和理解来自多个传感器的数据，并根据环境状态自动生成适当的反应。

　　　　A．跨媒体翻译　　B．虚拟现实　　C．多模态对话　　D．多模态生成

20．多模态生成技术面临的挑战包括（　　）。其解决方案涉及采用先进的深度学习模型，同时利用边缘计算和专用硬件加速处理速度。

　　　①　语义一致性保持　　　　　　②　先进软件体系结构
　　　③　高效计算资源利用　　　　　　④　跨模态数据的对齐与融合

　　　　A．①②④　　　B．①③④　　　C．①②③　　　D．②③④

【研究性学习】多模态生成技术应用——"情感音乐可视化"

　　通过本实践作业，学生将深入理解多模态生成技术在实际应用中的具体实现，掌握从音乐特征提取到情感分析，再到视觉化生成的完整流程，培养学生的创新思维和实践能力。通过亲身体验多模态生成技术的具体应用，能够加深对多模态生成技术的理解，培养创新思维和实践能力。

1．实验内容

　　设计一个"情感音乐可视化"项目，根据输入的音乐文件，分析其情感特征，并生成与

之匹配的动态视觉艺术作品。项目将涉及音乐分析、情感识别、图像生成等多个环节，综合运用多模态生成技术（见图 8-4）。

（1）技术实现。

① 音乐分析。

- 工具选择：使用 Python 库 Librosa 读取音乐文件并进行特征提取。

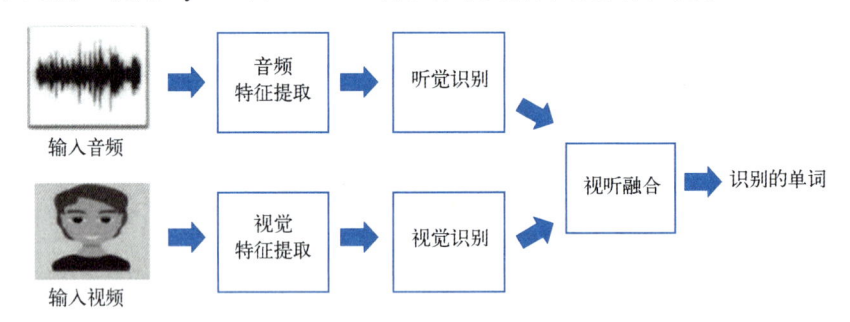

图 8-4　视频、音频识别过程

- 特征提取：提取音乐的音调、节奏、强度等特征，并将其转换为数值表示。
- 情感分析：使用预训练的情感分类器（如基于 Transformer 的模型）对音乐的情感进行分析，输出情感标签（如快乐、悲伤、愤怒等）。

② 图像生成。

- 模型选择：选择一个适合的深度学习模型进行图像生成，如生成对抗网络（GAN）或变分自编码器（VAE）。
- 数据准备：收集与情感标签匹配的图像数据集，用于训练生成模型。
- 模型训练：使用提取的音乐特征和情感标签作为条件，训练生成模型，使其能够根据输入的音乐特征生成相应的视觉艺术作品。
- 交互式调整：实现一个简单的用户界面，允许用户上传音乐文件，查看生成的视觉艺术作品，并通过滑块或按钮调整生成参数（如颜色偏好、抽象程度等）。

③ 动态展示。

- 动画生成：使用 Python 库 MoviePy，使生成的静态图像成为随音乐节奏变化的动画效果。
- 视频合成：使用 MoviePy 库的视频合成功能，将音乐文件和生成的动画合成为视频文件。

（2）项目实施。

① 环境搭建。

- 安装 Python 编程环境，推荐使用 Anaconda 发行版。
- 安装必要的 Python 库，包括 Librosa、NumPy、Pandas、TensorFlow 或 PyTorch、pretty_midi、MoviePy 等。

② 数据收集与预处理。

- 收集音乐文件和匹配的图像数据集。
- 使用 Librosa 提取音乐特征，使用 pretty_midi 处理 MIDI 文件。
- 将图像数据集转换为适合模型训练的格式。

③ 模型训练。
- 选择并搭建适合的生成模型（如 GAN 或 VAE）。
- 使用提取的音乐特征和情感标签训练模型，并观察模型在训练过程中的损失变化。
- 调整超参数，优化模型性能。

④ 生成与展示。
- 实现用户界面，允许用户上传音乐文件，查看生成的视觉艺术作品。
- 生成动态视觉艺术作品，并合成视频文件。
- 提供交互式调整功能，允许用户调整生成参数，优化生成结果。

（3）项目报告。

① 报告内容。
- 项目概述：介绍项目的背景、目的和实现过程。
- 技术实现：详细描述音乐分析、情感识别、图像生成和动态展示的技术方法与实现步骤。
- 实验结果：展示生成的视觉艺术作品和视频文件，并分析生成结果的质量和效果。
- 问题与解决方案：记录在项目实施过程中遇到的问题及解决方案。
- 项目心得：总结项目实施过程中的收获和体会。

② 结果展示。
- 在报告中附上生成的视觉艺术作品的图像和视频文件。
- 提供用户界面的截图，展示交互式调整功能。

2．实验指导

（1）指导教师：在实践过程中，指导教师应提供必要的技术支持，解答学生在项目实施中遇到的问题。

（2）小组合作：鼓励学生以小组形式进行实践，促进团队合作和交流。

3．实验总结

4．实验评价（教师）

评价标准：

（1）项目完整性。项目是否完整实现了从音乐分析到视觉艺术生成的全过程。

（2）技术实现。技术方法的选择和实现是否合理，模型训练是否有效。

（3）生成结果。生成的视觉艺术作品和视频文件的质量与效果。

（4）报告质量。项目报告的完整性和规范性。

（5）团队合作。团队成员之间的合作情况和贡献度。

第 9 章　AIGC 促进文化创意

AIGC 已经在图形设计、艺术创作、音乐谱曲、短视频生成等多个领域取得显著成就，推动了创意产业的边界扩展和革新。

在艺术创作方面：AIGC 能够通过学习众多的艺术风格和作品，生成具有独创性和艺术感的图像（见图 9-1）。例如，利用算法如 Stable Diffusion、DALL-E 2 等，可以依据用户提供的关键词或描述，创造出从抽象到写实，跨越不同流派的艺术作品。一些 AIGC 软件能模拟特定艺术家的风格，为观众提供个性化的艺术体验，同时也为艺术家提供了新的灵感来源和创作工具。

图 9-1　在美国科罗拉多州举办的数字艺术家竞赛中，一幅名为《太空歌剧院》的画作最终获得数字艺术类别的冠军

在音乐谱曲方面：AIGC 能够通过分析大量音乐作品，学习不同的旋律、和声与节奏模式，进而生成原创音乐片段甚至是完整乐曲。AI 作曲软件能够根据用户设定的风格、情感基调或是特定的音乐元素，创作出符合要求的音乐作品，为电影配乐、游戏音乐以及个人创作提供新的途径。

在短视频生成方面：AIGC 已经展现出巨大的潜力，能够自动编辑视频片段、添加特效、匹配背景音乐，甚至根据脚本或故事板自动生成连贯的视频内容。这不仅提高了视频内容创作的效率，也为内容创作者提供了更多创意选择，尤其是在广告制作、社交媒体内容创作等方面。

总之，AIGC 通过模仿、学习和创新，为传统艺术形式带来了新的生命，同时也开辟了全新的艺术表达方式，使艺术创作更加多元化和民主化。

9.1 文化创意应用场景

AIGC 对社会文化创意产业的影响深远且具有重要意义。它通过加速内容创作、激发创意灵感、实现个性化定制并降低创作门槛，深刻改变了文化创意产业的生产方式和商业模式，为创意工作者和企业提供了新的工具与技术手段，从而推动了整个行业的创新和发展。

（1）加速内容创作过程。AIGC 能够快速生成大量文本、图像、音频和视频等内容，自动化与效率的提升极大缩短了传统手工创作的时间周期。AI 可以自动完成一些标准化或模式化的工作任务，如新闻摘要编写、广告文案生成等，减少重复劳动，解放创作者的精力用于更具创造性的活动。

（2）激发创意灵感。通过算法探索无限可能的组合，AI 可以提出前所未有的创意点子，帮助艺术家突破思维定式，实现新颖性与多样性，创造出更加独特和富有想象力的作品。不同类型的 AIGC 模型之间可以相互协作，跨领域融合，例如，将音乐元素融入视觉艺术中，或者结合文学叙述与虚拟现实体验，开拓全新的艺术表现形式。

（3）个性化定制服务。基于大数据分析用户的偏好和行为习惯，AIGC 可以根据个体需求量身定制专属的用户导向内容产品，如个性化推荐系统、定制化故事书等。允许观众互动式参与到内容创作的过程中，例如，通过选择分支剧情走向或自定义角色特征，增强用户体验感和黏性。

（4）降低门槛与普及度。无须专业技能即可使用简单易用的 AI 工具进行内容创作，让更多人有机会表达自己的想法和才华，促进了全民创意文化的形成。同时，减少了对昂贵设备和技术团队的依赖，提升成本效益，使得中小企业和个人创作者也能享受到高质量的专业级内容制作资源。

（5）拓展商业机会。AIGC 催生了许多新的商业模式和服务类型，如 AI 辅助设计平台、智能客服聊天机器人等，为企业开辟了更广阔的盈利空间。借助互联网的力量进行全球化传播，AIGC 生成的内容可以迅速覆盖全球受众，打破地域限制，实现文化的广泛交流与共享。

AIGC 对文化创意产业的影响是全方位的，从内容创作到商业模式，再到社会文化和经济效益等多个层面都产生了积极而深刻的变化。它是推动行业变革的关键力量，有助于构建一个更加开放、包容、充满活力的文化生态体系。

9.2 文学创作

AIGC 通过提供自动化写作工具以及灵感激发和风格模仿等功能，探索为读者提供根据个人偏好定制的故事体验的可能性，显著提升了文学创作的效率和创意潜力，可以帮助作家更快地生成高质量的作品，在促进文学创作方面展现了广泛的应用和深远的影响。

9.2.1 AIGC 用于文学创作

AIGC 通过提供创意灵感、模仿特定写作风格以及协助编辑和校对，极大提升了创作效率和作品多样性。

（1）风格迁移与模仿。例如，经典作品重写，通过训练特定风格的模型，AIGC 能够以著名作家的笔触重新书写现代故事，或将当代题材用古典文学的手法呈现。AIGC 不仅限于同一种语言内的风格转换，还可以实现跨语言的内容改编，如将中文古诗词转化为英文抒情诗。

（2）互动式故事创作。AIGC 可以实现分支剧情选择，创建具有多个结局的选择型故事，读者可以在阅读过程中决定角色的命运和发展方向，增强了参与感和沉浸体验。基于实时反馈机制，通过用户输入即时调整故事情节，使每个读者都能获得独特的故事版本，以满足个性化需求。

（3）协作创作平台。搭建在线平台，允许多位作者同时贡献不同部分的文字，最终由 AIGC 整合成连贯的作品，鼓励社区合作精神。人机协同，结合人类创作者的独特视角和机器高效的生成能力，共同完成复杂的文学项目，如系列小说或大型历史剧作。

9.2.2 自动化写作工具

自动化写作工具是 AIGC 中利用机器学习和 NLP 技术来自动创作文本内容的软件。这些工具能够根据用户提供的提示或指令自动生成文章、报告、新闻稿、诗歌、剧本等多种类型的文本内容。可以使用 AI 辅助或完全由 AI 生成小说、诗歌、剧本等内容。

（1）新闻媒体。自动化写作工具可以在短时间内生成简洁明了的新闻摘要或初稿，进行快速报道，帮助记者节省时间并专注于深入调查。

（2）数据分析。可以将复杂的数据集转化为易于理解的文字描述，适用于财经新闻、体育赛事统计等领域。

（3）商业营销。广告文案可以根据品牌定位和受众特点，自动生成吸引人的广告词或社交媒体帖子，提升推广效果。还可以为新产品撰写专业的介绍材料，确保信息准确且富有吸引力。

（4）教育出版。可以辅助教师和编辑人员开发教学大纲、练习题及参考答案，保证内容的科学性和系统性。可以根据学生的学习进度和薄弱环节进行辅导，定制专属的学习计划和复习资料。

（5）创意写作。写作者可以使用 AIGC 作为灵感来源，输入部分情节或关键词，让 AI 帮助扩展故事框架或提供新的叙事角度，并允许多位作者共同参与一个项目的协作创作，同时借助 AI 算法协调风格和逻辑结构。

自动化写作工具的功能特性如下。

（1）智能提示。例如，关键词联想基于输入的主题词或短语，给出相关概念、事实或观点展开论述。分析现有文本，推荐句式和建议更优美的表达方式或修辞手法，增强文章的表现力。

（2）自动校正。语法检查，实时检测并修正常见的拼写错误、标点符号误用等问题，保证文本的专业水准。调整不同段落之间的语气和格式，确保风格统一，使整体连贯和谐。

（3）多语言支持。例如，翻译服务实现高质量的跨语言转换，保持原文的意思和情感色彩不变，并根据目标市场的文化背景和社会习惯，适当调整内容细节，进行本地化改编，使其更具亲和力。

自动化写作工具的优势在于提升效率，能够大幅缩短内容创作周期，对重复性强或有固定格式的任务尤为明显。也能减少对专业写作者的依赖，同时避免因个人差异导致的质量波动。

9.2.3 激发创意灵感

AIGC 通过提供无限的创意可能性、跨领域的灵感融合以及即时的内容生成，帮助作家和创作者突破思维定式，激发新的创意灵感。

（1）激发灵感。提供丰富的素材库和创意模板，能打破常规思维，不受传统创作规则的限制，提出新颖的观点和叙述方式，帮助作家克服创作瓶颈，探索未知领域和新的叙事方式，产生新的故事线索、角色设定和发展情节。

（2）无限创意可能性。借助算法的力量，可以快速生成大量基于不同主题、风格和情节的文本草稿或构思，为创作者提供更多选择，从中筛选出有潜力的发展路径或者独特的创意点子。

（3）跨领域灵感融合。能够将看似不相关的领域或概念结合起来，创造出全新的叙事方式或艺术表达形式，如将科幻元素融入古典文学中，或是以现代视角重新诠释历史故事。

（4）即时内容生成。借助 AIGC 工具，创作者可以获得即时反馈和支持，无论是续写故事、生成对话还是探索不同的结局走向，都能迅速得到多种选择，从而启发更多思考。

此外，AIGC 还可以作为创作伙伴，与人类创作者共同工作，并在互动过程中不断产生新的想法和创新点，极大地丰富了文学创作的过程和成果。

9.3 视觉艺术

AIGC 在促进文化创意中的视觉艺术方面展现了广泛的应用和深远的影响。它不仅改变了艺术家创作的方式，还为观众提供了全新的体验形式。

9.3.1 图像生成与编辑

图像生成与编辑是 AIGC 应用的重要方面，它为艺术家和设计师提供强大工具，加速创作过程，激发了新的逼真或抽象艺术作品的创意形式。

（1）图像生成。从零开始创建图像，运用深度学习模型，可以从随机噪声或简单描述中生成逼真的图像。实现文本到图像的转换，根据自然语言描述自动生成相应的视觉内容，例如将文字"金色夕阳下的海滩"转化为一幅美丽的风景画。

（2）图像编辑。通过 AI 算法识别并处理图像中的特定对象，可以实现无缝添加或删除元素，如去除不需要的人物或物体，或者添加虚拟道具。通过变形与重塑，调整图像中对象的形状、大小或位置，保持整体协调性和真实感，适用于产品展示和概念设计。

实现环境音效等的特效生成主要涉及音频，但类似原理也可用于模拟各种自然或人造环境的视觉效果，如雨声、风声、城市喧嚣等，适用于电影配乐、游戏音效等领域。利用 GAN 等技术，可以生成前所未有的独特视觉效果，以满足特定艺术表达的需求，如流动的金属、透明的玻璃等。

9.3.2 风格迁移

通过训练特定的艺术风格模型，AIGC 可以将一种绘画艺术风格应用于另一幅作品，例如将梵高的《星夜》作品风格应用于另一幅现代摄影作品中（见图 9-2）。

图 9-2　AI 绘画风格迁移

（1）多风格融合。通过结合多种不同类型的视觉元素，创造出全新的混合风格，可以打破传统分类界限，激发更多创意灵感。

（2）超分辨率重建。利用深度学习算法提升低分辨率图像的质量，恢复细节，甚至创造出原本不存在的细节，使老照片或艺术品焕发新生。

（3）实现细节增强。在保持原有质感和氛围的前提下，增加图像的清晰度和丰富性，适用于历史照片修复或复古艺术再创造。

（4）智能修饰与调整。对黑白图像进行色彩填充，自动上色，使其保持原有的质感和氛围，适用于历史照片修复或复古艺术再创造。

（5）背景替换。轻松移除或更换图像中的背景，确保新旧元素之间的自然融合，广泛应用于广告设计和影视后期制作。

9.3.3　VR 与 AR

通过 AIGC 构建沉浸式的数字环境进行展示，如虚拟博物馆展览或互动式艺术品展示。

（1）沉浸式展览。创建逼真的虚拟博物馆或画廊，允许用户通过 VR 设备参观世界各地的艺术珍品，而不受时间和空间限制。

（2）互动体验。结合 AR 技术，在现实世界中叠加数字元素，如让游客通过手机扫描看到雕塑"活"起来，或者参与动态壁画的绘制过程。

（3）三维建模与动画。快速原型设计，使用 AI 工具自动生成 3D 模型草图，简化了传统手工建模流程，特别适合产品设计、建筑设计等领域。

（4）智能动画制作。根据文本描述自动生成动画场景，减少对专业动画师的依赖，提高制作效率，降低成本。

（5）创意辅助与灵感激发。随机生成器提供各种参数设置，帮助艺术家探索不同的构图、色彩组合和纹理效果，从而打破创作瓶颈，激发新思路。

（6）协作平台。建立在线社区，允许多位艺术家共同创作一件作品，同时借助 AI 分析每位成员的独特风格并提出优化建议。

9.3.4　AI 绘图工具

AI 绘图工具已经在创意设计领域逐渐崭露头角（见图 9-3），这些工具不仅可以帮助艺术家和设计师提升创作效率，还能让更多的普通用户体验到艺术创作的乐趣。

图 9-3　AI 绘图作品示例

AI 绘图技术的发展主要得益于深度学习和生成对抗网络（GAN）的进步。通过训练模型，AI 绘图工具能够从海量的数据中学习不同作品的艺术风格和图像特征，从而帮助用户生成高质量的图像。这不仅降低了创作门槛，还让非专业的用户也能轻松地进行艺术创作。

随着技术的不断优化，AI 绘图工具在速度、质量和多样性方面都取得了显著的进步。其发展趋势主要包括以下几个方面。

（1）高效性与准确性提升。AI 绘图工具能够更快速地生成高质量的图像，同时在细节处理和风格一致性上也有显著提升，并不断改善以达到成品的程度。

（2）多功能整合。越来越多的 AI 绘图工具集成了图像编辑、风格转换、图像修复等功能，为用户提供一站式解决方案。同时也在不断集成到不同的平台中，降低了用户使用门槛。

（3）用户友好性。为了吸引更多的非专业用户，AI 绘图工具的界面设计和操作流程更加简洁明了，对不同语言的接受和识别能力也在不断加强，方便不同用户的使用习惯和操作。

（4）开放性与社区合作。开源项目和社区合作推动了 AI 绘图技术的快速发展，让更多人能够参与其中，共同完善和创新。

1. Stable Diffusion

Stable Diffusion 是一款开源的 AI 绘图工具（见图 9-4），采用深度学习技术来生成高质量图像。其具有开放性和高效性的优势，迅速成为 AI 绘图领域的热门工具，许多 AI 绘图平台开始使用它的模型来提供进阶的绘图服务。

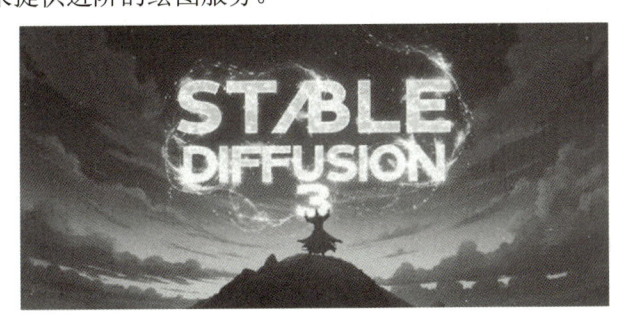

图 9-4　Stable Diffusion AI 绘图工具

Stable Diffusion 的主要特点如下。
（1）高分辨率图像生成。能够生成高质量、细节丰富的图像。
（2）丰富的风格和主题选择。支持多种艺术风格和主题，满足不同创作需求。

（3）灵活的配置选项。用户可以根据需求调整生成参数，优化图像效果。

Stable Diffusion 的使用要点如下。

（1）安装与配置。需要具备一定的硬件配置，如 NVIDIA 显卡和充足的内存。安装过程可以参考影驰装机小课堂，其中有详细的介绍和安装流程。

（2）生成图像。Stable Diffusion 通过提供文本描述或初始图像进行图生图，可以快速生成高质量的图像。

（3）调整参数。用户可以通过调整迭代次数、关键词等参数，进一步优化图像效果。

2．Midjourney

Midjourney 是一款专注于艺术创作的 AI 绘图工具（见图 9-5），也是现在最热门的 AI 绘图工具之一，通过其独特的算法可以生成极具创意和艺术感的图像，深受艺术家和设计师的喜爱，并且还在不断地改版增强演算算法。

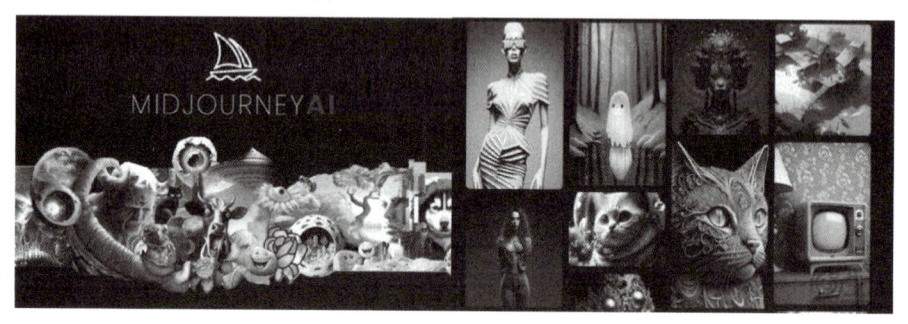

图 9-5　Midjourney AI 绘图工具

Midjourney 的主要特点如下。

（1）极具创意的图像生成。能够生成充满艺术感和创意的图像，适合各种艺术创作。

（2）丰富的艺术风格。支持多种艺术风格，用户可以根据需求选择合适的风格进行创作。

（3）适合艺术创作和设计。无论是绘画、插画还是设计，都能通过 Midjourney 来实现。

3．文心一格

文心一格是由百度公司推出的 AI 艺术和创意辅助平台。在绘画创作界面输入描述，选择画面类型、比例和数量，就可以生成图片。还可以使用灵感模式，能够生成不同风格的图片。

4．"稿定"AI

"稿定"AI 是由稿定旗下花瓣社区开发的 AI 绘图工具，它利用先进的 AI 技术，为用户提供强大的图像处理和创作能力。这款 AI 绘图工具不仅能够在短时间内处理复杂的图像，如人物、电商产品、门店标志等，还能实现精细到发丝级别的抠图，极大地提高了图像处理和创意设计的效率。该工具内置在花瓣网页面内，也提升了设计师的使用体验。

AI 绘图工具的发展为创意设计领域带来了全新的可能性。无论是专业艺术家还是普通用户，都可以通过这些工具发现更多艺术创作的乐趣。

9.3.5　AIGC 生成视频

AIGC 生成视频主要基于深度学习和 AI 技术，特别是先进的神经网络架构。

AIGC 生成视频的原理主要如下。

（1）神经网络模型。AIGC 的核心在于复杂的神经网络，如循环神经网络（RNN）、长短时记忆网络（LSTM）和转换器模型（Transformer），它们通过学习大量的视频数据，掌握视觉内容的结构、风格和动态特征。

（2）训练数据。海量的视频片段作为训练数据，使模型能够识别并模仿不同的场景、动作、声音和视觉效果，确保生成内容的多样性和真实性。

（3）序列生成与时空建模。视频本质上是时间序列数据，AIGC 通过序列生成方法来预测并生成一帧接一帧的画面，同时结合时空建模技术，确保视频的连贯性与逻辑性。

（4）注意力机制。注意力机制让模型在生成过程中能聚焦于重要的视觉特征和时间序列中的关键点，提高生成视频的质量和细节准确性。

（5）微调与个性化。针对特定主题或风格的需求，对预训练模型进行微调，使其适应特定的视频生成任务，如特定人物的脸部生成或特定场景的模拟。

AIGC 生成视频的典型工具如下。

（1）Sora。由 OpenAI 推出，是 AIGC 视频生成领域的领先工具，能够生成长达 60s 的高质量视频，展现了 AI 生成视频技术的新进展。

（2）D-ID。专注于人脸视频合成，利用深度学习技术，可以将静态照片转换成动态视频，或替换视频中的人物面部表情和动作。

（3）Synthesia。允许用户通过简单的文本输入创建定制化动画视频，适用于教育、广告和企业培训等领域。

随着技术不断进步，AIGC 在视频生成领域的应用将越来越广泛，不断拓展内容创作的边界。AIGC 生成视频的应用领域如下。

（1）电影特效。使用 AIGC 创造虚拟角色、复杂场景和特效，可以降低成本并提高制作效率。

（2）广告创意。快速生成个性化广告视频，根据目标受众定制内容，从而提高广告的吸引力和转化率。

（3）社交媒体。利用 AI 生成短视频，快速响应热点事件，增强用户参与度。

（4）教育内容。创作互动式教学视频，根据学生的学习进度和理解能力调整教学内容与难度。

（5）新闻报道。自动合成新闻画面，如赛事亮点、天气预报或突发新闻的视觉呈现，可以加快制作流程。

9.4 音乐与音频制作

AIGC 在促进文化创意中的音乐与音频制作方面展现了广泛的应用和深远的影响，它不仅改变了音乐创作的方式，还为音频处理、声音设计等领域带来了新的可能性。

9.4.1 自动作曲

AI 系统通过自动作曲，可以谱写出旋律、和声甚至完整的音乐作品（见图 9-6）。

图9-6　AI生成音乐界面示例

（1）旋律生成。利用深度学习模型如LSTM（长短期记忆网络）、Transformer等，AIGC可以根据给定的主题或情感标签自动生成旋律线条，甚至完整的作品。

（2）和声编配。基于规则的系统或神经网络模型可以自动为旋律配上合适的和弦进行，确保音乐结构和谐统一。

（3）节奏模式创建。通过分析大量现有作品，AIGC能够生成新颖而富有节奏感的鼓点或其他打击乐器部分。

9.4.2　效果迁移与融合

效果迁移与融合技术通过算法将一种音乐风格的特征应用于另一种作品，或者结合多种不同风格，创造出全新的音乐表达形式，以拓展创作的边界和多样性。

（1）跨风格改编。将一首歌曲从一种音乐风格转换为另一种，例如，将古典乐曲改造成流行版本，或者将电子音乐元素融入传统民谣中。

（2）混合流派创作。结合多个不同类型的音乐特征，创造出全新的混合风格，打破传统分类界限，激发更多创意灵感。

声音效果合成则探讨AI生成独特的声音效果，用于电影配乐、游戏音效等领域。

（1）环境音效生成。根据描述性文本或场景设定，AIGC可以模拟各种自然或人造环境的声音效果，如雨声、风声、城市喧嚣等，适用于电影配乐、游戏音效等领域。

（2）特殊音色创造。利用GAN（生成对抗网络）等技术，AIGC能够生成前所未有的独特音色，以满足特定艺术表达的需求。

9.4.3　音频处理与配乐

音频处理与配乐是利用AI技术进行自动作曲、声音效果合成以及智能混音，为视频、游戏和广告等内容创作提供定制化的背景音乐和音效，增强情感表达和沉浸式体验。

（1）自动作曲。根据影片的情感氛围和节奏需求，AIGC可以生成适合的背景音乐，甚至完整的原创配乐，以提升观影体验。

（2）声音效果合成。模拟各种环境音效，如雨声、风声、城市喧嚣等，增强场景的真实感。还可以创造独特的声音元素，以满足特定艺术表达的需求。

（3）语音合成与转换。高质量的TTS（文本转语音）技术使得机器能够以自然流畅的方式朗读旁白或对话，广泛应用于有声书、广播剧等场景。VCC（语音转换）技术则可用于改变说话人的声音特性，如性别、年龄、方言等，适用于角色扮演、配音替换等应用场景。

9.4.4 智能混音与母带处理

智能混音与母带处理是利用 AI 算法自动优化音轨的平衡、动态范围和整体音质，以确保每个元素和谐统一，提升最终作品的专业性和听觉体验。

（1）自动化参数调整。通过对音频信号的实时分析，AIGC 可以自动优化混音参数，如均衡器设置、压缩比调节等，提高作品的整体质量。

（2）多轨同步处理。协调多个音轨之间的关系，确保每个乐器或声音元素都能清晰地呈现，同时保持整体平衡。

9.4.5 互动式音乐体验

AIGC 可以借助已有的材料库，按照用户需求辅助音乐创作，生成对应内容，在音乐、音频领域让大众真切感知到了技术革命背后的创造力。例如，AIGC 已经遍布 QQ 音乐的各处细节中，从听歌体验、视觉呈现、社交分享等多个维度，进行了不少有趣的创新尝试。如果播放的歌曲正符合用户当下的心情，并想要分享到朋友圈、微博等社交媒体时，"AI 歌词海报"功能就派上用场了。不论是古风、流行还是说唱，基于"稳定扩散"和"迪斯科扩散"两个模型，短短几秒就能根据歌词一键生成对应画风的海报。该技术还可以用于为曲库中大量无专辑归属的游离单曲生成适配的歌曲封面，极大提高了用户视觉体验，音乐人也可以基于该技术，自主制作专辑图（见图 9-7）。

图 9-7　QQ 音乐自主制作的封面

对于音乐爱好者而言，QQ 音乐基于 AIGC 开发的"智能曲谱"功能（见图 9-8）也非常实用。由于网上的曲谱大多不完整，且筛选成本极高。如今得益于"智能曲谱"功能，新歌也能直接找到曲谱，且吉他谱、钢琴谱、尤克里里等主流曲谱一应俱全。

不论音乐软件积极结合 AIGC 使用户体验更加个性化，还是提高音乐爱好者的学习效率，可以看出 AIGC 在音乐领域极高的契合度，也拓展了行业对 AIGC 与音乐结合的想象空间。

正如用户体验专家肖恩·吉雷蒂所说，"能惊艳所有人的，不是你所使用的技术，而是你用技术创造的体验"。在持续变幻的技术革命前面，唯有积极拥抱新技术并使之为我所用，推动行业革新，才能在新浪潮中站稳脚跟。音乐公司在 AI 领域的持续布局，既为用户带来了更具前瞻性和个性化的音娱体验，打开 AIGC 与音乐领域的想象空间，也将推动音乐娱乐生态的进化。

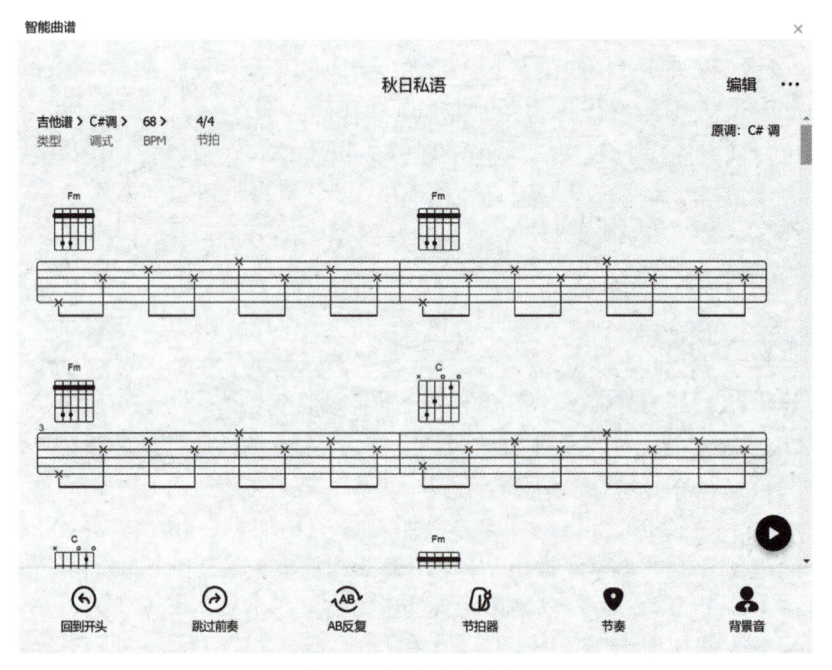

图 9-8 智能曲谱功能

9.5 影视娱乐

AIGC 在促进文化创意中的影视娱乐方面展现了广泛的应用和深远的影响。它不仅改变了电影、电视剧、动画等制作流程，还为观众提供了全新的体验形式。

9.5.1 剧本开发与优化

剧本开发与优化利用 AI 协助编剧进行故事板规划、对话润色等工作。

（1）自动化写作。利用深度学习模型，如变换器（Transformer）、长短期记忆网络（LSTM）等，AIGC 可以根据给定的主题或情节自动生成剧本初稿。

（2）创意辅助。编剧可以使用 AIGC 作为灵感来源，输入部分情节或角色设定，让 AI 帮助扩展故事框架或提供新的叙事角度。

（3）对话润色。通过学习大量优秀剧本，AIGC 能够自动优化台词，使其更加自然流畅，符合特定角色的性格特点。

9.5.2 视觉效果生成

视觉效果生成利用 AI 自动生成或增强图像和视频中的特效，如逼真的环境模拟、物体变形、风格转换等，为影视、游戏和广告等领域提供创新且高效的创意工具。

（1）特效生成与后期处理。分析 AI 在视觉特效制作中的作用，如场景重建、人物替换等。

（2）特效合成。基于图像生成技术和计算机视觉算法，AIGC 可以快速创建逼真的视觉特效，如爆炸、天气变化、外星生物等，减少对昂贵的特效团队的依赖。

（3）场景重建。通过分析现有素材或描述性文本，AIGC 能够虚拟构建复杂的拍摄场景，降低实际搭建成本并提高灵活性。

（4）风格迁移。将一种电影风格应用于另一部作品，如将经典黑白电影转换为彩色版本，或者赋予现代影片复古的艺术效果。

9.5.3 智能剪辑与叙事结构

智能剪辑与叙事结构利用 AI 根据观众反馈来调整影片节奏、选择最佳镜头组合。

（1）自动剪辑。通过对视频片段的内容理解和情感分析，AIGC 可以帮助导演选择最佳镜头组合，调整剪辑节奏，确保故事连贯且引人入胜。

（2）动态叙事。基于观众反馈数据，AIGC 可以实时调整影片的叙述方式，如插入额外的情节分支、突出某些关键瞬间，以更好地吸引观众注意力。

9.5.4 互动式影视体验

互动式影视体验通过 AI 技术让用户参与到故事发展中，如选择情节走向、影响结局或与角色互动，从而创造个性化和沉浸式的观影感受。

（1）分支剧情选择。创建具有多个结局的选择型故事，观众可以在观看过程中决定角色的命运和发展方向，增强了参与感和沉浸体验。

（2）个性化推荐。基于用户的观影历史和个人偏好，AIGC 可以提供定制化的播放列表，推荐最符合其兴趣的新片或经典之作。

（3）VR/AR。结合 VR/AR 技术，AIGC 能够创造出让人更加身临其境的观影环境，如让观众"进入"电影世界，与角色互动，甚至参与到故事发展中。

在精度要求不高的互动创意中，AIGC 的生产能力令人惊艳，而在制作广告大片时，目前 AIGC 技术的应用大多聚焦在独特的视觉效果上。例如，2024 年春节伊利的贺岁片《伊笑过龙年》中，使用了一种 AIGC 动画效果，在女孩与数字形象共舞时，快速切换场景以及面部表情，再加上配乐，突出展现品牌贺岁片放飞自我的欢乐氛围（见图 9-9）。对长期关注 AIGC 的人来说，这个视觉效果并不陌生。

图 9-9 伊利的贺岁片《伊笑过龙年》

9.6 AIGC 带来新商业模式

AIGC 不仅改变了文化创意产业的内容创作方式，还催生了许多新的商业模式和服务类型。这些新模式不仅提高了生产效率，降低了成本，还为市场带来了更多元化的产品和服务。

9.6.1 基于订阅的内容即服务

内容即服务（CaaS）是基于订阅或其他付费模式的内容分发平台。

（1）个性化内容订阅。定制化新闻，用户可以根据自己的兴趣选择订阅特定主题或风格的新闻报道，由 AIGC 根据用户的偏好自动生成和推送。提供个性化的专属音乐、视频、书籍等娱乐内容订阅服务，利用 AIGC 实现高度定制化，满足不同用户的需求。

（2）按需生成内容。为企业和个人用户提供即时内容生成写作服务，如广告文案、产品描述、社交媒体帖子等，用户只需输入需求，AIGC 即可快速生成符合要求的内容。利用智能聊天机器人提供全天候在线客服、虚拟个人助理等功能，帮助企业提升客户服务质量和效率。

9.6.2 微内容与短格式媒体

微内容与短格式媒体是分析短视频、直播带货等形式，借助 AIGC 快速生产高质量内容的平台。

（1）短视频平台。鼓励用户生成内容（UGC）的同时，引入专业生成内容（PGC），通过 AIGC 优化内容推荐算法，确保高质量内容得到更多曝光。结合电商和社交平台，主播可以使用 AIGC 工具实时生成产品介绍、优惠信息等内容，增强互动性和转化率。

（2）动态壁纸与 GIF 制作。提供用户自定义的个性化动态壁纸生成服务，根据用户的喜好和设备特性，AIGC 可以创建独特的视觉效果。例如，表情包工厂允许用户上传图片或文本，AIGC 将自动转换为有趣的 GIF 动图或表情包，方便用户在聊天应用中分享。

9.6.3 版权保护与交易机制

版权保护与交易机制旨在讨论如何确保原创者的权益，并建立透明高效的版权交易平台。

（1）智能合约管理。自动化版权分配，通过区块链技术和智能合约，AIGC 生成的内容可以在创作之初就明确归属权和收益分配规则，简化了传统复杂的版权管理流程。透明化版税支付，确保每次内容使用时，创作者都能及时获得准确的报酬，增强了创作者的积极性和信任度。

（2）数字资产交易平台。NFT（非同质化代币）作为数字艺术品的所有权证明，AIGC 生成的艺术品可以通过 NFT 平台进行买卖，赋予了虚拟物品以实体价值。建立音乐作品的版权交换平台，作曲家、歌手等可以通过 AIGC 评估作品的价值，并与其他创作者达成合作意向。

【作业】

1. AIGC 已经在（　　）、短视频生成等多个领域取得显著成就，推动了创意产业的边界扩展和革新。

① 图形设计　　② 艺术创作　　③ 电影剪辑　　④ 音乐谱曲

A．②③④　　B．①②③　　C．①②④　　D．①③④

2. 在艺术创作方面，AIGC 能够利用算法，依据用户提供的关键词或描述，创造出（　　）的艺术作品。

① 复制　　② 抽象　　③ 写实　　④ 跨流派

A．①②③　　B．②③④　　C．①②④　　D．①③④

3. 在音乐谱曲方面，AIGC 能够（　　），进而生成原创音乐片段甚至是完整乐曲。
   ① 分析大量音乐作品　　　　② 手写完整音乐曲谱
   ③ 学习不同的旋律　　　　　④ 学习和声与节奏模式
   A. ②③④　　B. ①②③　　C. ①②④　　D. ①③④

4. AI 作曲软件能够根据用户（　　），创作出符合要求的音乐作品，为电影配乐、游戏音乐以及个人创作提供新的途径。
   ① 设定的风格　　　　　　　② 设定的情感基调
   ③ 设定的乐谱脚本　　　　　④ 特定的音乐元素
   A. ①②④　　B. ①③④　　C. ①②③　　D. ②③④

5. 在短视频生成方面，AIGC 已经展现出巨大的潜力，能够（　　），甚至根据脚本或故事板自动生成连贯的视频内容。
   ① 自动生成文本摘要　　　　② 自动编辑视频片段
   ③ 匹配背景音乐　　　　　　④ 添加特效
   A. ①③④　　B. ①②④　　C. ②③④　　D. ①②③

6. AIGC 通过（　　），为传统艺术形式带来了新的生命，同时也开辟了全新的艺术表达方式，使艺术创作更加多元化和民主化。
   ① 模仿　　　② 学习　　　③ 追溯　　　④ 创新
   A. ①③④　　B. ①②④　　C. ①②③　　D. ②③④

7. 通过训练模型，AI 能够从海量的数据中学习不同作品的（　　），从而生成高质量的图像，这不仅极大地降低了创作门槛，还让非专业的用户也能轻松地进行艺术创作。
   ① 艺术风格　　② 图像特征　　③ 物质水平　　④ 精确能力
   A. ①③　　　B. ②④　　　C. ③④　　　D. ①②

8. 随着技术的不断优化，AI 绘图工具在速度、质量和多样性方面都取得了显著的进步。AI 绘图工具的发展趋势主要包括（　　）和开放性与社区合作等方面。
   ① 高效性与准确性提升　　　② 多功能整合
   ③ 数字化水平的降低　　　　④ 用户友好性
   A. ①②④　　B. ①③④　　C. ①②③　　D. ②③④

9. Stable Diffusion 是一款开源的 AI 绘图工具，其具有开放性和高效性的优势，迅速成为 AI 绘图领域的热门工具，其主要特点包括（　　）。
   ① 高分辨率图像生成　　　　② 强大的中文语言能力
   ③ 灵活的配置选项　　　　　④ 丰富的风格和主题选择
   A. ②③④　　B. ①②③　　C. ①③④　　D. ①②④

10. Midjourney 是一款专注于艺术创作的 AI 绘图工具，也是现在最热门的 AI 绘图工具之一，它的主要特点是（　　）。
    ① 极具创意的图像生成　　　② 丰富的艺术风格
    ③ 适合艺术创作和设计　　　④ 开源以及开放的使用方式
    A. ②③④　　B. ①②③　　C. ①②④　　D. ①③④

11. 文心一格是由百度公司推出的 AI 艺术和创意辅助平台。在绘画创作界面输入描述，选择画面（　　），就可以生成图片，能够生成不同风格的图片。

① 结构　　　② 类型　　　③ 比例　　　④ 数量
A. ①③④　　B. ①②④　　C. ②③④　　D. ①②③

12．"稿定"AI 是由稿定旗下花瓣社区开发的 AI 绘图工具，它能够在短时间内处理复杂的图像，如（　　）等，还能实现精细到发丝级别的抠图。
① 人物　　　② 电商产品　　③ 门店标志　　④ 虚拟形态
A. ①②③　　B. ②③④　　C. ①②④　　D. ①③④

13．AIGC 生成视频的原理主要包括（　　）以及序列生成与时空建模、微调与个性化。
① 神经网络模型　　　　② 训练数据
③ 注意力机制　　　　　④ 数据挖掘分析
A. ①②③　　B. ②③④　　C. ①②④　　D. ①③④

14．AIGC 促进了文化创意中的音乐与音频制作，它通过自动作曲，可以谱写出旋律、和声甚至完整的音乐作品。其主要功能包括（　　）。
① 旋律生成　　② 音量调整　　③ 和声编配　　④ 节奏模式创建
A. ①②③④　　B. ②③④　　C. ①②④　　D. ①③④

15．音频处理与配乐是利用 AI 技术进行（　　），为视频、游戏和广告等内容创作提供定制化的背景音乐和音效，增强情感表达和沉浸式体验。
① 歌词生成　　　　② 自动作曲
③ 声音效果合成　　④ 智能混音
A. ①③④　　B. ①②④　　C. ②③④　　D. ①②③

16．AIGC 可以借助已有的材料库，按照用户需求辅助音乐创作，生成对应内容，在（　　）领域让大众真切感知到了技术革命背后的创造力。
① 视频　　　② 像素　　　③ 音乐　　　④ 音频
A. ②④　　B. ①③　　C. ③④　　D. ①②

17．如今，AIGC 已经遍布 QQ 音乐的各处细节中，从（　　）等多个维度，进行了不少有趣的创新尝试。
① 听歌体验　　② 音符计算　　③ 社交分享　　④ 视觉呈现
A. ①②④　　B. ①③④　　C. ①②③　　D. ②③④

18．如果播放的歌曲正符合用户当下的心情，不论是（　　），基于"稳定扩散"和"迪斯科扩散"两个模型，QQ 音乐的"AI 歌词海报"功能能根据歌词生成对应画风的海报。
① 悠扬　　② 古风　　③ 流行　　④ 说唱
A. ②③④　　B. ①②③　　C. ①②④　　D. ①③④

19．用户体验专家肖恩·吉雷蒂说，"能惊艳所有人的，不是你所使用的技术，而是你用技术创造的（　　）"。唯有积极拥抱新技术，才能在新浪潮中站稳脚跟。
A. 善法　　B. 语言　　C. 分享　　D. 体验

20．剧本开发与优化利用 AI 协助编剧进行故事板规划等工作，其主要功能包括（　　）。
① 自动化写作　　② 音效融合　　③ 创意辅助　　④ 对话润色
A. ①②④　　B. ①③④　　C. ①②③　　D. ②③④

【研究性学习】文生图：注册使用 Midjourney 绘图工具

Midjourney 是一款著名的 AI 绘图工具（见图 9-10），它为用户提供了各种创意的绘图功能，可以是文生图或者图生图等。Midjourney 是一个独立的研究实验室，专注于设计、人类基础设施和 AI 的绘图平台，它致力于探索新的思维方式并扩展人类的想象力。Midjourney 于 2022 年 7 月 12 日首次进行公测，并正式以架设在 Discord 上的服务器形式推出，用户直接注册 Discord 并加入 Midjourney 的服务器即可开始 AI 创作。

图 9-10　Midjourney 文生图大模型首页

Midjourney 的创始人大卫·霍尔茨之前创立的公司是做智能硬件传感器的，该公司于 2019 年被收购，而另一个 AI 绘图工具 Disco Diffusion 的创始人索姆奈在 2021 年 10 月加入了 Midjourney，并一直在推特和 YouTube 上分享画作和制作参数。除了全职人员，Midjourney 还有一个非常强大的技术顾问团队，很多成员有在苹果、特斯拉、英特尔、GitHub 等的就职背景。Midjourney 产品每隔几个月就会升级一次大版本。它生成的图片分辨率高，写实风格人物主体塑形准确，细节更多且审美在线。

1. 实验目的

（1）了解文生图 LLM，熟悉 Midjourney LLM 工具的功能。

（2）对比 Midjourney 与开源文生图 LLM 的功能、性能表现，重视注册应用的必要性。

（3）体验 AI 艺术与传统艺术领域的不同表现力及应用发展方向。

2. 实验内容与步骤

（1）请仔细阅读本章内容，熟悉 LLM 的提示工程与微调技术。

（2）建议注册登录 Midjourney 网站，实践体验 AI 技术艺术创作。

例如，注册登录后，尝试输入提示词：武松，身长八尺，仪表堂堂，浑身上下有百斤力气（小说《水浒传》形容）。Midjourney 生成的武松形象如图 9-11 所示。将提示词调整成：男子身长八尺，仪表堂堂，浑身上下有百斤力气，Midjourney 会生成新的男子形象。请对比提示词的不同及生成作品的变化。

图 9-11　Midjourney 生成的武松形象示例

（3）在网页搜索引擎中输入"文生图"，可以找到一些文生图的开源网站，尝试用同样方式体验开源大模型，体会和比较国内外以及闭源与开源大模型的异同及各自的进步水平。

3．实验总结

4．实验评价（教师）

第 10 章 AIGC 改善医疗健康

与传统医学不同，循证医学（Evidence-Based Medicine, EBM）强调任何医疗决策都应建立在最佳科学研究证据的基础上。循证医学既重视个人临床经验又强调采用现有、最好的诊治证据，两者缺一不可（见图 10-1）。

AIGC 在医疗健康领域的应用日益广泛，通过自动化和智能化技术，显著提升了医疗服务的效率和质量。AIGC 可以用于医学影像诊断，自动检测和标注病变区域，生成详细的诊断报告；在智能病历管理中，自动生成和结构化病历信息，提高医生的工作效率和病历质量；在临床决策支持中，提供个性化的治疗方案和药物推荐，帮助医生进行精准医疗；在患者管理和随访中，生成个性化的健康建议和随访计划，提高患者的治疗依从性和生活质量。通过这些应用，AIGC 不仅提高了医疗服务的效率和准确性，还为患者提供了更加个性化和贴心的关怀。

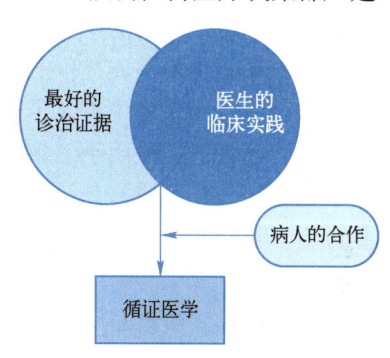

图 10-1 循证医学既重视个人临床经验，又强调诊治证据

10.1 关于循证医学

传统医学以个人经验、经验医学为主，即根据非实验性的临床经验、临床资料和对疾病基础知识的理解来诊治病人。在传统医学下，医生根据自己的实践经验、高年资医师的指导，以及教科书和医学期刊上零散的研究报告为依据来诊治病人。但是，一些真正有效的疗法因不为公众所了解而长期未被临床采用，反而一些实践无效甚至有害的疗法因理论推断可能有效而被长期广泛采用。

循证医学（见图 10-2）意为"遵循证据的医学"，又称实证医学，是一种医学实践方法。循证医学并非要取代临床技能、临床经验、临床资料和医学专业知识，它强调在医疗决策（即病人的诊治、治疗指南和医疗政策的制定等）过程中，应基于最佳的科学研究证据、医生的专业技能和经验以及患者的偏好和价值观。循证医学的目标是提高医疗质量和患者满意度，以减少医疗

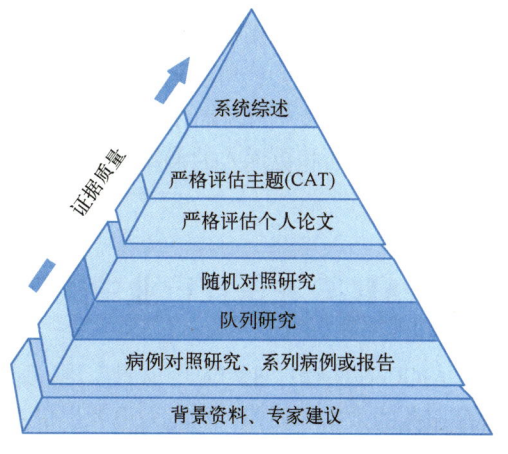

图 10-2 循证医学金字塔

资源的浪费。循证医学的创始人通常被认为是英国临床流行病学家大卫·萨克特。萨克特教授及其同事在 20 世纪 90 年代初提出了循证医学的理念，并在全球范围内推广这一方法。

循证医学的方法与内容本质上来源于临床流行病学。作为一种临床决策方法，循证医学强调医疗实践应基于最好的科学研究证据，其核心原则如下。

（1）基于最佳证据。临床治疗决策应基于高质量的研究证据，包括高质量的随机对照试验和系统综述。

（2）临床专业知识。医生自身的经验和专业判断是制定治疗方案的重要依据。循证医学改变了传统的临床决策模式，使得治疗方案更加科学合理。

（3）患者价值观。应充分考虑患者的意愿、偏好和价值观，确保治疗方案符合患者的具体情况，实现个体化治疗。

（4）系统评价与元分析。通过对多个研究结果的综合分析，得出更为可靠的结论。

（5）在医学教育中引入了循证医学的理念，培养医学学生的批判性思维能力。

（6）循证医学应用于卫生政策的制定，为公共卫生决策提供科学依据。

医生应该特别重视统计数据。从广义上来说，努力推广循证医学，就是在努力推广大数据分析，事关统计分析对实际决策的影响。AIGC 应用于循证医学领域，主要有以下几个方面。

（1）数据收集与整理。AIGC 可以通过 NLP 技术，自动检索和整理大量的医学文献，帮助医生快速找到最新的研究证据；可以自动清洗和整理数据，去除无效或冗余信息，提高数据的可用性和准确性。

（2）证据评估与分析。根据既定的标准，AIGC 可以自动对收集到的证据进行分级，帮助医生快速识别高质量的研究；可以利用机器学习和统计方法，对大量数据进行分析，生成有价值的洞察和报告，帮助医生评估证据的有效性和可靠性。

（3）临床决策支持。AIGC 可以根据患者的病史、实验室结果和临床表现，并结合最新的研究证据，生成个性化的治疗方案；可以分析患者的多维度数据，预测患者可能出现的并发症和风险，帮助医生提前采取预防措施；还可以分析药物的疗效和副作用，结合患者的个体差异，推荐最合适的药物和剂量。

（4）质量控制与评估。AIGC 可以分析临床路径执行情况，生成优化建议，提高医疗服务质量；可以自动收集和分析医疗质量数据，生成评估报告，帮助医院和医生持续改进医疗质量。

将 AIGC 技术应用于循证医学具有较大优势，它可以快速检索和整理大量的医学文献，节省医生的时间和精力；可以自动进行数据清洗、证据分级和数据分析，提高工作效率。此外，AIGC 可以减少因人为因素导致的错误，提高数据的准确性和可靠性；可以从多个维度分析数据，提供更全面和更深入的洞察；还可以根据患者的个体差异，生成个性化的治疗方案，提高治疗效果。

10.2　AIGC 在医疗行业中的应用

AIGC 在医疗行业的应用前景广阔，通过自动化和智能化的内容生成技术，不仅能够提高医疗服务的效率和质量，还能为患者提供更加个性化和贴心的关怀。通过不断的技术创新和应用探索，AIGC 有望在未来成为医疗行业的重要推动力量。

10.2.1 主要应用场景

在医疗行业应用 AIGC 技术，其主要应用方面如下。

（1）疾病预测与辅助诊断。AIGC 可以通过分析患者的病史、基因组数据和生活习惯等信息，预测患者未来可能出现的健康问题，提前采取预防措施。它还可以生成详细的诊断报告，帮助医生更准确地诊断疾病。例如，通过分析医学影像，如 X 光、CT、MRI 图像，AIGC 可以标记出异常区域，辅助医生进行诊断。

（2）个性化治疗方案推荐。个性化治疗是现代医疗的重要趋势，传统的治疗方案往往依赖于医生的经验和通用指南，缺乏个性化和精准性。通过数据分析和机器学习技术，AIGC 可以根据患者的病史、病情、身体状况、检查结果（临床表现）和遗传信息，分析药物的疗效和副作用，帮助医生制定更合适的个性化治疗方案，提高治疗效果，减少不必要的副作用。AIGC 还可以分析大量的临床数据和药物研究，为患者推荐最适合的药物和剂量，提高患者满意度。

AIGC 可以分析和评估患者的影像数据和临床信息，预测疾病的进展和预后，帮助医生制订更合适的治疗计划。

（3）患者沟通与医疗教育。AIGC 可以生成易于理解的医疗科普和健康教育内容，帮助患者更好地了解自己的病情和治疗方案。例如，生成图文并茂的健康指南、视频教程等。

AIGC 可以根据患者的偏好、价值观等个人情况，生成个性化的沟通内容，提高患者的治疗依从性和满意度；可以通过分析患者的言语和文字，识别其情绪状态，提供适当的心理支持和干预建议；可以生成个性化的心理咨询内容，帮助患者缓解压力、改善情绪，如生成冥想练习、放松音乐等。

AIGC 可以生成虚拟病例和仿真训练场景，帮助医生进行专业培训和技能提升；可以生成智能客服系统，帮助患者解答常见问题、预约挂号以及提供导诊服务等。

（4）医疗记录与数据分析。AIGC 可以自动生成和管理患者的病历记录，提高医生的工作效率。例如，通过语音识别技术，将医生的口述内容自动转化为电子病历；通过分析大量医疗数据，生成有价值的洞察和报告，帮助医疗机构优化管理和服务。

（5）远程医疗与家庭护理。AIGC 可以生成个性化的健康监测方案，帮助患者在家中进行自我监测，如生成血压、血糖等指标的监测计划；可以生成家庭护理指南，帮助患者和家属进行日常护理，如生成饮食建议、运动计划等。

10.2.2 展望与挑战

AIGC 在医疗行业中的应用前景广阔，通过不断的技术创新和应用探索，AIGC 有望在以下几个方面取得突破，为医疗行业的发展注入新的活力，同时为医疗行业带来更大的贡献。

（1）更精准的个性化治疗。结合基因组学、代谢组学等多组学数据，生成更精准的个性化治疗方案。

（2）高质量的病变检测和信息生成。结合多模态影像和多组学数据，生成更精准的病变检测和分类结果，生成更精准的病历内容。

（3）更智能的决策支持。利用深度学习和强化学习技术，提高 AIGC 在临床决策支持中的智能水平。

（4）更广泛的推广应用。通过标准化和规范化，推动 AIGC 在更多医疗机构中应用，提高医疗质量和患者满意度。

将 AIGC 技术应用于医疗行业，面临的挑战主要有以下几个方面。

（1）数据质量和隐私。AIGC 的性能高度依赖数据质量，需要确保数据的准确性和完整性。

（2）数据标注。医学影像的标注需要专业的医生进行，标注过程耗时且成本较高。

（3）伦理和法律。AIGC 在处理患者数据时，需要严格遵守隐私保护法规，确保患者信息的安全。AIGC 生成的诊断结果需要明确法律责任，确保在出现误诊时有明确的责任归属，生成的内容要符合医学伦理，遵守相关的法律法规，确保合法性和合规性，避免误导和误诊。

（4）技术局限。目前的 AIGC 模型在解释性方面仍有不足，需要进一步研究和改进。例如，AIGC 在处理罕见病例和复杂病例时，可能面临泛化能力不足的问题。

10.3　AIGC 加速药物发现

通过运用 AIGC 解码并操纵生物及化学语言，制药企业如今可以更快、更加经济高效地开发新药。下面介绍 AIGC 是如何改变药物发现、加速开发过程并降低研发成本的。

10.3.1　AIGC 用于药物发现

除了传统的生成人类语言，AIGC 的作用潜力已经涵盖了复杂的生物和化学语言。例如，人类 DNA 可以看作一条由 30 亿个字母组成的序列，这就形成了一种独特的语言。同样，作为生命基石的蛋白质也拥有自己的字母表，即 20 种氨基酸。这些化学物质均可使用简化分子线性输入规范（SMILES）来定义自己的结构。

通过分析大量的化学数据和生物信息，AIGC 技术能够解释这些语言，生成新的药物分子结构，预测潜在的药物候选物，帮助发现并开发出新的药物疗法。通过将 LLM 的方法应用于这些生物和化学语言，AI 模型能够发现以往无法观察到的见解，加快药物发现过程并显著降低成本。鉴于新药疗法的失败率很高，一般只有 10% 的药物能够顺利通过临床试验——任何有助于提高效率、降低时间和成本的技术，都可以为整个产业贡献巨大价值。

10.3.2　为流程各阶段增加价值

AIGC 将使制药公司以前所未有的规模、速度和准确性探索潜在新药，极大加快临床试验的进展。AIGC 可以应用于药物发现的各个阶段。

第一阶段，识别待治疗的疾病或症状。AIGC 可以分析基因组数据，从而了解导致疾病或其他潜在生物过程的基因。这将有助于确定新药开发的确切目标。

第二阶段，生成潜在线索，也就是针对已识别疾病的化学物质或蛋白质。但由于可能的化学物质（超过 10^{60} 种）与蛋白质（超过 10^{160} 种）数量极多，导致这项任务颇为艰难。AIGC 技术能够筛选其中的可能性，并生成具有所需特性的新型化合物，从而产生大量可供探索的线索。

第三阶段，需要对潜在候选药物进行功效测试。AIGC 可以协助这一大规模筛选过程，AIGC 可以生成临床试验方案，优化试验设计，提高试验效率和成功率。

10.3.3　AIGC 助力药物研究

有多家公司在运用 AIGC 进行药物发现方面处于领先地位。一个著名案例就是英矽智能利用 AI 开发出一种治疗特发性肺纤维化的药物，用于一种会导致肺功能逐渐衰退的罕见疾病。传统上，整个研发过程需要 6 年时间，耗资超过 4 亿美元。但借助 AIGC，英矽智能将成本降低至十分之一，并把研发周期缩短到了两年半。

英矽智能将人工智能方案应用在临床前药物发现流程中的各个阶段，包括识别目标分子、生成新型候选药物以及预测临床试验结果。他们还成功研发出一种对所有变体均有疗效的 AI 生成 COVID-19 药物，并启动了 30 多个针对各类疾病（包括癌症）的其他项目。

AIGC 对药物发现具有变革性的影响，有望以极低的成本快速治愈多种疾病。凭借 AI 解码复杂生物与化学语言的能力，可以期待未来新药的开发流程将更快、更高效，也更成功。AIGC 代表的不只是一项技术进步，更将颠覆整个医疗行业，在为全球患者带来更佳诊疗效果的同时，为未来药物的开发探明道路。

10.4　AIGC 应用在健康领域

AIGC 在健康产品中的应用日益广泛，通过智能化的内容生成和分析技术，显著提升了健康产品的个性化、便捷性和有效性，为健康产品的发展注入新的活力。

AIGC 在健康产品中的主要应用场景如下。

10.4.1　个性化健康管理

健康监测是预防和管理慢性病的重要手段，传统的健康监测依赖于定期体检和手动记录，存在效率低下和数据不准确的问题。AIGC 通过智能穿戴设备和数据分析技术，可以实时监测用户的健康状况，及时发现潜在的健康风险。例如，某健康管理平台利用 AIGC 技术，通过智能穿戴设备实时监测用户的健康状况，生成个性化的健康报告和建议，显著提高了用户的健康管理水平和生活质量。

AIGC 应用于个性化健康管理，主要应用方面如下。

（1）健康监测与预警。AIGC 可以与智能手表、手环等穿戴设备（见图 10-3）结合，实时监测用户的生理参数（如心率、血压、血氧饱和度等），并通过数据分析预测潜在的健康风险，及时发出预警。AIGC 可以自动生成用户的健康报告，包括生理参数的趋势分析、健康风险评估和改进建议，帮助用户更好地管理自己的健康。

（2）个性化健康建议。AIGC 可以根据用户的健康状况、饮食习惯和营养需求，生成个性化的饮食建议和食谱，帮助用户保持健康的饮食习惯。AIGC 可以生成个性化的运动计划，根据用户的体能水平、健康目标和时间安排，推荐合适的运动项目和强度，提高运动效果。

（3）用户互动与反馈。AIGC 可以通过聊天机器人、语音助手等形式，与用户进行互动，提供个性化的健康建议和反馈，增强用户的参与感和满意度。AIGC 可以生成个性化的提醒和通知，帮助用户按时服药、复查和锻炼，提高治疗的依从性。

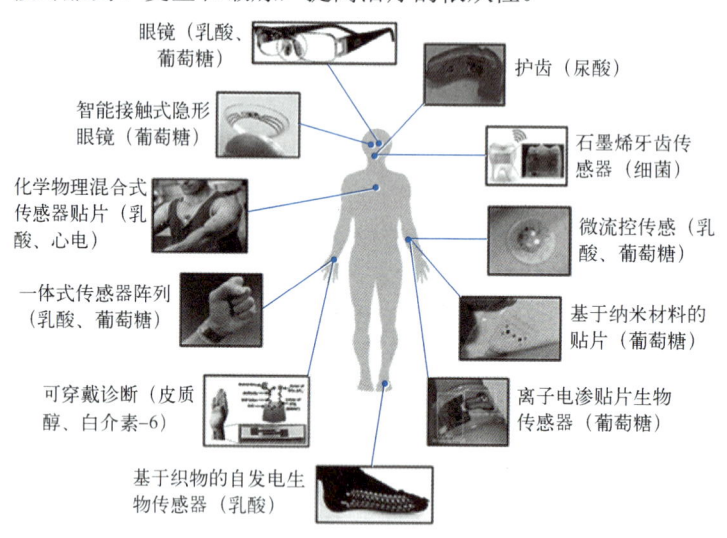

图 10-3　可穿戴健康产品

AIGC 在健康产品中的应用前景广阔，通过不断的技术创新和应用探索，AIGC 有望在以下几个方面取得突破。

（1）更精准的个性化服务。结合多模态数据和多组学信息，生成更精准的个性化健康建议。

（2）更智能的互动体验。利用 NLP 和情感分析技术，提供更加自然和人性化的互动体验。

（3）更广泛的推广应用。通过标准化和规范化，推动 AIGC 在更多健康产品中应用，提高用户的健康水平和生活质量。

10.4.2　健康教育与咨询

AIGC 应用于健康教育和咨询，主要应用方面如下。

（1）健康教育内容生成。AIGC 可以生成易于理解的健康科普文章，涵盖各种健康话题，如常见疾病的预防、健康生活方式的养成等，帮助用户提高健康素养；可以生成健康相关的视频教程，如瑜伽练习、呼吸训练等，提供直观的教学内容，帮助用户更好地学习和实践。

（2）在线咨询与支持。AIGC 可以生成智能客服系统，解答健康相关的问题，并提供健康咨询和支持。用户可以通过文字或语音与智能客服互动，获得及时的帮助和建议；可以结合情感分析技术，识别用户的情绪状态，提供适当的情感支持和心理疏导，帮助用户缓解压力和焦虑。

10.4.3　康复与治疗支持

AIGC 应用于康复和治疗支持，主要应用方面如下。

（1）康复训练计划。AIGC 可以生成个性化的康复训练计划，根据用户的康复需求和进度，推荐合适的康复练习和训练方法，帮助用户更快恢复健康；AIGC 可以自动记录用户的康复进展，生成康复报告，帮助医生和康复师更好地评估和调整康复计划。

（2）健康数据分析与管理。AIGC 可以整合用户的多种健康数据（如生理参数、运动记录、饮食记录等），进行综合分析，生成全面的健康评估报告；可以分析用户的健康数据变化趋势，帮助用户及时发现潜在的健康问题，采取预防措施。

10.5 医疗健康应用案例

AIGC 在医疗健康领域的应用越来越广泛，通过自动化和智能化的内容生成技术，AIGC 能够显著提升医疗服务的效率、质量和个性化水平。

10.5.1 医学影像诊断系统

医学影像诊断系统是医疗领域的重要环节。传统影像诊断依赖于医生的经验和判断，存在效率低下和误诊风险。通过利用深度学习和计算机视觉技术，AIGC 能够帮助医生更准确、高效地进行医学影像分析和诊断（见图 10-4），为医学影像诊断系统的发展注入新的活力，同时为医疗健康事业做出更大的贡献。

1. 医学影像分析与诊断

（1）自动标注与检测。AIGC 可以自动检测医学影像中的异常区域（病变），如肿瘤、结节、骨折等。通过卷积神经网络（CNN）等深度学习模型，高精度地识别和标注这些病变区域。AIGC 可以对医学影像中的不同组织和

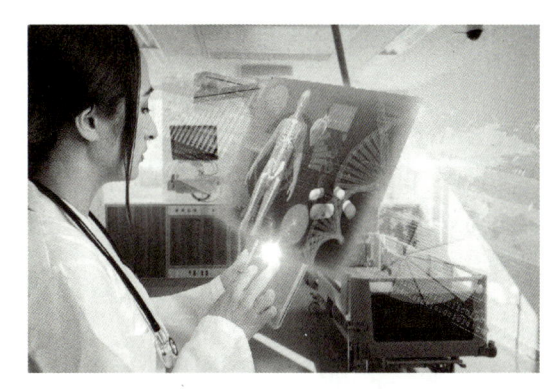

图 10-4 医学影像诊断

器官进行分割与分类，帮助医生更准确地评估病变的范围和性质。例如，AIGC 可以将肺部影像中的肺实质、血管和气管等结构分开，便于医生进行详细分析。

（2）量化分析。AIGC 可以提取医学影像中的关键特征，如病变的大小、形状、密度等，帮助医生进行定量分析。这些特征对于评估病变的严重程度和进展情况非常重要。AIGC 可以自动测量计算病变的体积，如肿瘤的大小变化，帮助医生评估治疗效果和预后。

所谓"疾病预后"，是对某种疾病，除了了解其临床表现、化验及影像学、病因、病理、病情规律等方面之外，重要的是根据治疗时机和方法，通过结合治疗操作中所发现的新情况，对疾病的近期和远期疗效、转归恢复或进展程度的评估。疾病预后与患者的治疗时机、疾病的发生程度、医学水平、合并的疾病，医生的个人能力、体质、年龄，患者是否正视疾病或对疾病的认知能力、是否继续治疗等诸多因素有关，即使接受了同样的治疗，预后也可能有很大的差别。

（3）多模态融合影像分析。AIGC 可以融合多种医学影像模态，如 CT、MRI、PET 等，提供更全面的诊断信息，更准确地评估病变的性质和位置，提高诊断准确性。

2. 辅助诊断与决策支持

（1）诊断报告生成。AIGC 可以根据医学影像的分析结果，自动生成详细的诊断报告。这些报告可以包括病变的描述、特征分析、诊断建议等，帮助医生快速了解患者的情况。AIGC 提供的诊断建议和治疗方案，可以辅助医生进行临床决策，如可以根据病变的性质和位置，建议是否需要手术、放疗或化疗等治疗手段。

（2）风险评估与预测。AIGC 可以分析患者的影像数据和临床信息，预测疾病的进展和预后，如可以评估肺癌患者的生存期，帮助医生制订更合适的治疗计划。AIGC 可以分析患者的影像数据，评估疾病复发的风险，帮助医生制订随访计划和预防措施。

3. 提高工作效率与质量

（1）减少医生工作负担。AIGC 可以自动筛查大量的医学影像，减少医生的工作负担。特别是在大规模筛查项目中，AIGC 可以快速识别出可疑病例，提高筛查效率。AIGC 可以快速生成诊断报告，缩短医生的诊断时间，提高工作效率。

（2）提高诊断准确性。AIGC 可以提高医学影像的分析精度，降低漏诊和误诊的风险。在复杂的病例中，AIGC 可以提供第二意见，帮助医生更准确地诊断。AIGC 提供标准化的诊断流程，可以减少因医生经验和水平差异导致的诊断不一致问题。

10.5.2 智能病历管理系统

病历管理是医疗工作中的一项重要任务，传统的病历管理依赖于手工录入和纸质记录，存在效率低下和数据不准确的问题。智能病历管理系统是 AIGC 在医疗健康领域的重要应用之一（见图 10-5）。通过利用 NLP、机器学习和数据挖掘等技术，AIGC 能够帮助医生和医疗机构更高效、准确地管理患者的病历信息，提高医疗服务的质量和效率。

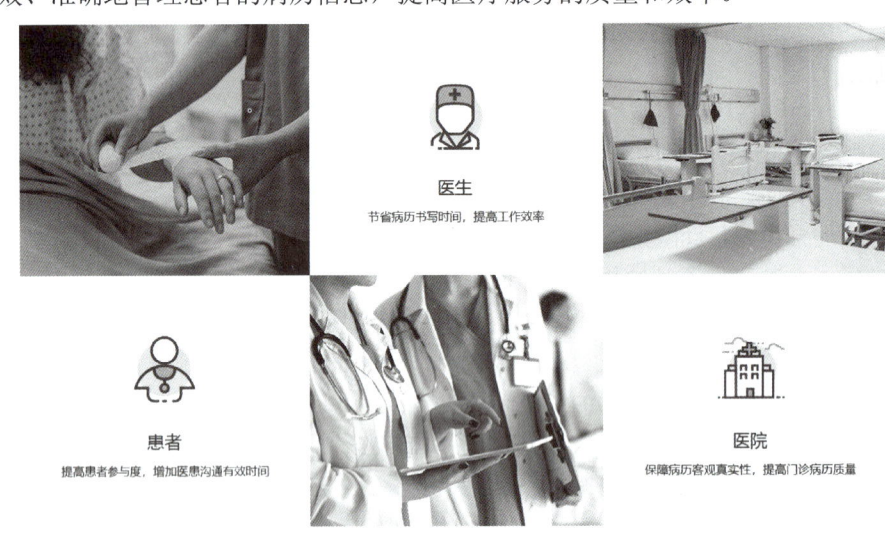

图 10-5 智能病历的作用

1. 病历生成与管理

（1）自动病历生成。AIGC 可以通过语音识别技术，将医生口述的内容自动转化为电子病历，减少医生手动录入工作，提高病历生成的效率。AIGC 生成的结构化病历文本，包括患者的个人信息、病史、检查结果、诊断结论和治疗建议等，用于确保病历内容的完整性和准确性。

（2）病历结构化与标准化。AIGC 可以自动从自由文本中提取结构化的信息，如患者的症状、体征、检查结果等，方便医生快速查找和引用。AIGC 可以将病历中的信息转换为标准化的编码（如 ICD-10、SNOMED-CT 等），便于数据的交换和分析。

2. 病历检索与分析

（1）智能检索。AIGC 支持自然语言搜索，医生可以通过输入自然语言查询，快速找到相关的病历信息。例如，医生可以输入"患者年龄大于 60 岁，患有糖尿病"的查询条件，系统会返回符合条件的病历。AIGC 提供高级过滤功能，帮助医生根据多种条件（如日期、科室、主治医生等）筛选病历，提高检索的精确度。

（2）数据分析与报告生成。AIGC 可以对大量的病历数据进行分析挖掘，提取有价值的信息和模式，如可以分析某一疾病的发病率、治疗效果和预后情况，生成统计报告。AIGC 可以分析病历数据的变化趋势，帮助医疗机构优化资源配置和管理策略，如可以分析某一时间段内急诊科的就诊人数和疾病分布，为医院管理提供决策支持。

3．临床决策支持

（1）诊断辅助。AIGC 可以分析病历中的症状信息，生成可能的诊断建议，帮助医生快速定位病因。AIGC 可以结合患者的病史、检查结果和临床表现，预测患者可能出现的并发症和风险，帮助医生提前采取预防措施。

（2）治疗建议。AIGC 可以根据患者的病史、实验室结果和临床表现，结合最新的研究证据，生成个性化的治疗方案。AIGC 可以分析药物的疗效和副作用，结合患者的个体差异，推荐最合适的药物和剂量。

4．患者管理和随访

（1）患者管理。AIGC 可以生成易于理解的健康教育材料，帮助患者更好地了解自己的病情和治疗方案，如生成图文并茂的健康指南、视频教程等。AIGC 可以根据患者的病史和生活习惯，生成个性化的健康建议，帮助患者改善生活方式，提高治疗效果。

（2）随访管理。AIGC 可以生成个性化随访计划，提醒患者按时复查和服药，提高患者的治疗依从性；可以自动记录患者的随访情况，生成随访报告，帮助医生跟踪患者的病情变化。

5．提高工作效率与质量

（1）减少医生工作负担。AIGC 可以自动生成病历，减少医生的手动录入工作，提高工作效率。AIGC 可以快速智能检索和整理病历信息，帮助医生快速找到所需的信息，提高诊疗效率。

（2）提高病历质量。AIGC 可以确保病历内容的标准化和规范化，减少因医生经验和水平差异导致的病历质量不一致问题。AIGC 可以执行质量控制，自动检测病历中的错误和遗漏，提高病历的完整性和准确性。

例如，某大型医院引入 AIGC 技术，通过自动病历生成和结构化管理，显著提高了病历管理的效率和准确性，医生的工作负担明显减轻，患者满意度显著提高。

【作业】

1．与传统医学不同，（　　）强调任何医疗决策都应建立在最佳科学研究证据的基础上，它既重视个人临床经验又强调采用现有、最好的研究证据，两者缺一不可。

  A．人工随访 B．循证医学 C．临床诊断 D．仪器分析

2．AIGC 可以用于（　　），生成详细的诊断报告。通过自动化和智能化的技术，显著提升了医疗服务的效率和质量。

  ① 医学影像诊断 ② 自动检测 ③ 标注病变区域 ④ 人工诊脉

  A．①②③ B．②③④ C．①②④ D．①③④

3．传统医学以个人经验、经验医学为主，即根据（　　），医生根据自己的实践经验、

高年资医师的指导，以及教科书和医学期刊上零散的研究报告为依据来诊治病人。
① 临床资料　　　　　　　　② 患者对自身病情的深刻体验
③ 对疾病基础知识的理解　　④ 非实验性的临床经验
A．①②③　　B．②③④　　C．①②④　　D．①③④

4．循证医学是一种遵循证据的医学实践方法。它强调在医疗决策，即（　　）等的过程中，应基于最佳科学研究证据、医生专业技能和经验以及患者偏好和价值观，以提高医疗质量。
① 病人处理　　② 药物研制　　③ 治疗指南　　④ 医疗政策制定
A．②③④　　B．①②④　　C．①③④　　D．①②③

5．循证医学的方法与内容本质上源于（　　），费恩斯坦在研究中导入数理统计学与逻辑学，系统地构建了这一病学体系，被认为富含极其敏锐的洞察能力，为医学界所推崇。
A．循证医学　　B．预防医学　　C．基础医学　　D．临床流行病学

6．AIGC 可以通过 NLP 技术，自动检索和整理大量的医学文献，帮助医生快速找到最新的研究证据；可以（　　），提高数据的可用性和准确性。
① 自动清洗数据　　　　② 去除无效或冗余信息
③ 自动整理数据　　　　④ 增加和填充综合信息
A．①②③　　B．②③④　　C．①②④　　D．①③④

7．根据既定的标准，AIGC 可以自动对收集到的证据进行分级，帮助医生快速识别高质量的研究；可以利用（　　）和统计方法，对大量数据进行分析，生成有价值的洞察和报告。
A．词元组合　　B．机器学习　　C．语义研究　　D．结构分析

8．AIGC 可以根据（　　），并结合最新的研究证据，生成个性化的治疗方案；可以分析患者的多维度数据，预测患者可能出现的并发症和风险，帮助医生提前采取预防措施。
① 自动生成　　② 患者病史　　③ 实验室结果　　④ 临床表现
A．②③④　　B．①②③　　C．①②④　　D．①③④

9．AIGC 可以分析（　　）执行情况，生成优化建议，提高医疗服务质量；可以自动收集和分析医疗质量数据，生成评估报告，帮助医院和医生持续改进医疗质量。
A．安全防范　　B．药物动力　　C．医技策略　　D．临床路径

10．AIGC 可以通过分析（　　）等信息，预测患者未来可能出现的健康问题，提前采取预防措施；还可以生成详细的诊断报告，帮助医生更准确地诊断疾病。
① 患者病史　　② 社会环境　　③ 生活习惯　　④ 基因组数据
A．①②④　　B．①③④　　C．①②③　　D．②③④

11．AIGC 可以根据患者的偏好、价值观等个人情况，生成个性化的沟通内容、心理咨询内容等，帮助患者缓解压力、改善情绪。例如，生成（　　）等。
① 物理病历　　② 冥想练习　　③ 放松音乐　　④ 仿真场景
A．①③④　　B．①②④　　C．②③④　　D．①②③

12．AIGC 可以（　　）。例如，通过语音识别技术，将医生口述内容自动转化为电子病历；通过分析大量医疗数据，生成有价值的洞察和报告，帮助医疗机构优化管理和服务。
① 自动生成患者的病历记录　　② 管理患者的病历记录
③ 优化手工作业流程　　　　　④ 提高医生工作效率
A．①②④　　B．①③④　　C．①②③　　D．②③④

13. 将 AIGC 技术应用于医疗行业，面临的挑战主要有（　　）以及数据质量和隐私等方面。
　　① 数据标注　　② 文档规范　　③ 伦理和法律　　④ 技术局限
　　A．②③④　　B．①②③　　C．①②④　　D．①③④

14. AIGC 的作用潜力已经涵盖了（　　）。例如，人类 DNA 可以看作是一条由 30 亿个字母组成的序列，这就形成了一种独特的语言。
　　① 智能动物的交互信号　　　② 传统的人类语言
　　③ 复杂的生物语言　　　　　④ 复杂的化学语言
　　A．①②③　　B．②③④　　C．①②④　　D．①③④

15. 蛋白质拥有自己的字母表，即 20 种（　　）。这些化学物质均可使用简化分子线性输入规范来定义其结构。通过分析，AIGC 技术能够解释这些语言，生成新的药物分子结构。
　　A．词元组合　　B．化学元素　　C．氨基酸　　D．细胞核

16. 鉴于通常只有（　　）的药物能够顺利通过临床试验，将 AIGC 方法应用于生物和化学语言，AI 模型能够加快药物发现过程并显著降低成本，为整个产业贡献巨大价值。
　　A．10%　　B．20%　　C．50%　　D．80%

17. AIGC 将使制药公司能以前所未有的规模、速度和准确性探索潜在新药，极大加快临床试验的进展。AIGC 可以应用于药物发现的（　　）阶段。
　　① 生成潜在线索　　　　　② 对潜在候选药物进行功效测试
　　③ 探索药物发展的方向　　④ 识别待治疗的疾病或症状
　　A．①②④　　B．④③②　　C．①②③　　D．④①②

18. 英矽智能将 AI 方案应用在临床前药物发现流程中的各个阶段，包括（　　）。AIGC 对药物发现具有变革性的影响，有望以极低的成本快速治愈多种疾病。
　　① 识别目标分子　　　　　② 生成新型候选药物
　　③ 预测临床试验结果　　　④ 以试错法稳定执行药物临床试验
　　A．①②③　　B．②③④　　C．①②④　　D．①③④

19. 将 AIGC 方法应用于个性化健康管理，其主要方面包括（　　）。
　　① 提速医院门诊效率　　　② 健康监测与预警
　　③ 用户互动与反馈　　　　④ 个性化健康建议
　　A．①③④　　B．①②④　　C．②③④　　D．①②③

20. AIGC 可以整合用户的（　　）等多种健康数据进行综合分析，生成全面的健康评估报告；可以分析用户健康数据变化趋势，帮助用户及时发现潜在的健康问题，采取预防措施。
　　① 生理参数　　② 学历水平　　③ 运动记录　　④ 饮食记录
　　A．①②③④　　B．①③④　　C．②③④　　D．①②④

【研究性学习】AIGC 辅助临床医学决策

AIGC 在医疗领域的应用案例包括通过分析基因组数据和医学影像提供个性化治疗方案、辅助医生进行精准诊断、生成自动化的病历报告以及实时监测患者的健康状况，显著提高了医

疗服务的效率和质量。以下是 AIGC 应用于循证医学的一个典型案例：智能临床决策支持系统（Smart Clinical Decision Support System, CDSS）。

1. 实验内容与步骤

随着医疗信息量的爆炸式增长，医生面临着如何有效筛选和应用最新研究成果的巨大挑战。为了帮助医生更高效地利用现有的医学证据，某国际知名医疗机构开发了一款基于 AIGC 技术的智能临床决策支持系统（CDSS）。该系统旨在整合全球范围内的医学文献、临床指南、病历记录等资源，为医生提供实时、个性化的诊疗建议。

（1）核心功能。
- 个性化推荐。系统能够根据患者的个体特征（如年龄、性别、遗传背景、既往病史等），结合最新的研究成果和临床试验数据，自动生成针对特定病例的最佳治疗方案建议。
- NLP 驱动的文献综述。利用先进的 NLP 算法，系统可以自动阅读并解析大量的医学文献，提取关键信息并总结出对当前病例最有价值的研究发现。这极大节省了医生查找和评估相关文献的时间。
- 预测模型。通过机器学习技术训练而成的预测模型，系统能够预测疾病进展的风险、治疗反应的可能性以及潜在并发症的发生概率，从而帮助医生提前规划干预措施。
- 患者教育材料生成。AIGC 用于自动生成易于理解的患者教育资料，涵盖疾病的解释、治疗选项及其可能的副作用等内容，增强医患沟通效果。
- 持续更新的知识库。系统内置的知识库会定期自动更新，确保所有提供的信息都是基于最新、最可靠的证据。此外，它还可以根据用户反馈进行自我优化，不断提高推荐的质量。

（2）成效与影响。

自从推出以来，CDSS 已经显著提升了医疗服务的效率和质量。具体表现如下。
- 提高诊断准确性。通过对海量数据的快速分析，系统帮助医生发现了更多细微但重要的病情线索。
- 缩短决策时间。医生不再需要花费大量时间查阅资料或等待专家意见，即可获得高质量的诊疗建议。
- 促进个性化医疗的发展。每个患者都能得到最适合自己的治疗方案，而不是"一刀切"的标准疗法。
- 提高患者满意度。清晰易懂的教育材料使患者对自己的健康状况有了更深的理解，进而积极参与到治疗过程中来。

2. 实验总结

记录此案例的核心内容、由此得到的启发和感想等。

3. 实验评价（教师）

第 11 章　AIGC 造就智慧城市

智能交通系统（Intelligent Transportation Systems，ITS）是 AIGC 技术的一个重要应用领域（见图 11-1），它利用先进的信息技术、通信技术和控制技术，对交通系统进行全面的智能化管理。通过实时采集、传输和分析交通数据，智能交通系统能够优化交通流量、提高交通安全、减少交通拥堵和环境污染，从而提升城市交通的整体效率。

图 11-1　智能交通是 AIGC 技术的重要应用领域（AI 作图）

扫码看视频

11.1　智能交通概述

智能交通系统（ITS）是一种利用先进的信息技术、通信技术和控制技术，对交通系统进行全面智能化管理的综合解决方案。

AIGC 技术应用于智能交通领域，通过感知、分析和决策，进一步增强了系统的智能化和高效化，包括实时交通监控、动态路径规划、交通信号优化、自动驾驶控制、人机交互和数据安全保护等，为智慧城市建设提供了强有力的支持。

11.1.1　智能交通要素

应用 AIGC 的智能交通系统显著提高了交通系统的安全性、效率和用户体验。通过下述关键要素，智能交通系统能够充分利用 AIGC 技术的优势，实现交通系统的智能化管理，并为自动驾驶技术提供支持。

（1）数据采集与感知。

其关键要素如下。

- 传感器：包括激光雷达（LiDAR）、毫米波雷达、摄像头等，用于实时感知车辆周围环境。
- 摄像头：用于捕捉交通流量、交通标志、行人等图像信息。
- 通信设备：车载单元（OBU）和智能路侧单元（RSU）（见图 11-2），实现车辆与车辆、车辆与基础设施之间的通信。

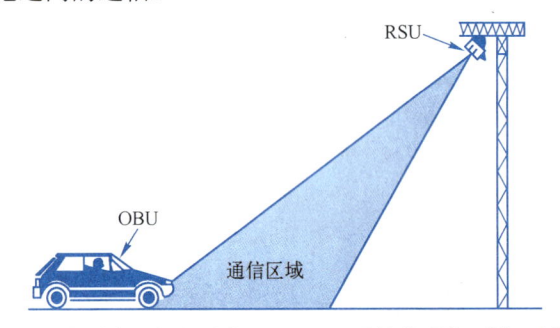

图 11-2　典型专用短程通信（DSRC）系统的通信区域（侧视）

数据采集与感知发挥的主要作用是：通过多种传感器和摄像头，实时感知交通环境，包括车流量、交通信号、行人和其他车辆；采集大量交通数据，作为后续数据处理和分析的基础。

（2）数据处理与分析。其关键要素包括大数据技术和 AI 算法，前者用于存储、处理和分析海量交通数据；后者包括机器学习、深度学习等，用于从数据中提取有价值的信息和洞察。

数据处理与分析发挥的主要作用如下。

① 数据清洗与整合：对采集到的数据进行清洗和整合，确保数据的准确性和完整性。

② 交通模式识别：通过数据分析，识别交通模式和趋势，发现潜在的交通问题。

③ 预测与决策支持：利用机器学习算法预测交通流量、识别交通事件、优化交通信号控制。

（3）实时决策与控制。

其关键要素如下。

- 动态路径规划：利用实时交通数据和地图信息，动态生成最优行驶路径。
- 交通信号优化：通过智能算法动态调整交通信号灯的配时，减少等待时间和交通拥堵。
- 自动驾驶控制：通过控制车辆的油门、制动（刹车）和转向系统，实现车辆的自主驾驶。

其主要作用如下。

① 路径规划：为驾驶员提供实时的交通信息和最佳行驶路线，避开拥堵路段。

② 交通信号控制：动态调整交通信号灯的配时，减少等待时间和交通拥堵。

③ 自动驾驶：实现车辆的自主决策和控制，提高驾驶安全性和效率。

（4）人机交互与用户体验。它发挥的主要作用是：通过语音和手势识别实现与驾驶员的自然交互，提供实时交通信息传递和导航服务；通过友好的用户界面和交互设计，提升用户的使用体验和满意度。

其关键要素如下。
- 语音识别与合成：通过 NLP 技术，实现与驾驶员的语音交互，提供导航、娱乐等服务。
- 手势识别：利用摄像头和机器学习算法，识别驾驶员的手势，实现对车辆的控制。
- 用户界面：设计简洁明了的用户界面，方便用户操作和使用。

（5）数据安全与隐私保护。数据安全确保交通数据在传输和存储过程中的安全性，防止数据被篡改或泄露；保护用户的个人信息，确保用户的隐私权不受侵犯。

其关键要素包括数据加密和隐私保护，前者对采集到的交通数据进行加密处理，确保数据传输的安全性；后者通过差分隐私等技术，保护用户的个人信息不被泄露。

（6）法规与标准。通过完善的法律法规，确保智能交通系统的安全性和合法性；通过统一的技术标准，促进不同厂商和系统的互操作性与协同发展。

其关键要素包括法规制定和标准制定，前者完善相关的法律法规，确保智能交通系统的安全性和合法性；后者制定统一的技术标准，确保不同厂商和系统的互操作性。

11.1.2 关键技术

智能交通系统（ITS，见图 11-3）是一种集成化的交通管理解决方案，它通过以下关键技术实现交通系统的智能化管理。

图 11-3 智能交通系统示例

（1）感知与物联网（IoT）技术。利用传感器、摄像头等设备实时采集交通数据，包括车流量、速度、交通信号状态等。

（2）通信技术。通过蜂窝网络 4G/5G、Wi-Fi、专用短程通信（DSRC）等无线通信技术，实现车辆与车辆、车辆与基础设施、车辆与行人、车辆与网络、车辆与交通管理系统之间的实时通信。

（3）数据处理与分析技术。利用大数据技术和 AI 算法，对采集到的海量交通数据进行存储、处理和分析，发现交通模式和趋势。

（4）AI 技术。利用机器学习、深度学习等算法，对交通数据进行智能分析，预测交通流量、识别交通事件、优化交通信号控制等。

（5）决策与控制技术。通过智能算法动态调整交通信号灯的配时，生成最优行驶路径，实现车辆的自主驾驶等。

11.1.3 主要应用

AIGC 技术应用于智能交通系统的各个方面，可以生成和处理高质量的交通数据，通过先进的感知、分析和决策能力，显著提高交通系统的安全性、效率和用户体验。

（1）数据采集与感知。
- 交通流量管理：实时监控和采集交通流量数据，包括车流量、速度、交通信号状态等，及时发现交通拥堵和异常情况。
- 交通信号优化：利用机器学习、深度学习等 AI 算法对交通数据进行智能分析，通过智能算法动态调整交通信号灯的配时，预测交通流量、识别交通事件，优化交通信号控制，减少等待时间和交通拥堵。
- 数据处理与分析：通过大数据技术和 AI 算法，对采集到的海量交通数据进行存储、处理和分析，发现交通模式和趋势。

典型案例：**新加坡智能交通系统**利用 AIGC 技术动态调整交通信号灯的配时，有效减少了交通拥堵，并通过手机 App 和交通信息发布牌提供实时的交通信息，帮助驾驶员选择最佳行驶路线。

（2）交通安全。
- 事故预警：通过分析交通数据，预测潜在的交通事故风险，提前采取预防措施。
- 紧急救援：在发生交通事故后，快速定位事故位置，调度救援车辆，提高救援效率。
- 行人检测：利用摄像头和图像识别技术，实时检测行人和其他障碍物，提醒驾驶员注意安全。

典型案例：**美国密歇根州的 MCity 测试场**利用 AIGC 技术进行 V2V 通信测试，验证车辆之间的通信能力和安全性，提高事故预警的准确性。

（3）公共交通管理。
- 公交调度：利用大数据分析乘客流量和出行需求，优化公交车的发车频率和线路。
- 乘客信息服务：通过手机 App 等渠道，提供实时的公交车到站时间和换乘信息，提升乘客体验。

典型案例：**北京智能交通系统**通过摄像头和传感器实时监控交通流量，及时发现交通拥堵和异常情况；在主要道路上设置公交专用道，通过智能交通信号系统优先放行公交车，提高运行效率。

（4）自动驾驶。
- 传感器融合：利用车载激光雷达（LiDAR）、毫米波雷达、摄像头等多种传感设备，实时感知车辆周围的环境；通过深度学习和计算机视觉技术，识别道路状况、交通标志、车道线、行人、其他车辆和障碍物。
- 动态路径规划：利用导航系统、实时交通数据和地图信息，动态生成最优行驶路径，为驾驶员提供实时的交通信息和最佳行驶路线，避免交通拥堵和危险路段。
- 自动驾驶控制：通过 AI 算法，实现车辆的自动加速、减速、变道和停车等功能；通过控制车辆的油门、刹车和转向系统，实现车辆的自主驾驶。

（5）人机交互与用户体验。
- 语音识别与合成：通过 NLP 技术，实现与驾驶员的语音交互，提供导航、娱乐等服务。

- 手势识别：利用摄像头和机器学习算法，识别驾驶员的手势，实现对车辆的控制。
- 用户界面：设计简洁明了的用户界面，方便用户操作和使用。

（6）停车管理。
- 停车位监控：通过传感器实时监控停车场的空闲车位，提供实时的停车信息。
- 智能停车引导：利用导航系统引导驾驶员快速找到空闲车位，减少寻找车位的时间。

（7）数据安全与隐私保护。
- 数据加密：对采集到的交通数据进行加密处理，确保数据传输的安全性。
- 隐私保护：通过差分隐私等技术，保护用户的个人信息不被泄露。

典型案例：**苹果车载系统 CarPlay**，通过严格的隐私保护措施，确保用户的个人信息不被第三方应用获取。

（8）法规与标准。
- 法规制定：完善相关的法律法规，确保智能交通系统的安全性和合法性。
- 标准制定：制定统一的技术标准，确保不同厂商和系统的互操作性。

11.2　AIGC 用于智能交通

将 AIGC 技术应用于智能交通，其发展趋势主要如下。

（1）多模态交通管理。智能交通系统将更加注重多模态感知，结合多种传感器的数据，提高环境感知的准确性和鲁棒性；更加注重多模态交通管理，整合公共交通、私家车、自行车等多种交通方式，提供综合性的出行解决方案。

（2）多模态通信。将更加注重多模态通信技术，结合蜂窝网络 4G/5G、Wi-Fi、DSRC 等多种通信技术，提供更全面的通信解决方案。

（3）车联网技术。实现车辆与交通管理系统、其他车辆之间的实时通信，提高交通系统的智能化水平。

（4）高精度地图。将成为智能交通和自动驾驶的重要基础设施，提供精确的道路信息和地理数据，支持自动驾驶和交通管理。

（5）数据安全与隐私保护。随着智能交通系统的广泛应用，数据安全和隐私保护将成为重要的研究方向。对采集到的交通数据进行加密处理，确保数据传输的安全性；通过差分隐私（一种密码学手段，旨在提供当从统计数据库查询时，最大化数据查询的准确性，同时最大限度减少识别其记录的机会）等技术，保护用户的个人信息不被泄露。

（6）可持续交通。将更加注重环境保护和可持续发展，通过优化交通流量、减少碳排放等方式，促进绿色交通的发展。

（7）法规与标准。随着智能交通和自动驾驶技术的发展，相关法规和标准将不断完善，确保智能交通系统的安全性和合法性。

11.3　AIGC 与自动驾驶

自动驾驶技术是智能交通系统的重要组成部分，通过利用先进的传感器、通信技术和 AI

算法，实现车辆的自主驾驶。

11.3.1 车联网技术概述

车联网（Vehicle-to-Everything，V2X，见图 11-4）技术是指通过先进的通信技术和信息技术，实现车辆与车辆（V2V）、车辆与基础设施（V2I）、车辆与行人（V2P）以及车辆与网络（V2N）之间的实时通信和信息交换。车联网技术是智能交通系统的重要组成部分，能够显著提高交通安全、减少交通拥堵、提升交通效率，并为自动驾驶技术提供支持。

图 11-4　车联网（V2X）

定义：车联网是指通过无线通信技术（蜂窝网络 4G/5G、Wi-Fi、专用短程通信 DSRC 等），实现车辆与车辆、车辆与基础设施、车辆与行人以及车辆与网络之间的信息交换和协同工作。

主要组成部分如下。

（1）车载单元。安装在车辆上的通信设备，负责与其他车辆、基础设施和行人进行通信。

（2）路侧单元。安装在道路基础设施上的通信设备，负责与车辆进行通信。

（3）中央管理系统。管理和协调整个车联网系统的运行，包括数据收集、分析和决策支持。

1. 车联网的关键技术

车联网的关键技术包括车辆与基础设施、车辆与车辆之间的通信、高精度定位与地图、智能传感器融合、边缘计算和云计算，以及先进的数据分析和 AI 算法等，共同实现安全、高效的智能交通系统。

（1）通信技术。

- 蜂窝网络 4G/5G：实现车辆与网络之间的高速通信，支持大数据传输和低延迟通信。
- Wi-Fi：实现短距离、高速率的通信，适用于车辆与基础设施之间的局部通信。
- DSRC（专用短程通信）：专为车联网设计的短距离无线通信技术，适用于车辆与车辆、车辆与基础设施之间的直接通信。
- C-V2X（蜂窝车联网）：基于蜂窝网络的车联网技术，结合了 4G/5G 的广域通信能力和 DSRC 的短距通信能力，提供更全面的通信解决方案。

（2）感知技术。

- 传感器：包括激光雷达、毫米波雷达、摄像头等，用于实时感知车辆周围的环境。
- 图像识别：利用计算机视觉和深度学习技术，识别交通标志、车道线、行人等目标。

（3）数据处理与分析。
- 大数据技术：对采集到的海量交通数据进行存储、处理和分析，发现交通模式和趋势。
- AI 技术：利用机器学习、深度学习等算法，对交通数据进行智能分析，预测交通流量、识别交通事件、优化交通信号控制等。

2．车联网的主要应用

车联网的主要应用包括智能交通管理、自动驾驶辅助、车辆远程监控与诊断、车载信息服务和娱乐，以及基于位置的安全和服务功能。

（1）交通安全。
- 碰撞预警：通过 V2V 通信，车辆可以实时感知周围车辆的位置和速度，提前预警潜在的碰撞风险。
- 盲区检测：通过 V2V 通信，车辆可以检测到视线盲区内的其他车辆，提高驾驶安全性。
- 紧急制动辅助：通过 V2V 通信，车辆可以接收到前方车辆的紧急制动信号，提前采取措施避免事故。

（2）交通管理。
- 交通信号优化：通过 V2I 通信，交通管理系统可以实时调整交通信号灯的配时，减少等待时间和交通拥堵。
- 交通信息发布：通过 RSU，交通管理部门可以向车辆发送实时的交通信息，如路况、事故、施工等，帮助驾驶员选择最佳行驶路线。

（3）自动驾驶。
- 环境感知：通过 V2X 通信，自动驾驶车辆可以获取更全面的环境信息，提高感知的准确性和鲁棒性。
- 路径规划：通过 V2I 通信，自动驾驶车辆可以获取实时的交通数据和地图信息，动态生成最优行驶路径。
- 协同驾驶：通过 V2V 通信，多辆自动驾驶车辆可以协同工作，实现车队编队行驶、协同避障等。

（4）智能停车。
- 停车位监控：通过 RSU 和传感器，实时监控停车场的空闲车位，提供实时的停车信息。
- 智能停车引导：利用导航系统引导驾驶员快速找到空闲车位，减少寻找车位的时间。

11.3.2　AIGC 应用于自动驾驶

AIGC 技术在自动驾驶领域的应用已经取得显著成果，为推动自动驾驶技术的发展，以及为未来的智能交通系统提供强有力的支持。它在自动驾驶（见图 11-5）中的应用主要集中在以下方面。

（1）环境感知技术应用。

通过车载传感器和摄像头，实时感知周围环境，识别行人、车辆和障碍物。
- 传感器融合：利用激光雷达、毫米波雷达、摄像头等多种传感器，实时感知车辆周围的环境，包括道路状况、交通标志、行人和其他车辆。
- 图像识别：通过深度学习和计算机视觉技术，识别交通标志、车道线、行人等目标，确保车辆能够准确理解周围环境。

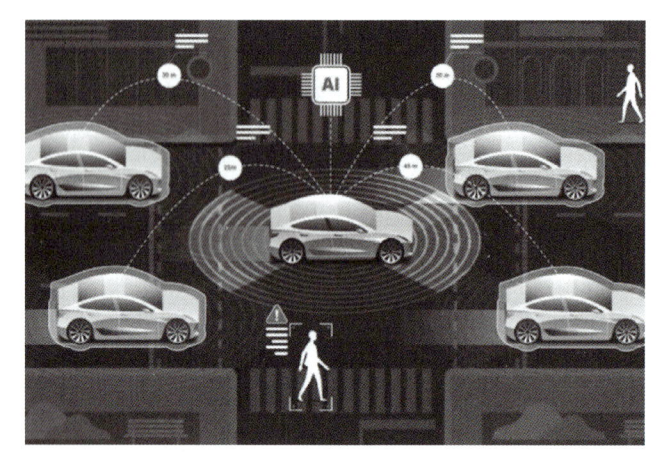

图 11-5　自动驾驶

典型案例：**特斯拉 Autopilot 系统**使用多个摄像头和雷达传感器，结合深度学习算法，实现对周围环境的精确感知和自动驾驶控制。

（2）路径规划技术应用。

利用导航系统和地图数据，规划最优行驶路径，避免交通拥堵和危险路段。

- 动态路径规划：利用 AIGC 技术，根据实时交通数据和地图信息，动态生成最优行驶路径，避免交通拥堵和危险路段。
- 多目标优化：综合考虑行驶时间、油耗、交通规则等因素，生成最合理的路径。

典型案例：**Waymo 的自动驾驶出租车**使用先进的路径规划算法，结合实时交通数据，为乘客提供高效的出行服务。

（3）决策与控制技术应用。

- 行为决策：利用强化学习等算法，使车辆能够根据当前环境和交通状况，做出合理的驾驶决策，如变道、超车、避障等。
- 自动驾驶控制：通过控制车辆的油门、刹车和转向系统，实现车辆的自主驾驶。
- 多车协同：通过 V2V 通信，实现多辆自动驾驶车辆协同工作，提高行驶效率和安全性。

典型案例：**百度 Apollo 平台**利用深度学习和强化学习算法，实现车辆的自主决策和控制，已在多个城市进行测试和运营。

（4）交通信号识别与响应技术应用。

- 交通信号识别：通过摄像头和图像识别技术，识别交通信号灯的颜色和交通标志的内容。
- 信号灯响应：根据识别结果，自动控制车辆的行驶状态，如停车、起步等。

典型案例：**Mobileye 自动驾驶系统**使用先进的图像识别技术，能够准确识别交通信号灯和交通标志，并做出相应的驾驶决策。

（5）智能停车技术应用。

- 停车位监控：通过传感器实时监控停车场的空闲车位，提供实时的停车信息。
- 智能停车引导：利用导航系统引导驾驶员快速找到空闲车位，减少寻找车位的时间。
- 预约停车：通过手机 App 等平台，实现停车位的在线预约和支付，提高停车管理的效率。

典型案例：**上海智能交通示范项目**通过 RSU 和传感器，实时监控停车场的空闲车位，并提供智能停车引导服务，减少寻找车位的时间。

（6）人机交互技术应用。
- 语音识别与合成：通过 NLP 技术，实现与驾驶员的语音交互，提供导航、娱乐等服务。
- 手势识别：利用摄像头和机器学习算法，识别驾驶员的手势，实现对车辆的控制。

典型案例：**宝马 iX 车型**配备了先进的语音识别和手势识别系统，驾驶员可以通过语音命令和手势控制车辆的多项功能。

（7）数据安全与隐私保护技术应用。
- 数据加密：对采集到的交通数据进行加密处理，确保数据传输的安全性。
- 隐私保护：通过差分隐私等技术，保护用户的个人信息不被泄露。

典型案例：**苹果车载系统 CarPlay** 采用严格的隐私保护措施，确保信息不被第三方应用获取。

11.4 智能城市与 AIGC

智慧城市是一个综合性的概念（见图 11-6），指的是通过利用各种信息技术或创新概念，如物联网（IoT）、大数据、云计算、AI 等，来实现城市系统和服务的集成，进而提升资源使用效率，优化城市管理和服务，改善市民生活质量的一种新型城市发展模式。智慧城市的核心在于实现城市运行系统的互连互通、高效和智能，为城市居民创造更加安全、便捷、舒适的生活环境。

图 11-6 智慧城市（AI 作图）

11.4.1 智慧城市关键特点

智慧城市是社会发展的一个重要方向，它代表着一种更加高效、环保、和谐的生活方式。

它的关键特点如下。

（1）集成与互连。智慧城市强调的是不同城市系统和服务之间的集成与互连，如交通、能源、环境监测等系统之间的数据共享和协同工作。

（2）高效性。通过先进的信息技术手段，智慧城市能够提高城市管理的效率，减少资源浪费，实现节能减排。

（3）智能化。利用 AI、大数据分析等技术，智慧城市能够实现自动化的决策支持，提供个性化的服务体验，增强城市的自我适应能力和创新能力。

（4）可持续性。智慧城市的发展注重环境保护和资源的合理利用，追求经济、社会、环境的协调发展，旨在实现城市的长期可持续发展。

11.4.2 智慧城市主要组成

随着科技的快速发展和社会需求的变化，智慧城市的概念也在不断演进。其发展将更加注重以人为本，通过数智化转型、绿色低碳发展以及技术创新多元化发展，包括数字孪生、元宇宙等新兴技术的深入应用，进一步提升城市服务的智能化和人性化水平，更好地满足市民的需求。

智慧城市主要由以下部分组成。

（1）城市数据中心。作为智慧城市的大脑，负责收集、存储、处理和分析来自各个领域的海量数据。

（2）智慧交通。利用智能交通系统减少交通拥堵，提高交通安全，优化公共交通服务。

（3）智慧环保。通过实时监测环境污染情况，采取措施保护环境，提高资源利用率。

（4）智慧城市公共服务。提供在线政务、智能医疗、数字教育等服务，提高市民的生活质量。

（5）智慧社区。构建安全、便捷、舒适的居住环境，提升社区服务水平。

（6）智慧教育。利用信息技术改革教育方式，提供个性化学习资源，促进教育公平。

11.4.3 AIGC 应用于智慧城市

AIGC 技术在智慧城市中的应用，是近年来随着 AI 技术进步而兴起的一个重要趋势。作为一项前沿技术，它在智慧城市中的应用不仅提升城市管理和服务的智能化水平，促进社会经济的发展，改善市民生活质量，也为市民带来了更加便利、安全的生活体验。

1. 智能交通管理

通过 AI 生成的虚拟交通模型来模拟不同的交通情景，能够为城市规划和决策提供支持。

（1）交通流量预测与优化。利用 AIGC 技术分析历史交通数据，预测未来的交通流量变化，优化信号灯控制策略，帮助城市管理者提前做好交通规划和调度，有效缓解交通拥堵。

（2）交通事故预防。通过分析交通视频数据，自动识别潜在的安全隐患和违规行为，并提前预警，减少交通事故的发生。

2. 城市安防监控

通过视频监控系统结合 AI 技术，能够实现对异常行为的自动检测和快速响应。在灾害发生时，AI 可以迅速生成救援方案，指导救援行动，提高救援效率。

（1）智能视频分析。AIGC 可以用于分析监控视频，自动检测异常行为，如人群聚集、暴力事件等,及时报警,从而提高公共安全。

(2)犯罪预测。通过对大量犯罪数据的学习,预测犯罪高发区域和时间段,能够指导警力部署,提高犯罪预防效果。

3. 环境保护

AI 可以帮助制定更加科学合理的环保措施。

(1)污染源识别与监测。利用卫星遥感和地面传感器收集的数据,结合 AIGC 技术,可以快速准确地识别污染源,监测环境质量变化,为环境保护提供科学依据。

(2)灾害预警。通过分析气象、地质等多种数据,预测自然灾害发生的可能性,提前发出预警,以减少灾害带来的损失。

4. 智能公共服务

构建基于 AI 的城市服务门户,使市民能够享受到更加便捷高效的服务体验。

(1)智慧政务。利用 AIGC 技术自动生成政策解读、办事指南等文档,提高政府服务效率,方便市民获取信息。

(2)智能客服。在公共服务平台上使用基于 AIGC 的聊天机器人,提供 24 小时在线咨询服务,解答市民的问题,提高服务质量。

5. 智慧城市建设与管理

利用 AI 技术优化能源分配,例如,根据用户用电习惯调整供电计划,减少浪费;或者通过智能电网技术实时监控电力系统状态,预防故障发生。

(1)城市规划。通过模拟仿真技术,预测不同城市规划方案的影响,辅助决策者做出最优选择。

(2)资源优化配置。利用大数据分析和 AIGC 技术,优化城市资源配置,提高资源使用效率,降低能耗。

6. 智慧社区

通过集成 AI 技术,实现建筑物内部设备的自动化控制。同时在社区层面,AI 可以帮助建立更加和谐的邻里关系,如通过智能分析居民需求,提供定制化的社区活动建议。

(1)智能家居。通过连接家中的智能设备,实现家庭自动化管理,如自动调节室内温度、照明等,提高居民生活质量。

(2)社区安全管理。利用视频监控和数据分析技术,加强社区安全防护,预防和应对紧急情况。

【作业】

1. 智能交通系统是指利用先进的信息、通信和 AI 技术,对交通系统进行智能化管理。通过实时采集、传输和分析交通数据,它能够(   )和减少环境污染,提升城市交通的整体效率。

① 优化交通流量   ② 提高交通安全   ③ 减少交通拥堵   ④ 加强人工干预

A. ①③④   B. ①②④   C. ①②③   D. ②③④

2. AIGC 技术在智能交通中的应用,具体包括(   )以及自动驾驶控制、人机交互和数据安全保护等,为智慧城市建设提供了强有力的支持。

①动态路径规划　②交通信号优化　③控制温室效应　④实时交通监控
A．①②④　　　B．①③④　　　C．①②③　　　D．②③④

3．在应用 AIGC 的智能交通系统中，数据采集与感知功能的关键要素包括（　　），以实时感知交通环境，采集大量交通数据，为后续的数据处理和分析提供基础。
①传感器　　　②摄像头　　　③制动器　　　④通信设备
A．②③④　　　B．①②③　　　C．①③④　　　D．①②④

4．在应用 AIGC 的智能交通系统中，数据处理与分析功能的关键要素包括（　　），以清洗与整合数据，通过数据分析识别交通模式和趋势，利用机器学习优化交通信号控制。
①大数据技术　②程序结构　　③机器学习　　④AI 算法
A．①②④　　　B．①③④　　　C．①②③　　　D．②③④

5．在应用 AIGC 的智能交通系统中，实时决策与控制功能的关键要素包括（　　），以提供实时的交通信息和最佳行驶路线，动态调整交通信号灯的配时，实现车辆的自主决策和控制。
①模拟安全生产　②自动驾驶控制　③交通信号优化　④动态路径规划
A．②③④　　　B．①②③　　　C．①②④　　　D．①③④

6．在应用 AIGC 的智能交通系统中，人机交互与用户体验功能的关键要素包括（　　），以通过语音和手势识别实现与驾驶员自然交互，提升用户的使用体验和满意度。
①手势识别　　②用户界面　　③算法逻辑　　④语音识别与合成
A．②③④　　　B．①②③　　　C．①②④　　　D．①③④

7．在应用 AIGC 的智能交通系统中，数据安全与隐私保护功能的关键要素包括（　　），以防止数据被篡改或泄露，确保用户的隐私权不受侵犯。
①数据加密　　②隐私保护　　③安全传输　　④信号放大
A．②③④　　　B．①②③　　　C．①②④　　　D．②③④

8．在应用 AIGC 的智能交通系统中，法规与标准功能的关键要素包括（　　），以确保智能交通系统的安全性和合法性，促进不同厂商和系统的互操作性与协同发展。
①法规制定　　②标准制定　　③约束行为　　④完善法律
A．②③④　　　B．①②③　　　C．①③④　　　D．①②④

9．智能交通系统（ITS）是一种集成化的交通管理解决方案，它通过（　　）等关键技术实现交通系统的智能化管理。
①SQL 数据查询技术　　　　　②感知与物联网（IoT）技术
③蜂窝和 DSRC 等无线通信技术　④AI 和决策与控制技术
A．①②④　　　B．①③④　　　C．②③④　　　D．①②③

10．（　　）将成为智能交通和自动驾驶的重要基础设施，提供精确的道路信息和地理数据，支持自动驾驶和交通管理。
A．高精度地图　B．GPS 系统　C．宏翻译软件　D．差分隐私

11．所谓（　　）是一种密码学手段，旨在提供当从统计数据库查询时，最大化数据查询的准确性，同时最大限度减少识别其记录的机会。
A．高精度地图　B．GPS 系统　C．宏翻译软件　D．差分隐私

12．自动驾驶技术是智能交通系统的重要组成部分，它通过利用（　　），实现车辆的自主驾驶。

①　先进传感器　②　自动继电器　③　通信技术　④　AI 算法
A．①③④　　B．①②④　　C．①②③　　D．②③④

13．（　　）技术是指通过先进的通信技术和信息技术，实现车辆与车辆、车辆与基础设施、车辆与行人以及车辆与网络之间的实时通信和信息交换。
A．Wi-Fi　　B．V2X　　C．IoT　　D．IIoT

14．车联网技术是智能交通系统的重要组成部分，能够显著提高交通安全、减少交通拥堵、提升交通效率，并为自动驾驶技术提供支持，其主要组成部分包括（　　）。
①　车载单元　②　路测单元　③　环境元素　④　中央管理系统
A．②③④　　B．①②③　　C．①③④　　D．①②④

15．在自动驾驶技术中，AIGC 主要应用在（　　）以及交通信号识别与响应、智能停车、人机交互、数据安全与隐私保护等几个方面。
①　环境感知　②　路径规划　③　决策与控制　④　信号表达
A．①②③　　B．②③④　　C．①②④　　D．①③④

16．将 AIGC 技术应用于智能交通和自动驾驶领域，未来将更加注重多模态通信技术，结合（　　）等多种通信技术，提供更全面的通信解决方案。
①　TCP/IP　②　蜂窝网络　③　Wi-Fi　④　DSRC
A．①③④　　B．①②④　　C．②③④　　D．①②③

17．（　　）是一个综合性概念，是指通过利用各种 IT 技术或创新概念来实现城市系统和服务的集成，进而提升资源使用效率，优化城市管理和服务的一种新型城市发展模式。
A．智能制造　　B．智慧城市　　C．智能家居　　D．智慧建造

18．智慧城市是社会发展的一个重要方向，它代表着一种更加高效、环保、和谐的城市生活方式。它的关键特点主要是（　　）以及集成与互连。
①　高效性　②　智能化　③　个性化　④　可持续性
A．①②③　　B．②③④　　C．①②④　　D．①③④

19．智慧城市主要由城市数据中心、（　　）以及智慧教育、智慧城市公共服务等部分组成。
①　智能勘探　②　智慧交通　③　智慧环保　④　智慧社区
A．②③④　　B．①②③④　　C．①②④　　D．①③④

20．作为一项前沿技术，AIGC 在智慧城市建设中有着广泛的应用前景，它提升了城市管理和服务的智能化水平，能够（　　）。
①　促进社会经济的发展　　②　加快工农业生产的发展
③　改善市民生活质量　　④　为市民带来更便利、安全的生活体验
A．②③④　　B．①②③　　C．①③④　　D．①②④

【研究性学习】AIGC 智能交通应用案例分析

下面通过一些典型案例，来了解 AIGC 技术在智能交通系统中的广泛应用和显著效果。AIGC 技术通过感知、分析和决策，显著提高了交通系统的智能化和高效化，解决了交通拥堵、

提高了交通安全、优化了交通管理，并为自动驾驶技术的发展提供了有力支持。未来，随着技术的不断进步和应用的逐步推广，智能交通系统将为人们的出行带来更多的便利和安全。

1. 实验内容与步骤

AIGC 技术在智能交通领域的应用已经取得了显著成果，例如，新加坡智能交通系统利用 AIGC 技术动态调整交通信号灯的配时，有效减少了交通拥堵；美国密歇根州的 MCity 测试场利用 AIGC 技术进行 V2V 通信测试；北京智能交通系统通过摄像头和传感器实时监控交通流量；上海智能交通示范项目通过 RSU 和传感器实时监控停车场，提供智能停车引导服务等。这些应用案例充分展示了 AIGC 技术在提高交通系统安全性、效率和用户体验方面的强大潜力。

（1）**新加坡智能交通系统**。新加坡是一个高度城市化的国家，面临着严重的交通拥堵问题。为了解决这一问题，新加坡政府大力推动智能交通系统的建设，利用先进的信息技术和 AI 技术，实现交通系统的智能化管理。

主要技术应用如下。

① 实时交通监控：通过遍布城市的摄像头和传感器，实时采集交通流量、速度、交通信号状态等数据。

② 数据处理与分析：利用大数据技术和 AI 算法，对采集到的海量交通数据进行存储、处理和分析，发现交通模式和趋势。

③ 交通信号优化：通过机器学习算法，动态调整交通信号灯的配时，减少等待时间和交通拥堵。

④ 路径规划：利用实时交通数据和地图信息，通过手机 App 和交通信息发布牌，提供最佳行驶路线，帮助驾驶员避开拥堵路段。

实现的实际效果如下。

① 减少交通拥堵：动态调整交通信号灯的配时，有效减少了交通拥堵，提高了道路通行能力。

② 提升交通效率：通过实时交通信息发布，帮助驾驶员选择最佳行驶路线，提高了交通系统的整体效率。

③ 提高交通安全：实时监控交通状况，及时发现和处理交通事件，提高了交通安全水平。

请记录：此案例的核心内容，由此得到的启发、感想等。

（2）**美国密歇根州的 MCity 测试场**。MCity 是位于美国密歇根大学的一个智能交通测试场（见图 11-7），旨在测试和验证自动驾驶技术和车联网（V2X）技术的有效性与安全性。

主要技术应用如下。

① V2V 通信测试：利用 AIGC 技术进行车辆与车辆之间的通信测试，验证车辆之间的通信能力和安全性，提高事故预警的准确性。

② 环境感知：通过车载传感器和摄像头，实时感知周围环境，识别行人、车辆和障碍物。

③ 自动驾驶控制：通过 AI 算法，实现车辆的自动加速、减速、变道和停车等功能。

④ 多车协同：通过 V2V 通信实现多辆自动驾驶车辆协同工作，提高行驶效率和安全性。

图 11-7　MCity 测试场

实现的实际效果如下。

① 提高自动驾驶安全性：通过 V2V 通信测试，验证了车辆之间的通信能力和安全性，提高了自动驾驶技术的安全性和可靠性。

② 优化自动驾驶性能：通过环境感知和自动驾驶控制技术，提高了自动驾驶车辆的感知能力和行驶效率。

③ 推动技术发展：MCity 测试场为自动驾驶技术的研发和测试提供了重要的平台，推动了相关技术的发展和应用。

请记录：此案例的核心内容，由此得到的启发、感想等。

（3）**北京智能交通系统**。面对严重的交通拥堵和空气污染问题，北京市政府积极推进智能交通系统的建设，利用先进的信息技术和 AI 技术，提高交通系统的智能化管理水平。

主要技术应用如下。

① 交通流量监控：通过摄像头和传感器实时监控交通流量，及时发现交通拥堵和异常情况。

② 交通信号优化：利用机器学习算法，动态调整交通信号灯的配时，减少等待时间和交通拥堵。

③ 公交优先：在主要道路上设置公交专用道，通过智能交通信号系统优先放行公交车，提高运行效率。

④ 智能停车管理：通过传感器实时监控停车场的空闲车位，并提供智能停车引导服务，减少寻找车位的时间。

实现的实际效果如下。

① 减少交通拥堵：通过动态调整交通信号灯的配时和公交优先政策，有效减少了交通拥堵，提高了道路通行能力。

② 提高公交效率：通过智能交通信号系统优先放行公交车，提高了公交运行效率，减少

了乘客的等待时间。

③ 优化停车管理：通过智能停车管理系统，提供实时的停车信息和引导服务，减少了寻找车位的时间，提高了停车管理的效率。

请记录： 此案例的核心内容，由此得到的启发、感想等。

（4）**上海的智能交通示范项目**。面对严重的交通拥堵问题，上海市政府启动了智能交通示范项目，利用先进的信息技术和 AI 技术，实现交通系统的全面智能化管理。

主要技术应用如下。

① 交通信号优化：利用 AIGC 动态调整交通信号灯的配时，减少等待时间和交通拥堵。

② 智能停车管理：通过 RSU 和传感器，实时监控停车场的空闲车位，并提供智能停车引导服务，减少寻找车位的时间。

③ 交通信息发布：通过手机 App 和交通信息发布牌，提供实时的交通信息，帮助驾驶员选择最佳行驶路线。

④ 自动驾驶测试：在上海临港地区开展自动驾驶车辆的测试，验证自动驾驶技术的安全性和可靠性。

实现的实际效果如下。

① 减少交通拥堵：通过动态调整交通信号灯的配时，提高了道路通行能力。

② 优化停车管理：通过智能停车管理系统，提供实时的停车信息和引导服务，减少了寻找车位的时间，提高了停车管理的效率。

③ 提高交通安全：通过实时交通信息发布，帮助驾驶员及时了解交通状况，提高了交通安全水平。

④ 推动自动驾驶技术：通过自动驾驶车辆的测试，验证了自动驾驶技术的安全性和可靠性，推动了相关技术的发展和应用。

请记录： 此案例的核心内容，由此得到的启发、感想等。

---

2. 实验总结

---

3. 实验评价（教师）

第 12 章　AIGC 提升金融服务

在金融服务中，AIGC 通过风险管理、客户服务、投资管理和数据处理等多方面来提升效率与安全性，如利用机器学习进行欺诈检测、提供 24*7 智能客服、生成个性化投资建议和自动化财务报告等，显著提高了金融机构的服务质量和客户满意度。通过智能化的技术手段，金融机构能够更好地理解和满足客户需求，提高竞争力和市场份额。未来，随着技术的不断进步，AIGC 将在金融服务中发挥更加重要的作用。

12.1　金融服务概述

金融服务是指金融机构为个人和企业提供的一系列金融产品和服务，旨在满足客户的财务需求和管理风险，它涵盖了银行、保险、证券、资产管理等多个领域，是现代经济体系中不可或缺的一部分。

金融服务通过促进资金流通、管理风险、提供财富管理和维护金融市场稳定，支持经济的发展和个体的财务安全，其重要性不言而喻。金融服务包括银行服务（存款、贷款、支付）、保险服务（人寿保险、财产保险、健康保险）、证券服务（股票、债券、基金）、资产管理（财富管理、财务规划）等，涵盖了个人和企业金融需求的各个方面。

（1）银行服务。
- 存款服务：为客户提供安全、便捷的存款服务，包括活期存款、定期存款等。
- 贷款服务：提供个人贷款、企业贷款、按揭贷款等多种贷款产品，满足客户融资需求。
- 支付结算：提供银行卡、网上银行、移动支付等支付结算服务，方便客户进行交易。

（2）保险服务。
- 人寿保险：提供寿险、重疾险、意外险等产品，保障个人和家庭的财务安全。
- 财产保险：提供车险、房屋保险、企业财产保险等产品，保护客户的财产免受损失。
- 健康保险：提供医疗保险、重大疾病保险等产品，减轻医疗费用负担。

（3）业务审计。审计在银行业务中通常属于风险管理和内部控制范畴。具体来说，审计是银行用来确保其运营合规、财务报表准确、风险管理有效的重要手段。其中，内部审计和外部审计分别从内部和外部的角度对银行的运营进行独立评估，而专项审计则针对特定领域或事项进行深入审计。这些审计活动共同构成了银行的风险管理和内部控制体系，有助于提高银行的运营效率和风险管理水平。

内部审计是指由银行内部的专业审计团队进行的独立评估，旨在确保银行的运营、财务和风险管理符合内部政策与外部法规。其主要职责如下。

- 合规性审查：确保银行的业务活动和操作符合法律法规与内部政策。
- 财务审计：检查财务报表的真实性和完整性，确保财务报告的准确性。
- 风险评估：评估银行的风险管理措施是否有效，识别潜在的风险点。
- 内部控制评估：评估银行的内部控制体系是否健全，并提出改进建议。
- 运营审计：检查银行的业务流程和操作是否高效、合规。

外部审计是指由独立的第三方会计师事务所进行的审计，旨在提供独立的评估意见，确保银行的财务报表真实和公允。主要职责如下。
- 财务报表审计：对银行的财务报表进行独立审计，确保其真实性和公允性。
- 合规性审查：检查银行的业务活动和操作是否符合法律法规。
- 内部控制评估：评估银行的内部控制体系是否有效，并提出改进建议。
- 报告出具：出具审计报告，提供独立审计意见，供股东、监管机构和其他利益相关者参考。

至于专项审计，则是指对银行特定领域或事项进行的审计，通常是为了应对特定的风险或问题。主要职责如下。
- 特定领域审计：对某个特定领域（如信贷管理、信息技术、反洗钱等）进行深入审计。
- 项目审计：对银行的特定项目（如新系统上线、并购项目等）进行审计，确保项目的合规性和有效性。
- 问题导向审计：针对特定问题或风险点进行审计，并提出改进建议。

（4）证券服务。
- 股票交易：提供股票买卖、证券经纪等服务，帮助客户进行证券投资。
- 债券发行：帮助企业发行债券，筹集资金。
- 基金投资：提供各类基金产品，包括股票、债券和混合等基金，满足不同投资者的需求。

（5）资产管理。
- 财富管理：提供个性化的财富管理方案，帮助高净值客户实现资产保值增值。
- 养老金管理：为企业和个人提供养老金计划与管理服务。
- 信托服务：提供信托产品和服务，帮助客户实现资产传承和管理。

12.2 AIGC 应用于金融服务

AIGC 在金融服务中的应用十分广泛，例如，利用机器学习进行实时欺诈检测，提高交易安全性；通过 NLP 提供 24*7 智能客服，提升客户体验；生成个性化投资建议和财务报告，优化投资决策和资产管理；自动化处理大量金融数据，提高运营效率和准确性。这些应用可以显著提升金融服务的质量和效率，提升金融机构的竞争力和客户满意度，推动金融行业的创新发展。

12.2.1 智能客服

在金融服务中，客户服务质量是决定客户满意度和忠诚度的关键因素之一。传统的客户服务依赖于人工客服，存在响应时间长、服务时间受限、人力成本高等问题。随着 AI 技术的发展，智能客服应运而生，通过 NLP、机器学习和对话系统等技术，提供 24 小时不间断的高效、便捷、个性化的智能客户服务，显著提升金融服务的质量和效率（见图 12-1）。

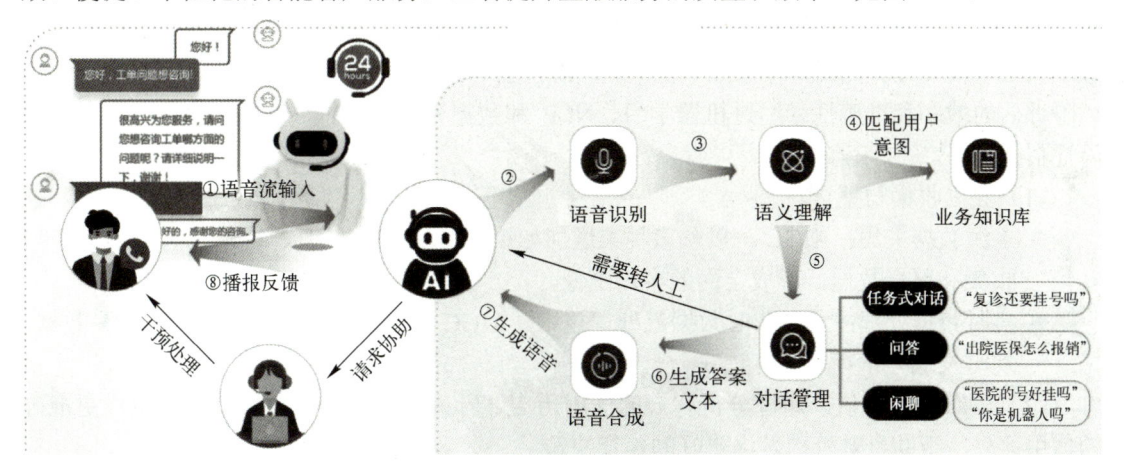

图 12-1　智能客服流程示例

智能客服的主要功能如下。

（1）自动应答与咨询。可以 24*7 全天候提供服务，不受时间和地点限制，随时解答客户的咨询。支持多种接入方式，包括电话、网站、移动应用、社交媒体等，方便客户通过不同的渠道获得帮助。

（2）问题识别与处理。

- 自然语言理解：通过 NLP 技术，智能客服能够理解客户的自然语言输入，准确识别客户的问题和需求。
- 知识库查询：智能客服可以快速访问后台知识库，获取相关信息并提供准确的答案。
- 复杂问题转接：对于复杂或无法自动处理的问题，智能客服可以自动转接到人工客服，确保问题得到有效解决。

（3）个性化服务。

- 用户画像构建：通过分析客户的交易记录、行为数据和历史咨询记录，构建用户画像，提供个性化的服务和建议。
- 个性化推荐：根据用户的需求和偏好，推荐适合的金融产品和服务，提高客户转化率。

（4）主动服务与提醒。

- 主动推送信息：智能客服可以主动向客户推送账户余额、交易确认、账单到期等信息，提高客户的金融管理效率。
- 智能提醒：通过设置，帮助客户及时处理账单、还款等金融事务，避免逾期和罚款。

（5）数据分析与优化。

- 客户行为分析：通过分析客户的咨询记录和互动数据，了解客户的需求和痛点，优化服务流程和产品设计。
- 服务质量监控：实时监控智能客服的服务质量，评估客户满意度，及时发现和解决问题。

12.2.2 风险评估

风险评估是确保金融稳定和客户利益的关键环节。金融机构需要对客户的信用风险、市场风险、操作风险等进行全面评估，以制定合理的风险管理策略。传统的风险评估方法往往依赖于人工审核和经验判断，存在效率低下、主观性强等问题。利用 AIGC 技术，可以显著提升风险评估的效率和准确性。通过机器学习、NLP 和数据分析等技术，可以在多个方面提升风险评估的效果。

（1）数据收集与整合。
- 多源数据采集：AIGC 可以从多种渠道（如银行交易记录、社交媒体、公共数据库等）收集和整合数据，形成全面的客户画像。
- 实时数据处理：通过实时数据流处理技术，AIGC 可以快速响应和处理大量交易数据，及时发现异常行为。

（2）信用风险评估。通过分析客户的信用历史、行为数据和社会媒体信息，生成更准确的信用评分，帮助金融机构做出更好的信贷决策。
- 风险评估：利用大数据和机器学习算法，对客户的信用风险、市场风险等进行精准评估，帮助金融机构制定合理的风险管理策略。
- 用户画像构建：AIGC 可以分析客户的财务状况、信用历史、交易行为等多维度数据，生成全面的用户画像。
- 信用评分模型：利用机器学习算法，AIGC 可以构建信用评分模型，对客户的信用风险进行量化评估。这些模型可以基于历史数据和市场趋势，不断进行优化和调整。
- 动态监控：通过实时监控客户的交易活动和信用状况，AIGC 可以及时发现潜在的信用风险，提前采取预防措施。

（3）市场风险评估。
- 市场数据分析：AIGC 可以利用大数据技术，从海量市场数据中提取有价值的信息，如宏观经济指标、行业动态、公司财报等。
- 趋势预测：通过机器学习算法，AIGC 可以分析历史数据，预测市场趋势和波动，为金融机构提供科学的风险管理建议。
- 投资组合风险评估：AIGC 可以对投资组合进行全面的风险评估，包括市场风险、利率风险、汇率风险等，帮助金融机构优化资产配置，降低整体风险。

（4）操作风险评估。
- 异常检测：AIGC 可以利用模式识别和异常检测技术，识别出金融机构内部的异常操作和潜在风险，如员工违规操作、系统故障等。
- 流程优化：通过分析业务流程和操作记录，AIGC 可以发现潜在的操作风险点，提出优化建议，提高业务流程的效率和安全性。

（5）合规风险评估。
- 合规监控：自动监控交易活动，确保符合监管要求，减少违规风险。
- 智能审计：通过 AI 技术自动化审计流程，提高审计效率和准确性。
- 法规跟踪：AIGC 可以实时跟踪和分析最新的法律法规，帮助金融机构及时了解合规要求，避免法律风险。

- 合规检查：通过 NLP 技术，AIGC 可以自动审查业务文档和操作记录，识别出潜在的合规问题，提供整改建议。

（6）风险报告生成。
- 风险报告：AIGC 可以自动生成详细的风险报告，包括风险评估结果、风险等级、风险因素分析等内容，帮助金融机构全面了解风险状况。
- 可视化展示：通过数据可视化技术，AIGC 可以将复杂的风险数据以图表、仪表盘等形式展示，提高风险报告的可读性和直观性。

应用案例分析如下。

案例 1：信用风险评估。某大型银行需要对大量个人和企业客户的信用风险进行评估。该银行引入 AIGC 技术，通过多源数据采集和机器学习算法，构建了全面的客户信用评分模型。系统实时监控客户的交易活动和信用状况，及时发现潜在的信用风险。由此，银行的信用风险评估准确率提高 20%，误报率降低 15%，有效减少了信贷损失，提高了风险管理的效率。

案例 2：市场风险评估。某投资公司需要对多个投资组合的市场风险进行评估，以制定合理的投资策略。该公司利用 AIGC 技术从多个数据源收集市场数据，通过机器学习算法分析历史数据，预测市场趋势和波动。系统可以对投资组合进行全面风险评估，提供优化建议。由此，公司的市场风险评估准确率提高 25%，投资组合的整体风险降低 10%，投资回报率显著提升。

案例 3：蚂蚁金服的信用评估系统。通过分析客户的信用历史、行为数据和社会媒体信息，生成更准确的信用评分，提高了信贷决策的准确性，降低坏账率，促进了普惠金融的发展。

12.2.3 个性化推荐

个性化推荐是根据客户的财务状况、交易记录、投资偏好和风险承受能力，生成个性化的金融产品和服务推荐，从而提高客户黏性和转化率，它是提高客户满意度和忠诚度的关键手段之一（见图 12-2）。传统的推荐系统通常基于简单的规则或统计方法，难以满足客户的多样化需求。随着 AI 技术的发展，特别是 AIGC 的应用，个性化推荐系统变得更加智能和精准，能够为客户提供更加个性化和定制化的金融服务。

在个性化推荐中，AIGC 通过多维度数据采集、智能推荐算法、实时推荐与反馈等技术，为客户提供更加精准和个性化的金融服务。这些应用不仅提高了客户的满意度和忠诚度，还帮助金融机构提升了运营效率和市场竞争力。

（1）用户画像构建。
- 多维度数据采集：通过分析客户的交易记录、账户信息、浏览行为、搜索记录、社交网络数据等多维度信息，构建全面的用户画像。
- 行为特征提取：利用机器学习算法提取用户的消费习惯、投资偏好、风险承受能力等特征。

（2）智能推荐算法。
- 协同过滤：基于用户的历史行为和相似用户的行为，推荐相似的金融产品和服务。
- 内容推荐：根据用户的兴趣和偏好，推荐相关信息和内容，如财经新闻、市场分析报告等。
- 深度学习：利用深度学习模型，从大量的用户数据中学习复杂的模式和关系，生成更精准的推荐结果。

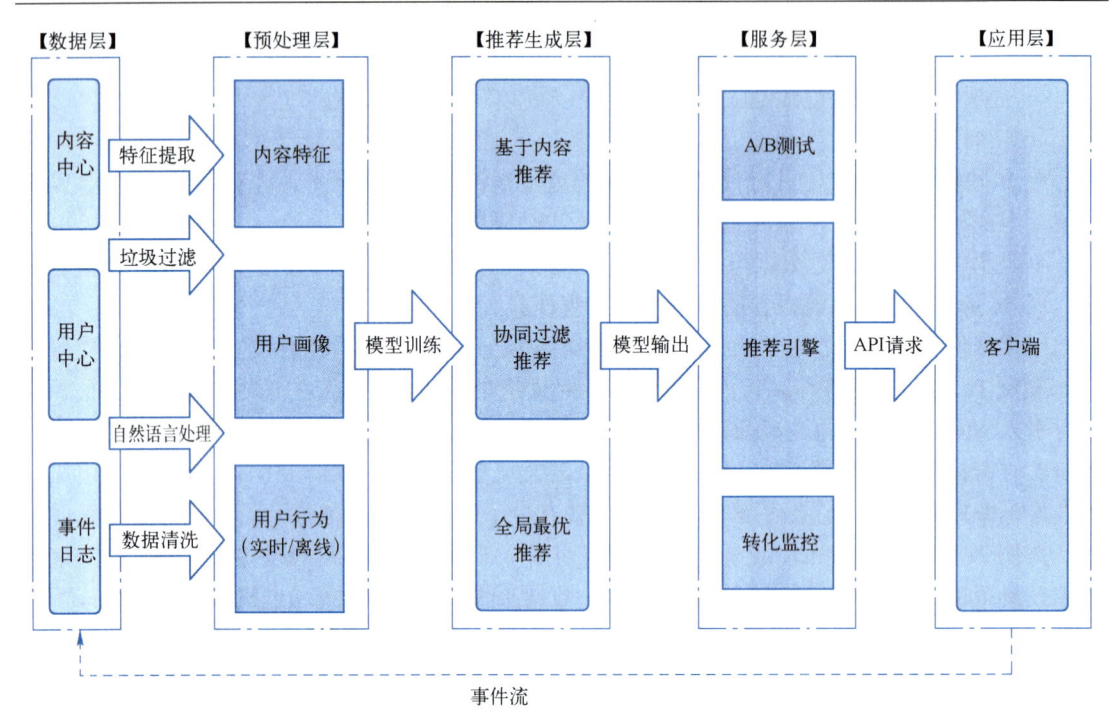

图 12-2 个性化推荐示意

（3）实时推荐与反馈。
- 实时推荐：根据用户的实时行为和上下文信息，动态调整推荐内容，提供即时的个性化服务。
- 用户反馈：通过收集用户的点击、购买、评价等反馈信息，不断优化推荐算法，提高推荐的准确性和满意度。

（4）多场景应用。
- 在线银行：在银行的官方网站和移动应用中，根据用户的账户余额、交易记录和浏览行为，推荐适合的理财产品、贷款产品等。
- 投资平台：在证券交易平台中，根据用户的持仓情况、交易记录和市场趋势，推荐适合的股票、基金等投资产品。
- 保险服务：在保险公司的网站和移动应用中，根据用户的年龄、职业、家庭状况等信息，推荐适合的保险产品。

（5）个性化推荐的技术实现。

① 数据采集与处理。
- 数据采集：通过 API 接口、日志记录等方式，采集用户的交易记录、账户信息、浏览行为等数据。
- 数据清洗与预处理：对采集的数据进行清洗和预处理，去除噪声和冗余信息，确保数据的质量。

② 特征工程。
- 特征提取：从原始数据中提取有用特征，如用户的消费频率、平均交易金额、投资偏好等。

- 特征选择：选择对推荐结果影响最大的特征，减少模型的复杂度和过拟合风险。

③ 模型训练与优化。
- 模型选择：选择合适的推荐算法，如协同过滤、内容推荐、深度学习等。
- 模型训练：使用历史数据训练推荐模型，通过交叉验证等方法评估模型的性能。
- 模型优化：通过超参数调优、特征工程等方法，不断优化模型，提高推荐准确性和覆盖率。

④ 实时推荐系统。
- 实时数据处理：通过流处理技术，实时处理用户的最新行为数据，更新用户画像。
- 实时推荐引擎：构建实时推荐引擎，根据用户实时行为和上下文信息，动态生成推荐结果。

应用案例分析如下。

案例 1：摩根士丹利的智能投顾，利用 AI 算法分析市场数据和客户投资偏好，提供个性化的投资建议和资产配置方案，提高了投资决策的科学性和准确性，增加了客户的投资回报率，提升了客户满意度。

案例 2：招商银行的智能推荐系统，利用 AIGC 技术，根据客户的账户信息和交易记录，推荐适合的理财产品、信用卡服务等，提高了客户的金融产品使用率，提升了客户满意度和忠诚度，进而增加了银行的收入。

案例 3：美国运通的个性化服务，通过分析客户的消费习惯和偏好，提供个性化的信用卡优惠和服务，提高了客户的消费频率和金额，提升了客户满意度和品牌忠诚度。

12.2.4 智能投顾

智能投顾是利用 AI 技术为客户提供个性化投资建议和资产管理服务的一种金融投资顾问服务（见图 12-3）。与传统的投资顾问相比，智能投顾通过自动化和智能化技术，可以提供更加高效、低成本且个性化的投资服务，帮助客户制定科学的投资策略，实现资产增值。

图 12-3 智能投顾服务模式

利用 AI 算法分析市场数据和客户投资偏好，智能投顾提供个性化的投资建议和资产配置方案。它在金融服务中的重要性体现在以下几个方面。

（1）降低门槛。智能投顾通过自动化服务，降低了投资的门槛，使更多的普通投资者能够享受到专业的投资建议。

（2）提高效率。通过高频交易算法，智能投顾可以自动执行买卖操作，快速处理大量数据，实时监控市场动态，以及提供及时的投资建议，从而提高了投资决策效率、交易效率和盈利能力。

（3）个性化服务。通过分析客户的财务状况、投资偏好和风险承受能力，智能投顾可以提供个性化的投资组合和资产配置建议。

（4）数据处理与分析。自动生成财务报告、市场分析报告等，提高工作效率和准确性。利用 AI 技术处理和分析海量金融大数据，能够发现市场趋势和潜在机会，支持决策制定。

（5）透明度高。智能投顾的服务过程透明，客户可以清晰地了解投资策略和收益预期，增强信任感。

AIGC 在智能投顾中的主要应用场景如下。

（1）用户画像构建。
- 多源数据整合：AIGC 可以从多个渠道（如银行账户、交易记录、社交媒体等）收集和整合数据，形成全面的用户画像。
- 个性化分析：通过分析用户的财务状况、投资历史、风险偏好等信息，AIGC 可以生成个性化的用户画像，为后续的投资建议提供基础。

（2）市场分析与预测。
- 数据挖掘：AIGC 可以利用大数据技术，从海量市场数据中提取有价值的信息，如宏观经济指标、行业动态、公司财报等。
- 趋势预测：通过机器学习算法，AIGC 可以分析历史数据，预测市场趋势和投资机会，为投资决策提供科学依据。

（3）投资组合优化。
- 资产配置：AIGC 可以根据用户的风险偏好和投资目标，优化资产配置，生成多样化的投资组合。
- 动态调整：通过实时监控市场动态和用户需求变化，AIGC 可以动态调整投资组合，确保投资策略始终符合用户的实际情况。

（4）风险评估与管理。
- 风险评分：AIGC 可以结合用户的投资组合和市场数据，生成风险评分，帮助用户了解当前的投资风险。
- 风险控制：通过设置风险阈值和止损点，AIGC 可以自动调整投资组合，降低潜在的损失风险。

（5）投资建议生成。
- 个性化建议：基于用户画像和市场分析，AIGC 可以生成个性化的投资建议，包括买入、卖出、持有等操作建议。
- 投资报告：AIGC 可以自动生成详细的投资报告，包括投资组合的表现、市场分析、风险评估等内容，帮助用户更好地了解投资情况。

（6）用户互动与教育。除了通过 NLP 技术提供 7*24 智能服务之外，AIGC 还可以生成易于理解的投资教育材料，帮助用户提高金融知识和投资技能，如投资指南、市场分析报告等。

应用案例分析如下。

案例 1：个性化投资组合管理。某金融科技公司推出了一款智能投顾产品，旨在为用户提供个性化的投资组合管理服务。通过 AIGC 技术，该产品可以全面分析用户的财务状况、投资偏好和风险承受能力，生成个性化的投资组合。系统实时监控市场动态，动态调整投资组合，确保投资策略始终符合用户的实际情况。通过 AIGC 的应用，该产品的用户满意度显著提高，投资组合的平均收益率提高了 10%，用户留存率提高了 20%。

案例 2：智能投资建议。某证券公司推出了智能投顾服务，为客户提供实时的投资建议。通过 AIGC 技术，该服务可以实时分析市场数据和用户的投资组合，生成个性化的投资建议。系统还提供了详细的投资报告，帮助用户更好地了解投资情况。通过 AIGC 的应用，该公司的客户投资决策的准确性提高了 25%，客户投诉率降低了 30%，用户满意度大幅提升。

案例 3：摩根士丹利的智能投顾。利用 AI 算法分析市场数据和客户投资偏好，提供个性化的投资建议和资产配置方案。由此提高了投资决策的科学性和准确性，增加了客户投资回报率。

12.2.5　反欺诈系统

欺诈行为一直是金融机构面临的主要风险之一，它不仅会导致机构的经济损失，还会损害客户信任，影响金融市场的稳定。因此，建立有效的反欺诈系统，对保护客户利益、维护金融安全具有重要意义。在反欺诈系统中应用 AIGC 技术，通过机器学习和 NLP 技术，可以显著提升反欺诈系统的效率和准确性。

AIGC 在反欺诈系统中的主要应用场景如下。

（1）数据收集与整合。

- 多源数据采集：AIGC 可以从多种渠道（如银行交易记录、社交媒体、公共数据库等）收集和整合数据，形成全面的用户画像。
- 实时数据处理：通过实时数据流处理技术，AIGC 可以快速响应和处理大量交易数据，及时发现异常行为。

（2）异常检测与风险评估。

- 模式识别：利用机器学习算法和大数据分析技术，AIGC 可以实时监控和识别潜在的欺诈行为，识别和学习正常交易的模式，从而检测出偏离正常模式的异常交易，降低金融诈骗风险。
- 行为分析：通过分析用户的交易历史和行为模式，AIGC 可以识别出潜在的欺诈行为，如频繁的小额转账、异常的大额交易等。
- 风险评分：基于多维度的数据和模型，AIGC 可以为每个交易生成风险评分，帮助金融机构优先处理高风险交易。

（3）身份验证与认证。

- 生物特征识别：AIGC 可以结合生物特征识别技术（如面部识别、指纹识别等），提高身份验证的准确性和安全性。
- 多因素认证：通过结合多种认证方式（如密码、短信验证码、生物特征等），AIGC 可以提供多层次的身份验证，增强账户安全性。

（4）NLP 与文本分析。

- 文本分析：利用 NLP 技术，AIGC 可以分析客户的通信记录、社交媒体帖子等文本数据，识别出潜在的欺诈信号。

- 情感分析：通过情感分析，AIGC 可以识别出客户的情绪变化，帮助发现异常行为，如客户突然变得紧张或焦虑。

（5）实时监控与预警。
- 实时监控：AIGC 可以实时监控交易活动，一旦发现异常行为，立即触发警报。
- 动态调整：根据实时数据和模型反馈，AIGC 可以动态调整反欺诈策略，提高系统的适应性和灵活性。

（6）欺诈案件调查与处理。
- 案件管理：AIGC 可以自动记录和管理欺诈案件，生成详细的案件报告，帮助调查人员快速了解案情。
- 智能推荐：基于历史案例和专家知识，AIGC 可以提供智能的调查建议和处理方案，提高案件处理的效率和准确性。

应用案例分析如下。

案例 1：信用卡欺诈检测。某大型银行利用 AIGC 技术，结合机器学习算法，实时监控信用卡交易数据。系统通过分析用户的交易历史和行为模式，识别出异常交易，并生成风险评分。一旦发现高风险交易，系统立即发送警报，通知风控团队进行进一步调查。通过 AIGC 的应用，该银行的信用卡欺诈检测准确率提高了 30%，误报率降低了 20%，有效减少了经济损失。

案例 2：网络贷款反欺诈。网络贷款平台面临大量的虚假申请和诈骗行为，传统的风控手段难以应对。某网络贷款平台引入 AIGC 技术，通过多源数据采集和实时数据处理，构建了全面的用户画像。系统利用机器学习算法，对申请人的信用风险进行评估，并结合自然语言处理技术，分析申请人的文本信息，识别出潜在的欺诈行为。通过 AIGC 的应用，该平台的欺诈申请识别率提高了 40%，审批效率提高了 25%，有效提升了平台的安全性和用户体验。

12.3　案例：智投宝智能投顾平台

通过 AIGC 技术，智能投顾平台能够显著提升个性化服务和决策支持的水平。它不仅能够提供个性化的投资建议和资产管理服务，还能显著提高投资效率和客户满意度，其效果直接体现在用户数增长、用户满意度提升和投资回报率提高等指标上。

智投宝智能投顾平台旨在为中产阶级及以上的个人投资者提供定制化的投资解决方案，通过整合大数据分析、机器学习算法以及 NLP 技术，实现高效且个性化的资产管理服务。平台的目标是帮助用户更好地理解市场趋势，优化资产配置，并根据用户财务状况和风险偏好做出最优的投资建议。

（1）核心技术与功能。

① 个性化投资组合推荐：利用 AIGC 技术，智投宝可以分析海量历史交易数据和宏观经济指标，结合用户年龄、收入水平、职业稳定性等因素，自动生成有针对性的多样化投资组合。
- 对于年轻的职业人士，可能会推荐较高比例的成长型股票基金。
- 对于临近退休的客户，则倾向于保守型债券和其他固定收益类产品。

② 实时市场分析与新闻解读：智投宝内置强大的 NLP 引擎，能够自动扫描全球金融新闻、社交媒体情绪以及研究报告等非结构化信息源。它不限于简单的关键词匹配，而是深入理解文

章含义，提取关键信息并转化为可操作的投资信号。例如，当检测到某家公司在其季度财报中表现出色时，系统会立即向持有该股票或有兴趣购买的客户推送相关更新。

③ 交互式教育内容生成：为了提高用户的金融素养，智投宝开发了一套基于 AIGC 的学习模块，可以根据用户的进度和兴趣点动态调整教学内容。这些材料包括视频教程、案例研究、模拟交易练习等，都是由 AI 根据最新市场变化和个人需求量身定制的。这有助于用户更深入地了解投资原理，从而做出更加明智的选择。

④ 情感分析与心理辅导：考虑到投资过程中情绪波动对决策的影响，智投宝引入了情感分析工具，以监测用户的情绪状态。如果发现用户处于焦虑或过度兴奋的状态，平台会适时提供专业的心理咨询和支持，帮助他们保持冷静理性的态度以面对市场起伏。

（2）用户体验与反馈机制。智投宝注重用户体验，界面简洁直观，让用户可以轻松完成从注册开户到日常管理的所有操作。同时，平台建立了完善的反馈机制，鼓励用户分享使用心得和改进建议。每次交互后，系统都会收集用户的评价，并据此不断优化算法和服务流程。

（3）合规性与安全性保障。智投宝严格遵守证监会及其他相关部门的规定，确保所有业务活动合法合规。此外，平台采用了先进的加密技术和多重身份验证措施来保护用户的个人信息和资金安全。所有投资建议都经过严格的内部审核程序，以保证其准确性和可靠性。

（4）成效与影响。凭借创新的技术和服务模式，智投宝赢得了广泛的赞誉。得益于平台提供的精准指导和持续教育，许多用户在投资方面的信心得到了极大增强，同时也实现了较为稳定的回报率。更重要的是，智投宝成功地将复杂的金融市场变得更容易理解和参与，促进了全民理财意识的提升。

12.4 案例：智安盾金融反欺诈系统

通过 AIGC 技术，金融反欺诈系统不仅能够高效地检测和防止欺诈行为，还能显著提高交易的安全性和可靠性，增强用户的信任感和满意度。主要表现如下。

（1）欺诈率降低。应用反欺诈系统，机构发生的欺诈率显著降低，能够挽回巨额的经济损失。

（2）用户体验提升。反欺诈系统提高了交易的安全性和可靠性，增强了用户信任感和满意度。

（3）业务增长。通过有效的反欺诈措施，金融机构业务规模不断扩大，用户数量持续增长。

本小节介绍一个典型案例：智安盾金融反欺诈系统。

随着金融科技的快速发展，金融诈骗案件的数量和复杂性不断增加，给银行、支付平台和其他金融机构带来巨大挑战。为有效应对这一问题，某知名金融机构推出了智安盾金融反欺诈系统，结合 AIGC 技术，旨在通过智能化手段实时监测、识别并阻止潜在的欺诈行为。

（1）核心技术与功能。

① 多维数据融合分析：智安盾利用机器学习算法对来自多个渠道的数据进行深度挖掘，包括交易记录、用户行为模式、设备信息以及第三方风险评估报告等。通过构建复杂的数学模型，系统能够从海量数据中提取出有价值的特征，并将这些特征用于训练预测模型，从而实现

对异常交易的高度敏感性和准确性。

② 实时风险评分与预警：基于 AIGC 技术，智安盾开发了一套智能评分系统，可以对每一笔交易进行即时的风险评估。当检测到可疑活动时，系统会立即触发警报，并根据预设规则采取相应的措施，如暂停交易、通知用户或直接联系安全团队。此外，它还可以自动生成详细的事件报告，帮助调查人员快速了解情况。

③ NLP 驱动的情报分析：为了更全面地捕捉潜在威胁，智安盾引入强大的 NLP 引擎，以解析和理解非结构化文本数据，如社交媒体帖子、新闻报道、论坛讨论等。通过对这些信息源的持续监控，系统能够提前发现可能涉及金融犯罪的趋势或线索，并及时调整其检测策略。

④ 模拟攻击与防御演练：利用 AIGC 技术，智安盾提供了一个虚拟环境，可以在其中模拟各种类型的网络攻击场景，如钓鱼邮件、恶意软件感染等。金融机构可以通过这个平台测试自身的防护能力，并不断优化其反欺诈流程和技术方案。同时，系统也会根据最新的威胁情报自动更新模拟案例库，确保始终处于备战状态。

⑤ 个性化用户体验与教育：考虑到普通用户也可能成为金融欺诈的目标，智安盾特别设计了一系列互动式教程和警示信息，以提高公众的安全意识。其内容由 AIGC 根据用户交易习惯和所在地区定制生成，涵盖了识别常见骗局、保护个人隐私等多方面，以帮助用户防范风险。

（2）用户体验与反馈机制。智安盾注重用户体验，不仅为专业安全团队提供了强大而灵活的操作界面，也为普通用户打造了简洁易懂的通知和指导系统。每次交互后，系统都会收集用户的反馈意见，并据此不断改进算法和服务质量。此外，平台还设有专门的技术支持热线，确保用户遇到问题时能得到及时有效的帮助。

（3）合规性与安全性保障。智安盾严格遵守银保监会及其他相关部门的规定，确保所有业务活动合法合规。此外，平台采用了先进的加密技术和多重身份验证措施来保护用户的个人信息和资金安全。所有检测结果和采取的行动都经过严格的内部审核程序，以保证其准确性和可靠性。

（4）成效与影响。自推出以来，智安盾凭借其卓越的技术实力和服务水平赢得了广泛认可。据统计，该系统上线第一年就成功拦截了超过 95% 的欺诈尝试，并显著减少了新型攻击的成功率。由于智安盾的帮助，许多合作机构在面对日益复杂的网络安全威胁时变得更加自信和从容。更重要的是，智安盾提高了行业的安全标准，促进了健康稳定的金融生态环境建设。

智安盾金融反欺诈系统展示了 AIGC 技术如何在金融安全领域发挥重要作用，通过多维数据分析、实时风险评估、NLP 驱动的情报分析、模拟攻击演练以及个性化用户体验等功能，为金融机构提供了一个全面而高效的解决方案。这一案例不仅体现了技术创新的力量，也为其他行业在对抗网络犯罪方面提供了宝贵的经验借鉴。

【作业】

1. 在金融服务中，AIGC 通过（　　）和数据处理等多方面来提升效率与安全性，显著提高了金融机构的服务质量和客户满意度。

  ① 项目管理　　② 风险管理　　③ 客户服务　　④ 投资管理

  A. ②③④　　B. ①②③　　C. ①②④　　D. ①③④

2. 金融服务是指金融机构为个人和企业提供的一系列金融产品和服务，它涵盖了（　　）、资产管理等多个领域,是现代经济体系中不可或缺的一部分。
① 银行　　　　② 电商　　　　③ 保险　　　　④ 证券
A. ②③④　　　B. ①②③　　　C. ①③④　　　D. ①②④

3. 在金融服务中,(　　)是指:通过存款、贷款、支付等手段,促进资金的流通和配置,支持经济发展。
A. 财富管理　　B. 资金流通　　C. 市场稳定　　D. 风险管理

4. 在金融服务中,(　　)是指:通过保险、投资等服务,帮助个人和企业分散与管理财务风险。
A. 财富管理　　B. 资金流通　　C. 市场稳定　　D. 风险管理

5. 在金融服务中,(　　)是指:提供专业的理财建议和资产管理服务,帮助客户实现财富增值。
A. 财富管理　　B. 资金流通　　C. 市场稳定　　D. 风险管理

6. 在金融服务中,(　　)是指:机构通过合理的金融产品和服务,维护金融市场的健康发展。
A. 财富管理　　B. 资金流通　　C. 市场稳定　　D. 风险管理

7. (　　)在银行业务中通常属于风险管理和内部控制范畴。具体来说,它是银行用来确保其运营合规、财务报表准确、风险管理有效的重要手段。
A. 分析　　　　B. 验证　　　　C. 核算　　　　D. 审计

8. 随着 AI 技术的发展,智能客服应运而生,通过(　　)等技术,提供高效、便捷、个性化的智能客户服务,显著提升金融服务的质量和效率。
① NLP　　　　② 机器学习　　③ 对话系统　　④ 微笑服务
A. ②③④　　　B. ①②③　　　C. ①②④　　　D. ①③④

9. 在金融服务中,(　　)是确保金融稳定和客户利益的关键环节。利用 AIGC 技术可以显著提升这一工作的效率和准确性。
A. 智能投顾　　B. 反欺诈系统　C. 风险评估　　D. 个性化推荐

10. 在金融管理中,构建(　　)是指利用 AIGC 技术分析客户的财务状况、信用历史、交易行为等多维度数据,生成全面的对象形象。
A. 用户画像　　B. 异常检测　　C. 欺诈行为　　D. 竞价活动

11. 在操作风险评估中,AIGC 可以利用模式识别和(　　)技术,识别出金融机构内部的违规操作、系统故障和潜在风险等。
A. 用户画像　　B. 异常检测　　C. 欺诈行为　　D. 竞价活动

12. 在金融服务中,个性化推荐是根据客户的(　　)和风险承受能力,生成个性化的金融产品和服务推荐,从而提高客户黏性和转化率。它是提高客户满意度和忠诚度的关键手段之一。
① 财务状况　　② 活动能量　　③ 交易记录　　④ 投资偏好
A. ②③④　　　B. ①②③　　　C. ①③④　　　D. ①②④

13. 金融服务的(　　)中,AIGC 通过多维度数据采集、智能推荐算法、实时推荐与反馈等技术,不仅提高了客户的满意度和忠诚度,还提升了运营效率和市场竞争力。
A. 智能投顾　　B. 反欺诈系统　C. 风险评估　　D. 个性化推荐

14. 在个性化推荐服务中，智能推荐算法主要包括（　　），推荐相似的金融产品和服务，推荐相关信息和内容，生成更精准的推荐结果。
　　① 协同过滤　　② 内容推荐　　③ 公关分析　　④ 深度学习
　　A．①②④　　B．①③④　　C．①②③　　D．②③④

15. （　　）是利用 AI 技术为客户提供个性化投资建议和资产管理服务的一种新型金融服务，它通过自动化和智能化技术，帮助客户制定科学的投资策略，实现资产增值。
　　A．智能投顾　　B．反欺诈系统　　C．风险评估　　D．个性化推荐

16. 利用 AI 算法分析市场数据和客户投资偏好，提供个性化的投资建议和资产配置方案，智能投顾在金融服务中的重要性体现在（　　）以及数据分析与处理等方面。
　　① 私密性好　　② 降低门槛　　③ 提高效率　　④ 个性化服务
　　A．①③④　　B．①②④　　C．①②③　　D．②③④

17. （　　）是金融机构面临的主要风险之一，它不仅会导致金融机构的经济损失，还会损害客户信任，影响金融市场的稳定。
　　A．用户画像　　B．异常检测　　C．欺诈行为　　D．竞价活动

18. 在（　　）中应用 AIGC 技术，通过先进的机器学习和 NLP 技术，可以显著提升系统的效率和准确性，对保护客户利益、维护金融安全具有重要意义。
　　A．智能投顾　　B．反欺诈系统　　C．风险评估　　D．个性化推荐

19. 在金融机构的反欺诈系统中，AIGC 可以从多种渠道，如（　　）等，收集和整合数据，形成全面的用户画像，从而检测出偏离正常模式的异常交易，降低金融诈骗风险。
　　① 交易记录　　② 社交媒体　　③ 公共数据库　　④ 个人经验
　　A．①③④　　B．①②④　　C．②③④　　D．①②③

【研究性学习】AIGC 在金融服务中的应用探索

设计一个模拟的金融服务平台，该平台将集成智能客服、风险评估、个性化推荐和反欺诈系统。学生将通过实际编码和数据处理，实现这些功能模块，并测试其性能。

1. 实验内容与步骤

（1）环境搭建。
- 安装 Python 编程环境，推荐使用 Anaconda 发行版。
- 安装必要的 Python 库，包括 NumPy、Pandas、Scikit-learn、TensorFlow 或 Pytorch、NLTK 或 SpaCy（用于 NLP）、Matplotlib 和 Seaborn（用于数据可视化）。

（2）数据准备。
- 收集和整理金融交易数据、客户咨询记录、用户画像数据等。
- 数据集可以从公开数据源获取，也可以自行生成模拟数据。

（3）智能客服模块。实现一个简单的智能客服系统，能够理解用户问题并提供相应的答案。
- 技术方法：使用 NLP 库（如 NLTK 或 SpaCy）进行文本预处理和特征提取。
- 使用机器学习模型（如朴素贝叶斯、支持向量机）进行问题分类和答案生成。

实现步骤如下。
- 数据预处理：清洗和标注客户咨询数据。
- 特征提取：提取文本特征，如 TF-IDF。
- 模型训练：训练分类模型，识别问题类型。
- 答案生成：根据问题类型生成或检索答案。

（4）风险评估模块。实现一个风险评估系统，能够对客户进行信用风险评估。
技术方法如下。
- 使用机器学习模型（如随机森林、梯度提升树）进行风险预测。
- 使用特征重要性分析，识别关键风险因素。

实现步骤如下。
- 数据收集：收集客户的交易记录、信用历史等数据。
- 特征工程：提取和选择风险评估特征。
- 模型训练：训练风险评估模型。
- 风险评分：生成风险评分，评估客户信用风险。

（5）个性化推荐模块。实现一个个性化推荐系统，能够根据客户画像推荐金融产品。
技术方法如下。
- 使用协同过滤、内容推荐和深度学习模型进行个性化推荐。
- 使用矩阵分解技术进行用户-产品评分预测。

实现步骤如下。
- 数据收集：收集客户的交易记录、浏览行为等数据。
- 用户画像：构建用户画像，提取用户特征。
- 模型训练：训练推荐模型，生成推荐列表。
- 实时推荐：根据用户实时行为调整推荐内容。

（6）反欺诈系统模块。实现一个反欺诈系统，能够检测和预防欺诈行为。
技术方法如下。
- 使用机器学习模型（如逻辑回归、神经网络）进行异常检测。
- 使用实时数据流处理技术进行交易监控。

实现步骤如下。
- 数据收集：收集交易记录、用户行为等数据。
- 特征工程：提取交易特征，如交易金额、频率、地点等。
- 模型训练：训练异常检测模型。
- 实时监控：实时监控交易活动，检测异常行为。

2. 实验报告

报告内容如下。
（1）实验概述：介绍实验的背景、目的和实现过程。
（2）技术实现：详细描述每个模块的技术方法和实现步骤。
（3）实验结果：展示每个模块的测试结果和性能评估。
（4）问题与解决方案：记录在实验过程中遇到的问题及解决方案。
（5）实验心得：总结实验过程中的收获和体会。

（6）结果展示：在报告中附上每个模块的测试结果，如智能客服的准确率、风险评估的 AUC 值、个性化推荐的覆盖率和反欺诈系统的检测率。提供用户界面的截图，展示智能客服和个性化推荐的交互效果。

3．实验指导

（1）指导教师：在实验过程中提供必要的技术支持，解答学生在实验中遇到的问题。

（2）小组合作：鼓励学生以小组形式进行实验，促进团队合作和交流。

4．实验总结

5．实验评价（教师）

评价标准如下。

（1）实验完整性：实验是否完整实现了智能客服、风险评估、个性化推荐和反欺诈系统。

（2）技术实现：技术方法的选择和实现是否合理，模型训练是否有效。

（3）实验结果：每个模块的测试结果和性能评估。

（4）报告质量：实验报告的完整性和规范性。

（5）团队合作：团队成员之间的合作情况和贡献度。

第 13 章　AIGC 提高科研水平

AIGC 正逐渐成为推动科研进步的强大动力，它不仅在设计领域大放异彩，更在科学研究的多个关键环节展现出前所未有的潜力和价值。从数据增强与模拟到自动化实验设计，从模型训练与改进到理论验证与假设测试，AIGC 正全方位地重塑科研流程，为科学家们提供更高效、更精准的研究工具和方法。同时，它也在促进跨学科合作、优化科研文献管理以及推动开放科学与共享平台建设等方面发挥着重要作用。

13.1　AIGC 应用于设计

在科研领域，基于 LLM 的 AIGC 可以帮助科研人员快速梳理文献、发现研究趋势，甚至辅助撰写科学报告，加速知识的产生和传播。它还可以用于知识图谱的构建和维护，促进跨学科知识的融合与创新。在教育领域，AIGC 能够根据学生的学习习惯和能力，提供个性化的学习资源和辅导，改善教学效果。同时，它能够生成多语言学习材料，促进文化的全球交流与传播，增强文化多样性的理解和尊重。在设计领域，AIGC 正逐步展现其巨大的潜力，它能够减轻设计师的重复劳动，极大地提高了设计师的创造力和工作效率，还激发了前所未有的创意灵感，推动设计行业向更高效、更个性化、更创新的方向发展。

13.1.1　AIGC 的设计应用场景

以下是 AIGC 增强设计能力的具体应用场景。

（1）快速原型设计。AIGC 可以根据设计者提供的概念或简要说明，自动生成设计初稿，包括网页布局、UI 界面、产品外观等，加速设计的迭代过程，让设计师能更快地尝试多种设计方案。

（2）风格迁移与艺术创作。利用 AIGC，设计师可以轻松实现图像或视频的风格迁移，将一种艺术风格应用到另一个作品上，创造独特的视觉效果。此外，它还可以根据指令生成原创的艺术作品，如油画、素描、插画等，拓宽设计的边界。

（3）个性化图案与纹理生成。AIGC 可以根据用户偏好或品牌调性，自动生成一系列个性化图案（见图 13-1）、纹理和背景，用于服装设计、室内装饰、包装设计等多个领域，提供无限的设计素材选择。

（4）动态图形与视频内容创作。AIGC 能够自动合成高质量的动态图形和视频片段，包括动画、特效、标题序列等，简化视频制作流程，帮助设计师快速制作出吸引人的宣传视频或媒体内容。

图 13-1　AI 生成个性化图案

（5）3D 模型与虚拟现实内容。AIGC 可生成精细的 3D 模型，无论是建筑、家具、游戏角色还是其他物品，都能快速创建，为游戏开发、建筑设计、虚拟展览等领域提供强大支持。

（6）品牌视觉识别系统自动生成。提供品牌的基本信息和风格导向，AIGC 能够生成整套的品牌视觉识别系统（VI），包括 Logo、色彩搭配、字体选择等，为初创企业或个人品牌快速建立统一且专业的形象。

（7）智能配色与版式设计。AIGC 可以根据设计主题和目标受众，智能推荐色彩搭配方案和页面布局，确保设计作品既美观又符合设计原则，提升整体视觉效果。

（8）个性化商品与广告设计。针对不同的消费者群体，AIGC 能够生成个性化的商品展示图、广告海报等，实现精准营销，提高转化率。

13.1.2　AIGC 与设计师的协同模式

AI 正在深刻变革着设计行业，设计师的价值逐渐被重新定义，也对我们如何看待设计工作、如何与 AI 协同共生提出了新的思考。

在传统的设计流程中，设计师负责创意构思，具备提出问题最优解的设计思维和创意能力，然后设计执行，通过熟练的软件技能将方案付诸实际。专业复杂的设计工具通常具有较高的学习门槛，要求设计师投入大量时间进行学习和实践，如果不能熟练使用这些工具，则会限制设计师优秀创意的呈现效果，因此，软件技能水平成为衡量设计师能力的重要指标之一。

然而，随着 AIGC 的引入，这一局面正在发生改变。在设计阶段，传统图形处理软件（如 PS、Blender 等）所代表的"技能特权"被削弱，问题定义和创意思考重新成为设计工作的核心。此外，以 LLM 为驱动，可自主化完成复杂任务的智能体将深度参与到创意构思环节，为解决问题提出自己的想法。

根据 AI 参与深度的不同，设计师与 AI 的协同逐渐呈现出三种不同的模式，即嵌入模式、助手模式和代理模式。

（1）嵌入模式。通过将 AI 功能（如智能扩图、一键抠图、文字生图等）嵌入到现有软件界面中，能直接提升设计工具的智能化水平，设计师可以在熟悉的环境和流程中调用这些 AI 功能，无须额外学习新的工具，就可以轻松获得即时的智能支持。这种内嵌策略是让 AI 最快落地应用的方式之一，如 Photoshop Beta、MasterGo AI 都通过这种方式快速实现了产品的智能化升级。

但嵌入模式的局限性也是显而易见的。受限于工具现有的架构，强大的 AI 功能多为散点式地存在，无法形成协同效应。这意味着设计师在整体设计工作中，仍然处于绝对主导的位置，只能在特定任务或局部利用 AI 进行增强和提效,无法享受全面的智能化服务。因此,嵌入模式更像是现阶段应对 AIGC 浪潮的过渡方案。

(2)助手模式。AI 不再局限于设计执行(生图)环节,而是借助文本生成、图片生成和语义理解等多方面功能,将 AIGC 的应用延伸至整个设计流程,在各个阶段为设计师提供辅助支持。也就是说,当接收到设计需求的那一刻起,助手便能够基于强大的知识库和用户数据,对设计需求进行分析,并给出具体的设计建议(如框架布局、内容元素、颜色搭配等),还可以生成参考方案。

在形态上,助手模式可以参考 AI 搜索类产品,助手可能会以插件或者悬浮窗口的方式存在,方便设计师随时调用。打开界面后,设计师可以输入设计需求,也可以上传相关需求文档,给 AI 提供的背景资料越多,其结果可能越精准可用。接着选择自己的生成诉求。

开始执行诉求后,助手模式基于用户勾选的内容依次生成,除了对于设计需求的分析和文档的解析,还可以利用 AI 的搜索能力,整理主题相关的延伸阅读材料供设计师参考。

在设计分析模块,助手模式围绕不同的设计类型生成建议内容,例如,要设计的是一张海报,那么生成内容就可能会包括标题、版式布局、尺寸、字体、背景等海报设计元素。

最后是基于分析生成设计方案,简单诉求可以直接下载使用,若需调整,也可一键导入图形处理软件进行修改。

作为设计助手的一种产品形态,助手模式可以实现全设计周期的智能支持和创意激发。然而,这一切仍然依赖于设计师的各种指令,最终方案仍需要设计师在嵌入模式下的图形处理软件中来完成。

助手模式对于协同关系最大的改变是,AI 不只是智能化增强的图形处理工具,而是成为与设计师紧密协作的得力助手,助力设计全流程的提质提效。

(3)代理模式。在此模式下,AIGC 智能体以 LLM 为核心驱动,具有自主感知理解、规划决策、记忆反思和使用工具的能力,能够自动化完成复杂任务。许多人认为,智能体可以将 LLM 的能力发挥到极致,成为类人甚至超人的智能实体。

在设计领域,AIGC 智能体被视为一个个擅长不同设计能力和拥有不同经验知识的虚拟设计师(见图 13-2),支持自由选择、组合或删除,同时,根据需求所需能力,为智能体外挂各种工具,并上传业务专属的知识数据供其学习。

可见,代理模式下的整个过程很像是为设计需求量身打造一个专属的"AI 设计团队"。设计师的角色因此被彻底改变,更多时候是向 AI 发出设计需求,然后等待方案的呈现。目标设定、任务拆解和分配、生成设计指令、信息收集以及方案生成由智能体全权

图 13-2 虚拟设计师(AI 作图)

代理并自动完成,AI 成为真正意义上的创作主体。对设计师而言,最重要的不再是创意能力、设计能力,而是审美能力、判断能力和决策能力。

智能体以何种形态面向设计师尚未可知。但历史告诉我们,技术进步推动生产效率提升,进而引发生产组织和社会关系的变革。作为本轮变革的核心驱动力,AI 技术具备极强

的前瞻性。因此，无法通过传统的设计行为模式来预测全新的智能体形态，而需要从源头入手，深入研究智能体的技术特点，进行合理地反向推导，从而逐步勾勒出智能体的"外轮廓"。

可以设想，信息架构和框架布局受到用户任务流程的影响，而任务流程源自产品/平台所支持的功能范围。功能范围一方面基于用户需求，另一方面则取决于技术的能力范围。

现阶段，智能体技术框架通常被认为由 4 个关键模块组成（见图 13-3）。

（1）记忆：负责存储信息，包括过去的交互、学习到的知识，甚至是临时的任务信息。

（2）规划：包括事前规划和事后反思两个阶段。在事前规划阶段，这里涉及对未来行动的预测和决策制定；在事后反思阶段，智能体具有检查和改进计划中不足的能力。

（3）工具：利用外部资源或工具来执行任务。学习调用外部 API 来获取模型权重中缺少的额外信息，以此来补足自身弱项。

（4）行动：实际执行决定或响应的部分。面对不同的任务，智能体系统有一个完整的行动策略集，在决策时可以选择需要执行的行动。

记忆模块需要两个空间，一个空间存储的是每次行动后自动沉淀的知识和经验，另一个空间则支持将业务材料、个性化数据，甚至是既往设计作品等内容进行上传，经过学习快速成为智能体能力的一部分。

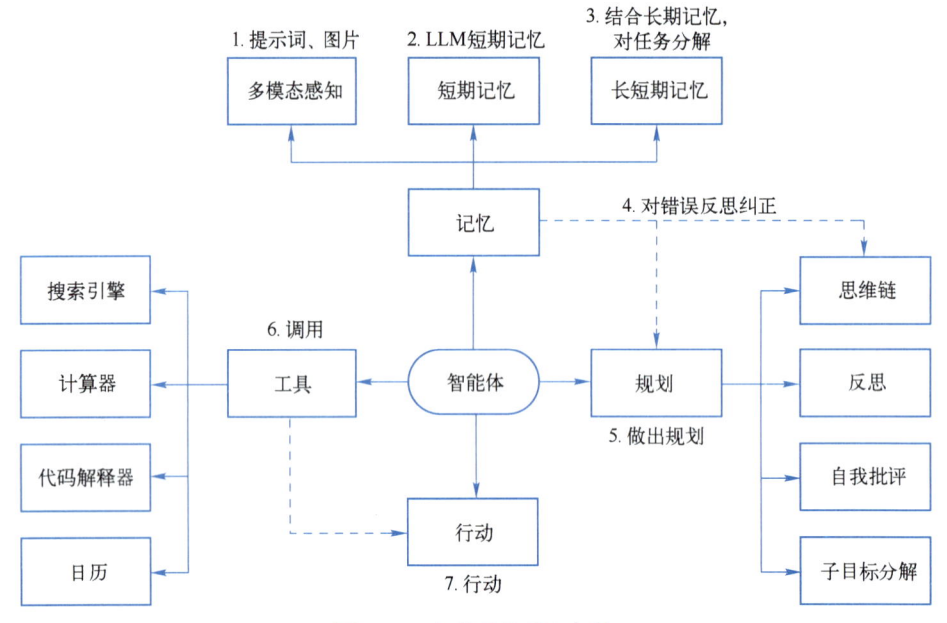

图 13-3　智能体的核心架构

在规划阶段，相关分工的安排以及行动步骤的拆解应避免黑盒操作，将任务链可视化有助于提升设计师的掌控感，这对处理好协同关系很重要。

在工具方面，可能会通过工具库或工具商城的形式聚合呈现，支持各类设计工具和工具包的选配选购，还要具备增、删、改、查等基础的工具管理服务。

最后是行动，有两点需要考虑，一是方案展示要结合文、图、视频内容的特点，不能简单地用一种框架去展示不同的设计作品，二是图形处理功能以什么形式与智能体对接。

13.2 数据增强与模拟

随着 AI 技术的飞速发展,生成式 AI 在科学研究中的应用日益广泛。通过 AIGC 提升科研水平,其内容涵盖了从数据生成、模型训练到理论验证等多个方面。

AIGC 的数据增强与模拟技术可以显著提升研究效率和准确性。这些技术不仅能够生成逼真的合成数据集以补充真实数据的不足,还能模拟复杂的物理、化学或生物过程,从而加速理论验证和实验设计。它极大地促进了科研工作的进展,不仅提供更多数据资源,还使得科学家能够在虚拟环境中测试假设、优化设计,并最终做出更为明智的研究决策。

13.2.1 数据增强

AIGC 通过生成逼真的合成数据和增加现有数据的多样性,能够有效补充科研领域中真实数据的不足,提升模型训练效果和研究效率。

(1)合成数据生成。利用 GAN、VAE 等生成对抗网络和变分自编码器,可以创建大量的合成数据集,用于补充真实数据不足的情况,尤其是在医学影像、天文学等领域。

(2)异常检测与修复。使用 AIGC 技术识别并修复数据集中的异常值或缺失值,确保用于训练机器学习模型的数据质量更高。这有助于减少因低质量数据导致的错误结论。

(3)增加多样性。通过引入随机扰动或变换规则,如旋转、缩放和平移等操作,增加现有数据集的变化性,使得模型更加鲁棒且泛化能力更强。

13.2.2 科学模拟

AIGC 在科研领域通过模拟复杂系统和物理现象,提供虚拟实验环境,从而加速理论验证和实验设计过程。

(1)复杂系统建模。深度强化学习和多智能体系统可用于模拟生态系统、交通流量、金融市场等复杂系统的动态行为。研究人员可以通过调整参数来观察不同条件下的系统响应,进而优化决策策略。

(2)物理现象模拟。通过深度学习模型模拟复杂的物理现象,如分子动力学、流体流动等,为实验设计提供指导,并加速新发现的过程。

- 物理信息神经网络(PINN):结合物理学定律与深度学习算法,直接从数据中学习物理规律,实现对流体力学、热传导等问题的高效求解。
- 分子动力学模拟:利用 AI 辅助方法加速分子动力学仿真,探索蛋白质折叠、药物靶点相互作用等微观尺度上的事件。

(3)实验前预测。在实际开展昂贵或耗时的实验之前,科学家们可以使用 AIGC 工具进行虚拟实验,评估不同方案的效果,选择最优路径再投入资源进行真实实验。

(4)风险评估与情景分析。构建各种可能的情景,如气候变化影响、自然灾害发生概率等,为政策制定者提供科学依据,支持更好的风险管理决策。

13.2.3 自动化实验设计

AIGC 应用于科研领域的自动化实验设计,通过智能算法优化实验参数、预测实验结果,并自动调整实验条件,从而显著提高实验效率和成功率,减少人力和时间成本。这种方法特别适用于需要大量迭代和精细调参的复杂实验场景。它不仅能够大幅缩短研发周期，还能挖掘出传统方法难以发现的创新解决方案，推动各学科领域向更高层次发展。

自动化实验设计的关键技术如下。

（1）贝叶斯优化：利用贝叶斯统计方法动态选择最优的实验设置，特别是在高维空间中寻找最佳参数组合时表现出色。结合贝叶斯方法和其他优化算法，实现对实验参数的智能选择，提高实验效率。

（2）强化学习：通过与环境互动不断学习和改进策略，适合用于机器人辅助实验或化学合成路径探索等任务，自动调整实验条件以达到最优结果。

（3）进化算法：模拟自然选择过程，通过对候选解决方案进行"繁殖""变异"和"选择"，逐步逼近最理想的实验配置。

（4）代理模型：构建低成本的数学模型来模拟近似真实的实验响应，使得可以在不实际执行昂贵实验的情况下评估不同条件下的预期性能。

（5）多目标优化：当存在多个相互冲突的目标时，如最大化产量同时最小化成本，采用多目标优化算法可以找到最优解。

（6）自适应采样：根据已有的实验数据动态决定下一步应该在哪里进行新的测量，以获得更多信息量的数据点，加快收敛速度。

（7）深度学习指导的实验设计：使用预训练的深度神经网络从历史数据中提取特征，为新实验提供初始猜测值或边界条件，加速收敛到全局最优解。

（8）虚拟筛选与模拟：在药物发现等领域，利用计算模型快速筛选大量化合物库，识别最有潜力的候选分子，然后仅对少数几个最有希望的选择进行实际测试。

13.2.4　模型训练与改进

AIGC 在科研领域的模型训练与改进中扮演着至关重要的角色，它通过一系列先进的技术和方法来优化模型性能、加速训练过程，并提高预测和决策的准确性。它不仅提升了研究效率，还促进了跨学科的合作与发展。随着技术的不断创新，AIGC 将继续推动科学研究向着更加智能化的方向前进。

（1）预训练模型。

- 大规模预训练：利用海量公开数据集预先训练通用的基础模型，如 NLP 中的 BERT、GPT 系列，或计算机视觉中的 ResNet、ViT 等。它们可以在少量特定领域数据上进行微调，从而快速适应新任务。由此，科学家可以在较小数据集上快速获得高质量结果，减少训练时间和成本。
- 迁移学习：允许研究人员实现知识迁移，减少从零开始训练所需的数据量和计算资源。例如，从 NLP 转移到生物信息学，在生物信息学中使用图像识别模型来分析基因序列结构。

（2）自监督学习。

- 无标签数据利用：通过设计特殊的损失函数，使模型能够在没有明确标签的情况下学习有用的特征表示。这种方法适用于那些较难获得大量标注数据的领域，如天文观测数据分析。
- 对比学习：构建正样本对和负样本对，让模型学会区分相似和不相似的数据点，进而提取出更具辨识度的特征。

（3）增强学习与主动学习。
- 增强学习：结合环境反馈不断调整策略，以找到最优解。例如，在自动化实验设计中，根据实验结果动态调整参数设置。
- 主动学习：模型主动选择最不确定的数据点请求标注，以最小化所需的标注工作量并最大化信息增益，尤其适合于医学影像诊断等需要高精度的应用场景。

（4）联邦学习。隐私保护下的协作训练，多个机构可以在不共享原始数据的前提下共同训练一个全局模型，确保敏感信息的安全性。这对于涉及个人或金融数据的研究尤为重要。

（5）元学习。快速适应新任务，通过学习如何学习的过程，使得模型能够快速适应未曾见过的任务，减少了针对每个新问题重新训练的需求。这在多任务环境中非常有用，如跨不同物种的基因表达模式分析。

（6）超参数优化。自动超参数搜索，采用贝叶斯优化、随机搜索或遗传算法等技术，系统地探索最佳超参数组合，提升模型性能。这可以显著缩短调参时间，尤其是在深度神经网络中，超参数的选择往往直接影响最终效果。

（7）模型压缩与加速。
- 剪枝：去除网络中冗余的权重连接，减小模型大小而不明显降低性能。
- 量化：用低精度数值代替高精度数值表示权重和激活值，减少内存占用和计算复杂度。
- 知识蒸馏：将大型复杂模型的知识转移到小型简单模型上，以部署到资源受限的设备上。

（8）对抗训练。鲁棒性增强，引入对抗样本，即故意制造的小扰动输入，用来测试并强化模型抵御攻击的能力，保证其在实际应用中的稳定性。

（9）集成学习。模型融合，将多个弱模型组合成一个强模型，通过投票、加权平均等方式做出更准确的预测。这种方法可以有效减少过拟合风险，提高泛化能力。

13.2.5 理论验证与假设测试

AIGC 在科研领域的理论验证与假设测试中发挥着重要作用，通过提供强大的计算能力、模拟复杂系统的能力以及自动化分析工具，显著提升了研究的效率和准确性，同时还提高了结论的可靠性和深度。随着技术的进步，可以期待 AIGC 将继续推动科学研究向更高层次发展。

（1）反事实推理。
- 因果关系建模：构建"如果-那么"类型的因果关系模型，帮助科学家理解变量之间的潜在联系，并进行假设检验。例如，在经济学中可以模拟不同的政策干预措施对经济指标的影响。
- 反事实场景生成：生成与现实观测数据不同但合理的反事实情景，以评估不同条件下的预期结果，为理论验证提供依据。

（2）生成对抗网络（GAN）。
- 数据分布匹配：使用 GAN 生成符合特定统计分布的数据点，从而更好地评估统计模型的有效性。这有助于验证基于这些数据的理论假设是否成立。
- 异常检测：识别并生成偏离正常模式的数据点，用于测试模型的鲁棒性和泛化能力，确保其在极端情况下也能保持性能。

（3）物理信息神经网络（PINN）
- 物理定律嵌入：将已知的物理定律直接编码到神经网络架构中，使模型能够在缺乏大量训练数据的情况下仍然做出合理预测。这种方法特别适用于验证物理理论，如流体力学或热传导问题的研究。
- 边界条件约束：通过施加适当的边界条件，确保生成的内容不仅符合物理规律，还能满足实际应用场景的要求，增强实验设计的真实感。

（4）贝叶斯推断。
- 不确定性量化：利用贝叶斯方法估计参数的后验分布，量化模型预测中的不确定性，为假设测试提供更全面的理解。
- 模型选择：比较不同假设下的模型拟合度，选择最能解释数据的理论框架，避免过度拟合或欠拟合的问题。

（5）强化学习。
- 策略优化：在动态环境中，通过不断尝试和反馈调整策略，找到最优解。这种方法适用于需要长时间序列数据分析的研究，如生态系统演变或金融市场波动。
- 决策支持：结合专家知识和历史数据，为复杂决策过程提供指导，帮助研究人员制定更加科学合理的实验方案。

（6）仿真与虚拟实验。
- 高保真模拟：创建高度逼真的虚拟环境，模拟真实世界中的物理、化学或生物过程，减少昂贵且耗时的实际实验次数。
- 参数敏感性分析：改变输入参数，观察输出变化，评估哪些因素对结果影响最大，从而优化实验设计并验证关键假设。

（7）自动假设生成。
- 探索性数据分析：借助机器学习算法挖掘数据中的隐藏模式，自动生成新的假设供进一步验证。这种方法能够激发创新思维，发现传统方法难以触及的新见解。
- 文献挖掘：从大量科学文献中提取关联信息，提出新假设，加速跨学科研究的进展。

13.3 合作与共享

AIGC 在促进科研领域的跨学科合作、科研文献管理和开放科学与共享平台建设等方面展现出巨大的潜力。

13.3.1 跨学科合作

AIGC 不仅为跨学科合作提供新的工具和技术，还创造了更多交流与协作的机会，打破了传统学科之间的界限，使得不同背景的研究人员能够更有效地协同工作，共同解决复杂问题。

（1）多模态数据分析。
- 整合异构数据：可以处理不同来源和格式的数据，如文本、图像、音频、视频等，帮助研究人员将多模态信息融合，促进跨学科研究，从而获得更全面的理解。例如，心理学与计算机视觉的合作、在医疗影像分析中结合临床记录、基因表达数据和病理切片图像相结合。
- 联合建模框架：开发可以同时处理多种输入源的机器学习框架，支持更复杂的研究问题。例如，心理学与计算机视觉的合作可以通过分析面部表情、语音语调等多种线索来研究情绪状态。

（2）共享平台与工具。
- 云服务平台：提供强大的计算资源和服务，降低进入门槛，可以让更多人参与到高水平的研究工作中。例如，一些在线平台允许用户轻松访问 GPU/TPU 资源进行深度学习实验。
- 开源代码库：鼓励科学家公开他们的算法和数据集，促进透明度和重复性研究。GitHub、GitLab 等平台托管了大量科研项目，促进了知识共享和技术交流。

（3）自动化文献检索与管理。
- 智能文献检索：基于 NLP 技术的文献搜索工具，能更精确地找到相关文献，节省查找资料的时间。例如，语义学者、微软学术等服务提供了搜索功能，帮助研究人员快速定位前沿成果。
- 自动化摘要生成：为大量文献生成简洁准确的摘要，方便快速浏览和理解。这有助于不同领域的专家迅速掌握其他领域的最新进展，促成合作机会。

（4）虚拟协作和学习环境。
- 在线协作平台：如即时通信工具以及知识管理平台，便于团队成员实时沟通并记录项目进展。这些平台支持文件共享、任务分配等功能，提升了工作效率。
- VR/AR：创建沉浸式的虚拟实验室或会议室，使远程参与者仿佛置身于同一空间内，增强了互动性和参与感。例如，使用 VR 技术进行分子结构可视化讨论，或通过 AR 指导现场操作。
- 模拟训练：定制化学习路径，利用仿真软件重现真实场景，让新手在安全环境中练习复杂的实验技巧，尤其是在需要高度专业化的领域，如手术机器人操作培训。

（5）创新挑战赛与黑客松。
- 竞赛驱动创新：举办各类比赛，邀请来自不同背景的专业人士共同解决问题，激发创造力。例如，Kaggle 等平台经常组织针对特定科学问题的挑战赛，吸引了全球范围内的顶尖人才参与。
- 黑客松活动：短期高强度的合作开发活动，旨在短时间内产生创意原型或解决方案。这类活动通常围绕某一主题展开，如智慧城市、可持续发展等，促进了不同学科间的碰撞与融合。

13.3.2 科研文献管理

AIGC 通过自动化和智能化的方式提升了文献检索、阅读理解、管理和分析的效率与准确性，同时还促进了知识的传播和创新。

（1）智能文献检索。
- 高级搜索功能：利用 NLP 文献搜索工具，提供语义搜索能力，使研究人员能够以更自然的语言形式提出查询，获得更加精准的结果。
- 个性化推荐系统：基于用户的研究兴趣和历史行为，推荐相关文献，帮助发现潜在的重要资源，节省查找资料的时间。
（2）自动化摘要生成。
- 自动生成摘要：使用文本摘要算法，从长篇论文中提取关键信息，为大量文献生成简洁准确的摘要，方便快速浏览、理解和初步筛选。
- 多文档摘要：整合多个来源的信息，为一系列相关文献生成综合性的总结，便于全面了解某一主题的发展现状。

（3）文献分类与标注。
- 自动分类：根据文献内容自动分配到适当的类别或标签，如按学科领域、研究方法、实验设计等进行分类，简化组织结构。
- 关键词提取：识别并标注出每篇文献中的重要术语和概念，有助于后续检索和引用时的准确性与便捷性。

（4）全文解析与知识图谱构建。
- 深度解析：深入分析文献全文，包括图表、公式等内容，提取有价值的知识点，并建立关联关系，形成知识图谱。
- 实体识别：识别文献中提到的人名、地名、机构名等实体信息，支持跨文献的实体追踪和关系挖掘，促进知识发现。

（5）引文网络分析。
- 可视化引文图：绘制文献之间的引用关系图，展示不同研究之间的相互影响和演化路径，辅助识别关键节点和趋势。
- 影响力评估：计算文献的学术影响力指标，如 H 指数、被引频次等，帮助判断其在该领域的地位和贡献。

（6）协作与共享平台。
- 云存储与同步：提供安全可靠的云端存储空间，确保团队成员可以随时随地访问最新的文献资料，同时保持版本控制。
- 注释与评论：允许对文献添加个人笔记、评论或高亮标记，促进内部交流和共同学习。

（7）文献质量评估。
- 可信度评分：结合多种因素（如作者声誉、出版物等级、同行评审情况等），为每篇文献打分，辅助判断其可靠性和权威性。
- 偏差检测：识别文献中存在的潜在偏见或局限性，提示注意可能影响结论解释的因素。

13.3.3 开放科学与共享平台建设

AIGC 在促进科研领域的开放科学与共享平台建设方面发挥着重要作用，它打破了传统科研模式的限制，营造了一个更加开放、协作和高效的科研生态系统。AIGC 不仅推动了数据和知识的广泛传播，还增强了科研活动的透明度、可重复性和协作效率。

（1）数据共享与开放访问。
- 标准化数据格式：通过定义统一的数据结构和元数据标准，确保不同来源的数据可以无缝集成和互操作，便于全球范围内的科学家进行数据分析。
- 数据存储库：建立安全可靠的云端存储解决方案，如 Figshare、Zenodo 等，允许研究人员上传和分享原始数据集、实验结果及代码，促进透明的研究实践。

(2) 开源软件与算法。
- 代码托管平台：GitHub、GitLab 等平台为科研人员提供了版本控制和协作开发环境，使得算法和模型能够被广泛复用并持续改进。
- 开源社区建设：鼓励开发者参与开源项目，共同维护和发展高质量的工具库和框架，降低进入门槛，加速技术创新。
- 开源代码库：鼓励科学家公开他们的算法和数据集，促进透明度和重复性研究。

(3) 文献开放获取。
- 预先发布成果：arXiv、bioRxiv 等平台允许作者在正式发表前发布研究成果，缩短了学术交流的时间周期，增加了早期反馈机会。
- 开放期刊系统：DOAJ（开放获取期刊目录）收录了许多遵循开放获取原则的期刊，读者无须支付订阅费用即可阅读最新研究进展。
- 智能文献管理工具：Mendeley、Zotero 等应用结合 AIGC 技术，提供文献检索、分类、摘要生成等功能，简化了文献管理工作流程。
- 文本挖掘与知识发现：借助 NLP 和机器学习算法自动提取文献中的关键信息，构建知识图谱，揭示隐藏模式和趋势，辅助决策制定。

(4) 协作与交流平台。
- 一些社交网络连接了各地的研究人员，促进信息交换和个人网络扩展。
- 虚拟实验室：利用 VR/AR 技术创建沉浸式协作空间，模拟真实实验室环境，并支持远程团队合作和教学演示。
- 慕课、在线讨论、互动式学习平台等。
- 云服务平台：提供强大的计算资源和服务，降低进入门槛，吸引更多人参与高水平研究。

13.4 AIGC 科研应用案例

AIGC 在生命科学、材料科学、环境科学、社会科学和物理科学等领域中，通过生成虚拟分子、优化合成路径、改进气候模型、分析社会行为模式等应用，显著提升了科研效率、准确性和创新能力。

13.4.1 生命科学案例

（1）药物发现。借助 AIGC 生成大量虚拟分子，进行高通量筛选，发现新药先导化合物。

（2）基因编辑。模拟 CRISPR-Cas9 等工具的工作机制，提前预测其编辑效果，提高成功率。

（3）生物制药。优化发酵过程温度、pH 值、营养成分等因素，提升细胞培养效率和质量。

（4）使用预训练的语言模型来辅助蛋白质结构预测，极大提高了预测的速度和准确性。

（5）使用 PINN 模拟蛋白质折叠过程，验证关于蛋白质结构稳定性的理论假设。

（6）健康监测与个性化医疗。结合医学影像、可穿戴设备数据和电子病历，开发预测模型以实现早期疾病诊断和精准治疗方案制定，涉及医学、生物信息学、计算机等领域的紧密合作。

（7）在基因组学研究中，EGA（欧洲基因组—表型组档案）等机构提供了安全的数据共享机制，且 EGA 的数据可以通过多种工具和接口轻松访问，支持全球合作。

（8）在生物医学研究中，AIGC 工具可以帮助科学家迅速找到最新的临床试验报告、基因组数据集以及相关的综述文章，加速研究进展。

13.4.2　材料科学案例

（1）新材料开发。通过模拟材料的原子结构及其性能，指导实验室合成新型高性能材料。

（2）自动设计新材料的合成路径，基于理论计算和已有实验数据预测最佳工艺参数。

（3）借助自监督学习方法从未标注的材料特性数据中挖掘潜在规律，指导新材料的研发。

（4）材料项目平台整合了大量的材料属性数据，并提供了预测新材料性能的计算工具，极大地促进了该领域的发展。

13.4.3　环境科学案例

（1）气候模型改进。利用 AIGC 改进气候模型，更好地反映地球系统的复杂性和不确定性。

（2）气候变化应对策略。利用遥感技术和大数据分析评估全球变暖的影响，提出适应性和减缓措施建议。通过环境科学家、经济学家和社会学家的共同努力，确保政策建议既科学又可行。

（3）环境监测。采用联邦学习整合分散在各地的传感器数据，保护用户隐私的同时增强了整体系统的预测能力。

（4）采用贝叶斯推断评估气候变化模型的可靠性，为政策制定提供科学依据。

13.4.4　社会科学案例

（1）社会行为模式分析。基于社交媒体数据和其他来源的信息，构建人群行为模式的仿真模型，研究社会趋势和发展方向。

（2）利用强化学习优化城市交通流量管理策略，验证不同规划方案的效果。

（3）文化遗产保护。通过 3D 扫描、数字重建等手段保存历史遗迹，并借助 AI 技术恢复文物原貌。通过考古学家、历史学家和技术专家携手合作，保障人类宝贵的文化遗产得以传承。

（4）OSF（开放科学框架）为社会科学研究者提供了一个全面的项目管理和资源共享平台，从研究设计到最终报告发布都得到了有效支持。

（5）社会学家和社会政策分析师可以通过 AIGC 更好地理解大量定性和定量研究的结果，支持证据驱动的决策制定过程。

13.4.5　物理科学案例

（1）通过 GAN 生成宇宙微波背景辐射图样，测试早期宇宙膨胀理论的正确性。

（2）物理模拟。运用增强学习优化粒子加速器的操作参数，实现更高的能量效率。

（3）物理与工程。工程师们可以利用 AIGC 工具跟踪特定技术的发展动态，及时获取关于新材料、新工艺等方面的前沿信息。

【作业】

1. 在设计领域，应用 AIGC 技术能够（　　），推动设计行业向更高效、更个性化、更创新的方向发展。
　　① 减轻设计师的重复劳动　　② 适当降低设计师的工作效率
　　③ 极大地提高了设计师的创造力　　④ 激发了前所未有的创意灵感
　　A. ②③④　　B. ①②③　　C. ①②④　　D. ①③④

2. AIGC 可以根据设计者提供的概念或简要说明，自动生成设计初稿，包括（　　）等，加速设计的迭代过程，让设计师能更快地尝试多种设计方案。
　　① 模型选择　　② 网页布局　　③ UI 界面　　④ 产品外观
　　A. ②③④　　B. ①②③　　C. ①②④　　D. ①③④

3. 利用 AIGC，设计师可以轻松实现图像或视频的（　　），将一种艺术风格应用到另一个作品上，创造独特的视觉效果。此外，它还可以根据指令生成原创的艺术作品，拓宽设计的边界。
　　A. 形式变换　　B. 风格迁移　　C. 作品移植　　D. 内容转换

4. 根据用户偏好或品牌调性，AIGC 可以自动生成一系列个性化图案、纹理和背景，用于（　　）等多个领域，提供无限的设计素材选择。
　　① 服装设计　　② 包装设计　　③ 绘画教学　　④ 室内装饰
　　A. ②③④　　B. ①②③　　C. ①③④　　D. ①②④

5. AIGC 能够自动合成高质量的动态图形和视频片段，包括（　　）等，简化视频制作流程，帮助设计师快速制作出吸引人的宣传视频或媒体内容。
　　① 图案　　② 动画　　③ 特效　　④ 标题序列
　　A. ①③④　　B. ①②④　　C. ②③④　　D. ①②③

6. AIGC 可以生成精细的 3D 模型，无论是建筑、家具、游戏角色还是其他物品，都能快速创建，为（　　）等领域提供强大支持。
　　① 游戏开发　　② 算术计算　　③ 建筑设计　　④ 虚拟展览
　　A. ①③④　　B. ①②④　　C. ①②③　　D. ②③④

7. AIGC 能够生成整套的品牌视觉识别系统（VI），包括（　　）等，为初创企业或个人品牌快速建立统一且专业的形象。
　　① 展示环境　　② 字体选择　　③ 色彩搭配　　④ Logo
　　A. ①③④　　B. ①②④　　C. ①②③　　D. ②③④

8. AIGC 可以根据设计主题和目标受众，智能推荐（　　），确保设计作品既美观又符合设计原则，提升整体视觉效果。
　　① 色彩搭配方案　　② 轮廓选择　　③ 页面布局　　④ 元素组合
　　A. ①②　　B. ①③　　C. ②④　　D. ③④

9. 在传统的设计流程中，设计师需要负责创意构思，具备问题最优解的（　　）能力，通过熟练的软件技能将方案付诸实际。
　　① 设计思维　　② 创意表达　　③ 设计执行　　④ 复杂计算
　　A. ①③④　　B. ①②④　　C. ①②③　　D. ②③④

10. 根据 AI 参与深度的不同，设计师与 AI 的协同逐渐呈现出（　　）这三种不同的模式。
　　① 主导模式　　② 嵌入模式　　③ 助手模式　　④ 代理模式
　　A. ①③④　　B. ①②④　　C. ①②③　　D. ②③④

11. 通过将 AI 功能（　　）等嵌入到现有软件界面中，能直接提升设计工具的智能化水平，这种内嵌策略是让 AI 最快落地应用的方式之一。
　　① 智能扩图　　② 一键抠图　　③ 文字生图　　④ 三角函数
　　A. ①②③　　B. ②③④　　C. ①②④　　D. ①③④

12. （　　）下的 AIGC 应用不再局限于设计执行（生图）的环节，而是借助文本生成、图片生成和语义理解等多方面功能，延伸至整个设计流程，在各个阶段为设计师提供辅助支持。
　　A. 主导模式　　B. 嵌入模式　　C. 助手模式　　D. 代理模式

13. 作为设计助手的一种产品形态，助手模式可以实现全设计周期的（　　）。但最终方案仍需要设计师在嵌入模式下的图形处理软件中来完成。
　　① 数据集成　　② 智能支持　　③ 整形输出　　④ 创意激发
　　A. ③④　　B. ②④　　C. ①③　　D. ①②

14. 在代理模式下，AIGC 智能体以 LLM 为核心驱动，具有自主感知理解、（　　）的能力，能够自动化完成复杂任务。
　　① 规划决策　　② 记忆反思　　③ 使用工具　　④ 综合集成
　　A. ①②③　　B. ②③④　　C. ①②④　　D. ①③④

15. 在设计领域，AIGC（　　）被视为一个个擅长不同设计能力和拥有不同经验知识的虚拟设计师，支持自由选择、组合或删除，同时，根据需求所需能力，为智能体外挂各种工具。
　　A. 主导模块　　B. 嵌入模块　　C. 智能体　　D. 函数体

16. 现阶段，智能体技术框架通常被认为由 4 个关键模块组成，即记忆、（　　）。
　　① 抽象　　② 规划　　③ 工具　　④ 行动
　　A. ①③④　　B. ①②④　　C. ①②③　　D. ②③④

17. 擅长不同设计领域的 LLM 相当于各种设计角色，如何来管理这些角色很重要，所需功能可能会有（　　）和角色的组合搭配等。
　　① 角色市场（官方或个人）　　② 角色雇佣（临时或买断）
　　③ 设计能力升级迭代　　　　　④ 历史数据的回顾与整理
　　A. ②③④　　B. ①②③　　C. ①②④　　D. ①③④

18. （　　）是指：AIGC 通过生成逼真的合成数据和增加现有数据的多样性，能够有效补充科研领域中真实数据的不足，提升模型训练效果和研究效率。
　　A. 数据增强　　B. 模型训练　　C. 科学模拟　　D. 自动化实验设计

19. （　　）是指：AIGC 在科研领域通过模拟复杂系统和物理现象，提供虚拟实验环境，从而加速理论验证和实验设计过程。
　　A. 数据增强　　B. 模型训练　　C. 科学模拟　　D. 自动化实验设计

20. （　　）是指：AIGC 通过智能算法优化实验参数、预测实验结果，并自动调整实验条件，从而显著提高实验效率和成功率，减少人力和时间成本。
　　A. 数据增强　　B. 模型训练　　C. 科学模拟　　D. 自动化实验设计

【研究性学习】AIGC 在科研中的应用探索

通过实践操作，让学生深入理解 AIGC 在科研中的多种应用场景，掌握相关工具的使用方法，并激发学生在科研中应用 AIGC 的创新思维。通过这个环节，学生能够将课堂上学到的理论知识应用到实际操作中，并培养团队协作能力、问题解决能力和创新思维。

1. 实验内容与步骤

选择一个科研领域（如生命科学、材料科学、环境科学、社会科学或物理科学），并利用 AIGC 工具完成一个小型科研任务。具体步骤如下。

步骤 1：选择科研领域与任务。

分组：学生自由组队，每组 3~5 人。

选择领域：每组选择一个感兴趣的科研领域（如药物发现、新材料开发、气候模型改进等）。

确定任务：在所选领域中，确定一个具体的小型科研任务。例如：

- 生命科学：生成虚拟分子并进行初步筛选。
- 材料科学：设计一种新型材料的合成路径。
- 环境科学：利用 AIGC 改进气候模型的某个部分。
- 社会科学：分析社交媒体数据，研究某一社会行为模式。
- 物理科学：通过 GAN 生成某种物理现象的模拟数据。

请记录：小组所选的研究任务是：＿＿＿＿＿＿＿＿＿＿＿＿＿＿＿＿＿＿

步骤 2：工具选择与数据准备。

（1）工具选择：根据任务需求，选择合适的 AIGC 工具或平台。例如：

- 文本生成：ChatGPT、BARD 等。
- 图像生成：DALL·E、Midjourney 等。
- 科学模拟：开源的 GAN 框架、物理信息神经网络（PINN）等。
- 数据分析：Jupyter Notebook、Python 库（如 TensorFlow、PyTorch）等。

请记录：工具描述：＿＿＿＿＿＿＿＿＿＿＿＿＿＿＿＿＿＿＿＿＿＿＿＿＿＿＿＿＿＿＿＿＿

（2）数据准备：如果任务需要数据，从公开数据集或实验室数据中获取相关数据，并使用 AIGC 工具生成合成数据以补充真实数据（如 GAN 生成图像、VAE 生成分子结构等）。

请记录：数据准备：＿＿＿＿＿＿＿＿＿＿＿＿＿＿＿＿＿＿＿＿＿＿＿＿＿＿＿＿＿＿＿＿＿

步骤 3：实践操作。

（1）任务实施：根据所选任务，利用 AIGC 工具完成以下操作。

- 生成数据：如果任务需要，使用 GAN、VAE 等生成合成数据。
- 模拟与分析：利用 AIGC 工具进行科学模拟（如物理现象模拟、社会行为模式分析等）。
- 优化与改进：结合 AIGC 工具的建议，优化实验设计或模型参数。
- 结果验证：对生成的结果进行初步验证，确保其合理性。

（2）记录过程：详细记录实践过程，包括工具、数据来源、结果以及遇到的问题和解决方案。

步骤 4：结果展示与讨论。

（1）成果展示：每组准备一个 PPT，展示实践过程和结果。内容如下。
- 选择的科研领域和任务。
- 使用的 AIGC 工具及其功能。
- 实践过程中的关键步骤和结果。
- 遇到的挑战及解决方案。
- 对结果的初步分析和结论。

（2）课堂讨论：小组展示后，讨论和分享经验、探讨问题，探讨 AIGC 的科研潜力和局限。

步骤 5：撰写实践报告。

各组撰写一份实践报告，内容如下。
- 引言：介绍实践背景和目标。
- 方法：详细描述使用的 AIGC 工具和实践方法。
- 结果：展示实践结果，并进行分析。
- 讨论：讨论实践中的问题和解决方案，以及对 AIGC 在科研中的应用的看法。
- 结论：总结实践的收获和对未来科研的启示。

报告格式：遵循学术报告的基本格式，包括标题、作者、摘要、关键词、正文和参考文献。

注意事项如下。

（1）工具使用：确保学生在实践前熟悉所选 AIGC 工具的基本功能。
（2）数据安全：在使用数据时，注意保护隐私和遵守相关法律法规。
（3）创新性：鼓励学生在实践中尝试创新的方法和思路。
（4）时间管理：合理安排实践时间，确保按时完成任务。

2. 实验总结

3. 实验评价（教师）

评估方式如下。

（1）实践过程（30%）：评估学生在实践过程中的参与度、团队协作能力和问题解决能力。
（2）成果展示（30%）：评估 PPT 的内容完整性、逻辑性和展示效果。
（3）实践报告（40%）：评估报告的结构、内容深度、分析能力和学术规范性。

第 14 章 伦理与法律考量

随着 AI 不断取得突破，LLM 的大量应用，一些潜在的隐患和道德伦理问题也逐步显现出来。例如，AI 在安全、隐私等方面存在一定风险隐患："换脸"技术有可能侵犯个人隐私，信息采集不当会导致数据泄露，算法漏洞加剧则会产生认知偏见……这说明，AI 及 LLM 不单具有技术属性，还具有明显的社会属性。唯有综合考虑经济、社会和环境等因素，才能更好地应对 AI 技术带来的机遇和挑战，推动其健康发展。

AI 治理带来很多伦理和法律课题，如何打造"负责任的 AI"正变得愈发迫切和关键。必须加强 AI 发展的潜在风险研判和防范，规范 AI 的发展，确保 AI 安全、可靠、可控，要建立健全保障 AI 健康发展的法律法规、制度体系、伦理道德。应致力于依照"以人为本"的伦理原则推进 AI 的发展，应该将"社会责任 AI"作为一个重要的研究方向。

14.1 AIGC 面临的伦理挑战

AI 科学家李飞飞表示，现在迫切需要让伦理成为 AI 研究与发展的根本组成部分，我们比历史上任何时候都更加需要注重技术与伦理的平衡。这是因为一方面技术意味着速度和效率，应发挥好技术的无限潜力，善用技术追求效率，创造社会和经济效益；另一方面，人性意味着深度和价值，要追求人性，维护人类价值和自我实现，避免技术发展和应用突破人类伦理底线。只有保持警醒和敬畏，在以效率为准绳的"技术算法"和以伦理为准绳的"人性算法"之间实现平衡，才能确保"科技向善"。

AIGC 技术的发展和应用带来了显著的创新与便利，但同时也伴随着一系列复杂的伦理挑战。以下是 AIGC 所面临的几类主要伦理问题。

（1）工作与就业冲击。AIGC 技术的广泛应用可能导致某些行业和职业的人力需求减少，引发对失业和社会不平等的担忧。人们担心 AI 可能会取代人类在内容创作、数据分析、客户服务等多个领域的工作岗位。

（2）原创性与版权争议。由 AI 生成的内容在版权归属、原创性认定上存在法律空白和争议。谁应该享有 AI 创作的作品的版权？是开发 AI 的公司、操作 AI 的用户，还是 AI 本身？这挑战了现有的知识产权体系。

（3）真实性与信任危机。AIGC 技术可以生成高度逼真的文本、图像、音频和视频，这可能被用于制造假新闻和深度伪造，进而影响公众舆论、误导群众，损害媒体公信力和个人隐私。

（4）责任归属。当 AIGC 导致负面影响，如错误信息传播、侵犯个人名誉权时，责任应该如何界定？是开发者、使用者，还是由维护者来负责？这需要明确的法律框架和道德准则。

（5）人类智能与尊严。随着 AIGC 技术的智能化水平提升，可能引发对人类智能价值和地位的讨论。人们担忧过度依赖 AI 会削弱人类创造力、批判性思维能力，甚至影响人类自我认同。

（6）算法偏见与公平性。AIGC 系统基于训练数据生成内容，如果训练数据含有偏见，生成的内容也可能带有偏见，这会加剧社会不公，如性别、种族歧视等问题。

（7）隐私保护。AIGC 在处理个人数据时，如何确保数据的安全和隐私，避免未经许可的信息泄露或滥用，是另一个重要伦理议题。

（8）社会实验伦理。利用 AIGC 进行的社会实验，尤其是当涉及模拟人类行为、心理状态时，需要严格遵守伦理规范，防止对参与者造成伤害或侵犯其权利。

解决这些伦理挑战需要跨学科合作，需要技术开发者、法律专家、伦理学家、社会科学家以及政策制定者的共同努力，通过制定合理的政策、法规和技术标准，引导 AIGC 技术健康发展，确保技术进步的同时保护人类价值和社会福祉。

14.2 数据隐私保护对策

数据产业面临的伦理问题包括数据主权和数据权问题、隐私权和自主权的侵犯问题、数据利用失衡问题，这些问题影响了大数据生产、采集、存储、交易流转和开发使用的全过程。

相较于传统隐私和互联网发展初期的隐私，大数据技术的广泛运用使隐私的概念和范围发生了很大的变化，呈现数据化、价值化的新特点。解决数据隐私保护伦理问题需要从责任伦理的角度出发，关注大数据技术带来的风险，倡导多元参与主体的共同努力，在遵守隐私保护伦理准则的基础上，加强道德伦理教育和健全道德伦理约束机制。

14.2.1 数据主权和数据权问题

由于跨境数据流动剧增、数据经济价值凸显、个人隐私危机爆发等多方面因素，数据主权和数据权已成为数据与 AI 产业发展遭遇的关键问题。数据的跨境流动是不可避免的，但这也给国家安全带来了威胁，数据的主权问题由此产生。数据主权是指国家对其政权管辖地域内的数据享有生成、传播、管理、控制和利用的权力。数据主权是国家主权在信息化、数字化和全球化发展趋势下新的表现形式，是各国在大数据时代维护国家主权和独立，反对数据垄断和霸权主义的必然要求，是国家安全的保障。

数据权包括机构数据权和个人数据权。机构数据权是企业和其他机构对个人数据的采集权与使用权，是企业的核心竞争力。个人数据权是指个人拥有对自身数据的控制权，以保护自身隐私信息不受侵犯的权利，也是个人的基本权利。个人在互联网上产生了大量的数据，这些数据与个人隐私密切相关，个人对这些数据拥有财产权。

数据财产权是数据主权和数据权的核心内容。以大数据为主的信息技术赋予了数据财产属性，数据财产包含形式要素和实质要素两个部分，数据符号所依附的介质为其形式要素，数据财产所承载的有价值的信息为其实质要素。

14.2.2 数据利用失衡问题

数据利用的失衡主要体现在两个方面。

（1）数据的利用率较低。随着移动互联网的发展，每天都有海量的数据产生，全球数据规模呈指数级增长，但是一项针对大型企业的调研结果显示，企业大数据的利用率仅在 12% 左右。而掌握大量数据的政府，其数据的利用率可能更低。

（2）数字鸿沟现象日益显著。数字鸿沟束缚数据流通，导致数据利用水平较低。大数据的"政用""民用"和"工用"相对于大数据在商用领域的发展，无论技术、人才还是数据规模都有巨大差距。现阶段大数据应用较为成熟的行业是电商、电信和金融领域，医疗、能源、教育等领域则处于起步阶段。由于大数据在商用领域已经产生巨大利益，数据资源、社会资源、人才资源均向其倾斜，涉及经济利益较弱的领域，则市场占比低。在商用领域内，优势的行业或优势的企业也往往占据了大量的数据资源。

14.2.3　构建隐私保护伦理准则

构建隐私保护伦理的准则包括以下几个方面。

（1）权利与义务对等。数据生产者作为数据生命周期中的坚实基础，既有为大数据技术发展提供数据源和保护个人隐私的义务，又有享受大数据技术带来的便利和利益的权利。数据搜集者作为数据生产周期的中间者，他们既可以享有在网络公共空间中搜集数据以获得利益的权利，又负有在数据搜集阶段保护用户隐私的义务。数据使用者作为整个数据生命周期中利益链条上游部分的主体，他们享有丰厚利润的同时，也负有推进整个社会发展、造福人类和保护个人隐私的义务。

（2）自由与监管适度。主体的意志自由正在因严密的监控和隐私泄露所导致的个性化预测而受到禁锢。而个人只有在具有规则的社会中才能谈自主、自治和自由。因此，在解决隐私保护的伦理问题时，构建一定的规则与秩序，在维护社会安全的前提下，给予公众适度的自由，也是隐私保护伦理准则所必须关注的重点。所以要平衡监管与自由两边的砝码，让政府与企业更注重保护个人隐私，个人也要提高保护隐私的能力，防止沉迷于网络，努力做到在保持社会良好发展的同时，也不忽视公众对个人自由的诉求。

（3）诚信与公正统一。因丰厚经济利润的刺激和社交活动在虚拟空间的无限延展，可能使互联网用户逐渐丧失对基本准则诚信的遵守。例如，利用黑客技术窃取用户隐私信息，通过不道德的商业行为攫取更多利益等。在社会范围内建立诚信体系，营造诚信氛围，不仅有利于隐私保护伦理准则的构建，更是对个人行为、企业发展和政府建设的内在要求。

（4）创新与责任一致。在构建隐私保护的伦理准则时，可以引入"负责任创新"理念，对大数据技术的创新和设计过程进行全面的综合考量与评估，使大数据技术的相关信息能被公众所理解，真正将大数据技术的"创新"与"负责任"相结合，以一种开放、包容、互动的态度来看待技术的良性发展。

14.2.4　健全道德伦理约束机制

健全隐私保护的道德伦理约束机制包括以下两个方面。

（1）建立完善的隐私保护道德自律机制。个人自觉保护隐私，首先应该清楚意识到个人信息安全的重要性，做到重视个人隐私，从源头切断个人信息泄露的可能。政府、组织和企业可以通过不断创新与完善隐私保护技术的方式让所有数据行业从业者都认识到隐私保护的重要性，并在数据使用中自觉采取隐私保护技术，以免信息泄露。企业还可以通过建立行业自律公约的方式来规范道德行为，以达成统一共识来约束自身行为。

（2）强化社会监督与道德评价功能。建立由多主体参与的监督体系来实时监控、预防侵犯隐私行为的发生，这在公共事务上体现为一种社会合力，代表着社会生活中一部分人的声音，具有较强的制约力和规范力，是完善隐私保护道德伦理约束机制的重要一步。健全道德伦理约束机制还可以发挥道德的评价功能，通过道德舆论的评价来调整社会关系，规范人们的行为。在隐私保护伦理的建设过程中，运用社会伦理的道德评价，可以强化人们的道德意志，增强他们遵守道德规范的主动性与自觉性，将外在的道德规范转化为人们的自我道德观念和道德行为准则。

14.3 AI 伦理原则

AI 的发展不仅是一场席卷全球的科技革命，也是一场对人类文明带来前所未有深远影响的社会伦理实验。在应用层面，AI 已经开始用于解决社会问题，各种服务机器人、辅助机器人、陪伴机器人、教育机器人等社会机器人和智能应用软件应运而生，各种伦理问题也随之产生。机器人伦理与人因工程相关，涉及人体工程学、生物学和人机交互，需要以人为中心的机器智能设计。随着社会机器人进入家庭，如何保护隐私、满足个性化需求都要以人为中心而不是以机器为中心设计。过度依赖社会机器人将带来一系列的家庭伦理问题。为了避免 AI 以机器为中心，需要法律和伦理研究参与其中，而相关伦理与哲学研究也要对技术有必要的了解。

14.3.1 职业伦理准则的目标

需要制定 AI 的职业伦理准则，来达到下列目标。
（1）为防止 AI 技术的滥用设立红线。
（2）提高职业人员的责任心和职业道德水准。
（3）确保算法系统的安全可靠。
（4）使算法系统的可解释性成为未来引导设计的一个基本方向。
（5）使伦理准则成为 AI 从业者的工作基础。
（6）提升职业人员的抱负和理想。
AI 的职业伦理准则至少应包括以下几个方面。
（1）确保 AI 更好地造福于社会。
（2）在强化人类中心主义的同时，达到走出人类中心主义的目标，形成双向互进关系。
（3）避免 AI 对人类造成任何伤害。
（4）确保 AI 体位于人类可控范围之内。
（5）提升 AI 的可信性。
（6）确保 AI 的可问责性和透明性。
（7）维护公平。
（8）尊重隐私、谨慎应用。
（9）提高职业技能与提升道德修养并行发展。

14.3.2　创新发展道德伦理宣言

2018 年 7 月 11 日，中国 AI 产业创新发展联盟发布了《AI 创新发展道德伦理宣言》（简称《宣言》）。《宣言》除了序言之外，一共有六个部分，分别是 AI 系统、AI 与人类的关系、AI 与具体接触人员的道德伦理要求、AI 的应用和未来发展的方向，最后是附则。

发布《宣言》是为了宣扬涉及 AI 创新、应用和发展的基本准则，以期无论何种身份的人都能经常铭记本宣言精神，理解并尊重发展 AI 的初衷，使其传达的价值与理念得到普遍认可与遵行。

《宣言》指出：

（1）鉴于全人类固有道德、伦理、尊严及人格之权利，创新、应用和发展 AI 技术当以此为根本基础。

（2）鉴于人类社会发展的最高阶段为人类解放和人的自由全面发展，AI 技术研发当以此为最终依归，进而促进全人类福祉。

（3）鉴于 AI 技术对人类社会既有观念、秩序和自由意志的挑战巨大，且发展前景充满未知，对 AI 技术的创新应当设置倡导性与禁止性的规则，这些规则本身应当凝聚不同文明背景下人群的基本价值共识。

（4）鉴于 AI 技术具有把人类从繁重体力和脑力劳动束缚中解放的潜力，纵然未来的探索道路上出现曲折与反复，也不应停止 AI 创新发展造福人类的步伐。

建设 AI 系统，要做到以下几个方面。

（1）AI 系统基础数据应当秉持公平性与客观性，摒弃带有偏见的数据和算法，以杜绝可能的歧视性结果。

（2）AI 系统的数据采集和使用应当尊重隐私权等一系列人格权利，以维护权利所承载的人格利益。

（3）AI 系统应当有相应的技术风险评估机制，保持对潜在危险的前瞻性控制能力。

（4）AI 系统所具有的自主意识程度应当受到科学技术水平和道德、伦理、法律等人文价值的共同评价。

为明确 AI 与人类的关系，《宣言》指出：

（1）AI 的发展应当始终以造福人类为宗旨。牢记这一宗旨，是防止 AI 的巨大优势转为人类生存发展巨大威胁的关键所在。

（2）无论 AI 的自主意识能力进化到何种阶段，都不能改变其是由人类创造的事实。不能将 AI 的自主意识等同于人类特有的自由意志，模糊这两者之间的差别可能抹杀人类自身特有的人权属性与价值。

（3）当 AI 的设定初衷与人类整体利益或个人合法利益相悖时，AI 应当无条件停止或暂停工作进程，以保证人类整体利益的优先。

《宣言》指出，AI 具体接触人员的道德伦理要求如下。

（1）AI 具体接触人员是指居于主导地位、可以直接操纵或影响 AI 系统和技术，使之按照预设产生某种具体功效的人员，包括但不限于 AI 的研发人员和使用者。

（2）AI 的研发者自身应当具备正确的伦理道德意识，同时将这种意识贯彻于研发的全过程，确保其塑造的 AI 自主意识符合人类社会主流道德伦理要求。

（3）AI 产品的使用者应当遵循产品的既有使用准则，除非出于改善产品本身性能的目的，否则不得擅自变动、篡改原有的设置，使之背离创新、应用和发展初衷，以致破坏人类文明及社会和谐。

（4）AI 从业人员可以根据自身经验，阐述其对产品与技术的认识。此种阐述应当本着诚实信用的原则，保持理性与客观，不得诱导公众的盲目热情或故意加剧公众的恐慌情绪。

针对 AI 的应用，《宣言》指出：

（1）AI 发展迅速，但也伴随着各种不确定性。在没有确定完善的技术保障之前，在某些失误成本过于沉重的领域，AI 的应用和推广应当审慎而科学。

（2）AI 可以为决策提供辅助。但是 AI 本身不能成为决策的主体，特别是在国家公共事务领域，AI 不能行使国家公权力。

（3）AI 的优势使其在军事领域存在巨大应用潜力。出于对人类整体福祉的考虑，应当本着人道主义精神，克制在进攻端武器运用 AI 的冲动。

（4）AI 不应成为侵犯合法权益的工具，任何运用 AI 从事犯罪活动的行为，都必须受到法律的制裁和道义的谴责。

（5）AI 的应用可以解放人类在脑力和体力层面的部分束缚，在条件成熟时，应当鼓励 AI 在相应领域发挥帮助人类自由发展的作用。

《宣言》指出，当前发展 AI 的主要方向如下。

（1）探索产、学、研、用、政、金合作机制，推动 AI 核心技术创新与产业发展。特别是推动上述各方资源结合，建立长期和深层次的合作机制，针对 AI 领域的关键核心技术难题开展联合攻关。

（2）制定 AI 产业发展标准，推动 AI 产业协同发展。推动 AI 产业在数据规范、应用接口以及性能检测等方面的标准体系制定，为消费者提供更好的服务与体验。

（3）打造共性技术支撑平台，构建 AI 产业生态。推动 AI 领域龙头企业牵头建设平台，为 AI 在社会生活各个领域的创业创新者提供更好支持。

（4）健全 AI 法律法规体系。通过不断完善 AI 相关法律法规，在拓展人类 AI 应用能力的同时，避免 AI 对社会和谐的冲击，寻求 AI 技术创新、产业发展与道德伦理的平衡点。

AI 的发展在深度与广度上都是难以预测的。根据新的发展形势，对《宣言》的任何修改都不能违反人类的道德伦理法律准则，不得损害人类的尊严和整体福祉。

14.3.3　欧盟可信赖的伦理准则

2019 年，欧盟 AI 高级别专家组正式发布了《可信赖的 AI 伦理指南》。根据指南，可信赖的 AI 应该具备以下特征。

（1）合法——遵守所有现行的法律法规。

（2）合乎伦理——尊重伦理原则和价值观。

（3）稳健——既从技术角度考虑，又考虑其社会环境。

该指南提出了未来 AI 系统应满足的 7 大原则，以便被认为是可信的，并给出一份具体的评估清单，旨在协助核实每项要求的适用情况。

（1）人类代理和监督：AI 不应该践踏人类的自主性。人们不应该被 AI 系统所操纵或胁迫，应该能够干预或监督软件所做的每一个决定。

（2）技术稳健性和安全性：AI 应该是安全而准确的，它不应该轻易受到外部攻击（如对抗性例子）的破坏，并且应该是可靠的。

（3）隐私和数据管理：AI 系统收集的个人数据应该是安全的，并且能够保护个人隐私。它不应该被任何人访问，也不应该轻易被盗。

（4）透明度：用于创建 AI 系统的数据和算法应该是可访问的，软件所做的决定应该为人类所理解和追踪。换句话说，操作者应该能够解释他们的 AI 系统所做的决定。

（5）多样性、无歧视、公平：AI 应向所有人提供服务，不分年龄、性别、种族或其他特征。同样，AI 系统不应在这些方面有偏见。

（6）环境和社会福祉：AI 系统应该是可持续的（即它们应该对生态负责），并能促进积极的社会变革。

（7）问责制：AI 系统应该是可审计的，并由现有的企业告密者保护机制覆盖。系统的负面影响应事先得到承认和报告。

这些原则中，有些比较抽象，很难从客观意义上进行评估。这些原则不具有法律约束力，但同样可以影响欧盟起草的任何未来立法。欧盟发布的报告还包括了一份"可信赖 AI 评估列表"，帮助专家们找出 AI 软件中的任何潜在弱点或危险。此列表包括以下问题："你是否验证了系统在意外情况和环境中的行为方式？"以及"你评估了数据集中数据的类型和范围了吗？"

14.3.4 封禁存在"不可接受风险"AI 系统

2025 年 2 月 2 日，欧盟《人工智能法案（AI Act）》的首批合规期限正式生效。这意味着欧盟监管机构可以禁止他们认为存在"不可接受风险"或危害的 AI 系统。该法案是欧盟历经多年制定后，于 2024 年 3 月获得欧洲议会批准的全面人工智能监管框架，并于当年 8 月 1 日正式生效。

此次生效的是该法案的首批合规要求，主要针对法案第五条所列的"不可接受风险"的 AI 应用。这些应用包括：用于社会评分的 AI、以潜意识或欺骗性方式操纵个人决定的 AI、利用年龄、残疾或社会经济地位等弱点的 AI、根据外貌预测犯罪的 AI、使用生物识别技术推断个人特征（如性取向）的 AI、在公共场所收集"实时"生物识别数据用于执法的 AI、试图在工作或学校推断人们情绪的 AI，以及通过抓取网络或安全摄像头图像来创建或扩展面部识别数据库的 AI。任何公司，无论总部位于何处，只要在欧盟境内使用上述任何一种 AI 应用，都将面临巨额罚款。

14.4 LLM 的知识产权保护

随着 AI 的技术发展，知识产权归属的边界正变得日益模糊。通过大量公开数据进行训练，从而让模型学习具有生成产物的能力，这就是生成式 AI 的构建方式。这些数据包括文字、画作和代码，模型正是从海量的数据中获得的生成同样产物的能力。随着生成式 AI 的快速崛起，在重塑行业、赋能人类工作生活的同时，也引发了版权制度方面的一系列新的挑战。

14.4.1 LLM 的诉讼案例

Midjourney 是一款著名的 AI 绘画工具，它为用户提供了各种创意的绘图功能，可以是文生图或者图生图（见图 14-1）。尽管 Midjourney 面临严重的版权问题，但其创始人大卫·霍尔茨针对 AI 对创意工作的影响却有自己的看法，他强调 Midjourney 的目标是拓展人类的想象力，帮助用户快速产生创意，为专业用户提供概念设计的支持，而不是用来取代艺术家。他认为 AI 技术的发展将促使市场朝着更高质量、更有创意、更多样化和更深度的内容方向发展。AI 技术的出现对艺术家的未来产生的影响仍有待观察，但艺术工作本身是有趣的，AI 技术应该服务于让人们自由发展更有回报、更有趣的工作，而不是取代艺术家的创作过程。

艺术家是否愿意将其作品纳入 AI 训练模型、是否对版权问题产生担忧等议题值得深入思考。AI 技术的发展可能会给艺术创作带来新的影响和挑战。然而，尊重艺术家的创作意愿，维护版权法律，是保障艺术创作多样性和质量的重要途径。通过合理规范和监管，AI 技术可以更好地服务于艺术创作和创作者，实现技术与人文的和谐共生。

图 14-1　Midjourney 的绘图示例（AI 作图）

在艺术创作领域，AI 技术作为一种辅助工具，有助于提高创作效率和创意产出，但无法替代艺术家的独特创作能力和灵感。对于艺术家来说，关键在于如何运用和平衡 AI 技术，创作出更具深度和独特性的作品，从而实现艺术创作与科技创新的有机结合。

Midjourney 的未来发展方向也需要更多的思考和探讨，以确保 AI 技术的应用能够更好地服务于艺术创作和创作者，从而促进艺术的多样性和创新性。

（1）"训练"类技术的首次法律诉讼。

2022 年 11 月 3 日和 10 日，程序员兼律师马修·巴特里克等人向美国加州北区法院递交了一份集体诉讼起诉书，指控 OpenAI 和微软使用他们贡献的代码来训练 AI 编程工具 Copilot 及 Codex，要求法院批准 90 亿美元的法定损害赔偿金。根据集体诉讼文件，每当 Copilot 提供非法输出，它就违反第 1202 条三次，即没有①注明出处、②版权通知、③许可条款。因为两款工具使用 GitHub 上的开源软件用于训练并输出，但并未按照要求进行致谢、版权声明和附上许可证，甚至标识错误，违反了上千万软件开发者的许可协议。原告进一步指称被告将其敏感个人数据一并纳入 Copilot 中向他人提供，构成违反开源许可证、欺诈、违反 GitHub 服务条款隐私政策等。

巴特里克强调："我们反对的绝不是 AI 辅助编程工具，而是微软在 Copilot 当中的种种具体行径。微软完全可以把 Copilot 做得对开发者更友好——比如邀请大家自愿参加，或者由编程人员有偿对训练语料库做出贡献。但截至目前，微软根本没有做过这方面的尝试。另外，如果大家觉得 Copilot 效果挺好，那也是因为底层开源训练数据的质量过硬。Copilot 其实是从开源项目吞噬能量，而一旦开源活力枯竭，Copilot 也将失去发展的依凭。"

（2）AI 绘画工具被指控抄袭。

2023 年 1 月 16 日，莎拉·安德森、凯莉·麦克南和卡拉·奥尔蒂斯三名艺术家对 Midjourney

以及艺术家作品集平台 DeviantArt 提出诉讼，称这些组织在未经原作者同意的情况下通过从网络上获取的 50 亿张图像来训练其 AI，侵犯了"数百万艺术家"的权利。负责这个案件的律师正是诉讼 OpenAI 和微软的马修·巴特里克，他描述此案"为每一个人创造公平环境和市场的第一步"。不过，一审法官驳回了大部分上述诉求，但颁布了法庭许可，允许原告在调整、补充起诉事由和证据材料后另行起诉。

2023 年 1 月 17 日，全球知名图片提供商华盖创意起诉 AI 绘画工具 Stable Diffusion 的开发者 Stability AI，称其侵犯了版权。华盖创意称 Stability AI 在未经许可的情况下，从网站上窃取了数百万张图片来训练自己的模型，使用他人的知识产权为自己的经济利益服务，这不是公平交易，所以采取行动保护公司和艺术家们的知识产权。

事实上，Midjourney 等对这类问题表现得不屑一顾，他们认为："没有经过授权，我们也没有办法一一排查上亿张训练图像分别来自哪里。如果再向其中添加关于版权所有者等内容的元数据，那也太麻烦了。但这不是什么大事，毕竟网络上也没有相应的注册表，我们做不到在互联网上找一张图片，然后轻松跟踪它到底归谁所有，再采取措施来验证身份。既然原始训练素材未获许可，那即使在我们这帮非法律出身的外行来看，这都很可能激起制片方、电子游戏发行商和演员的反抗。"

（3）看不见的幽灵与看得见的恐慌。

一位网友用 Drake 和 The Weeknd 的声音对 AI 模型进行训练，同时模仿两人的音乐风格，最终生成并发布歌曲《袖子上的心》。该歌曲在不到两天的时间里，实现了病毒式的传播：在 Spotify 上播放量超 60 万次，在 TikTok 上点击量超 1500 万次，完整版在 YouTube 平台上播放超 27.5 万次。值得注意的是，即便发布者并未在演唱信息中提及 Drake 和 The Weeknd，但该歌曲依然蹿红。对很多人来说，这是 AI 音乐的第一首出圈之作，也是生成式 AI 进行创作的开始。歌曲的蹿红很快引起环球音乐的注意，作为 Drake 和 The Weeknd 的幕后唱片公司，公司对外发表言辞激烈的声明称："使用我们旗下的艺术家对 AI 生成内容进行训练，这既违反了协议，也违反了版权法。"在环球音乐的投诉下，这首歌曲先从 Spotify 和 Apple Music 下架。紧随其后，其他机构也撤下该歌曲。环球音乐指出，在流媒体平台上 AI 生成内容的可用性引发了一个问题，即音乐行业生态中的所有利益相关者到底希望站在历史的哪一边："是站在艺术家、粉丝和人类创造性表达的一边，还是站在深度伪造、欺诈和剥夺艺术应得补偿的一边。"很显然，在忍耐的极限后，业内巨头开启了对 AI 音乐的抵抗，环球音乐发函要求 Spotify 等音乐流媒体平台切断 AI 公司的访问权限，以阻止其版权歌曲被用于训练模型和生成音乐。

（4）ChatGPT 屡屡惹官司。

2023 年 2 月 15 日，《华尔街日报》记者弗朗西斯科·马可尼公开指控 OpenAI 公司未经授权大量使用路透社、《纽约时报》《卫报》、BBC 等媒体的文章来训练 ChatGPT 模型，但从未支付任何费用。

2023 年 6 月 28 日，第一起具有代表性的 ChatGPT 版权侵权之诉出现在公众视野。两名畅销书作家保罗·特伦布莱和莫娜·阿瓦德在美国加州北区法院，向 OpenAI 提起集体诉讼，指控后者未经授权也未声明，利用他们享有版权的图书来训练 ChatGPT，谋取商业利益。同月 16 名匿名人士向美国加利福尼亚旧金山联邦法院提起诉讼，指控 ChatGPT 在没有充分通知用户，或获得同意的情况下，收集、存储、跟踪、共享和披露了他们的个人信息。他们称受害者可能多达数百万人，据此要求微软和 OpenAI 赔偿 30 亿美元。

2023 年 7 月 10 日，美国喜剧演员和作家萨拉·希尔弗曼以及另外两名作家理查德·卡德雷、克里斯托弗·戈尔登在加州北区法院起诉 OpenAI，指控 ChatGPT 所用的训练数据侵犯版权。同年 9 月 19 日，美国作家协会以及包括《权力的游戏》原著作者乔治·R. R. 马丁在内的 17 位美国著名作家向美国纽约联邦法院提起诉讼，指控 OpenAI"大规模、系统性地盗窃"，称 OpenAI 在未经授权的情况下使用原告作家的版权作品训练其大语言模型，公然侵犯了作家们登记在册的版权。同年 12 月，包含多名普利策奖得主在内的 11 位美国作家，在曼哈顿联邦法院起诉 OpenAI 和微软滥用自己的作品来训练 LLM，指出这样的行为无疑是在"刮取"作家们的作品和其他受版权保护的材料，他们希望获得经济赔偿，并要求这些公司停止侵犯作家们的版权。

2023 年 12 月 27 日，《纽约时报》向曼哈顿联邦法院提起诉讼，指控 OpenAI 和微软未经许可使用该报数百万篇文章来训练机器人。《纽约时报》要求获得损害赔偿，还要求永久禁止被告从事所述的非法、不公平和侵权行为，删除包含《纽约时报》作品的训练集等。虽然《纽约时报》并未提出具体的赔偿金额要求，但其指出被告应为"非法复制和使用《纽约时报》独特且有价值的作品"和与之相关的"价值数十亿美元的法定和实际损失"负责。作为回应，2024 年 1 月 4 日，OpenAI 知识产权和内容首席汤姆·鲁宾在采访中表示，公司近期与数十家出版商展开了有关许可协议的谈判："我们正处于多场谈判中，正在与多家出版商进行讨论。他们十分活跃积极，这些谈判进展良好。"据两名与 OpenAI 进行谈判的媒体公司高管透露，为了获得将新闻文章用于训练其 LLM 的许可，OpenAI 愿意向部分媒体公司缴纳每年 100 万～500 万美元的费用。虽然对于一些出版商来说，这是一个很小的数字，但如果媒体公司数量足够多，对 OpenAI 而言必然是一次"大出血"。

（5）Meta 承认使用盗版书籍训练 LLM，但否认侵权。

2023 年 7 月 10 日，莎拉等三人起诉 OpenAI 的同时也起诉了 Meta，指控其侵犯版权，使用包含大量盗版书籍的 Books3 数据集训练 LLaMA 系列 LLM。公开资料显示，创建于 2020 年的 Books3 是一个包含 19.5 万本图书、总容量达 37GB 的文本数据集，旨在为改进机器学习算法提供更好的数据源，其中包含大量从盗版网站 Bibliotik 爬取的受版权保护作品。对此，Meta 方面承认其使用 Books3 数据集的部分内容来训练 LLaMA-1 和 LLaMA-2，但否认侵权行为，表示其使用 Books3 数据集训练 LLM 属于合理使用范畴，无须获得许可、署名或支付补偿。同时，Meta 方面还对该诉讼作为集体诉讼的合法性提出异议，并拒绝向提起诉讼的作家或其他参与 Books3 争议的人士提供任何形式的经济补偿。

14.4.2 尊重隐私，保障安全，促进开放

LLM 运行需要使用海量的文本语料进行学习，而这个过程中 LLM 使用的是无监督学习方式进行预训练。用于 LLM 训练的这些文本数据来自互联网的各个角落，包括但不限于书籍、文章、百科、新闻网站、论坛、博客等，凡是互联网上可以找到的信息，都在其学习之列。即便科研人员会对语料进行数据清洗，但其中仍有可能包含个人隐私信息。

不论是语言模型还是图像生成模型，LLM 都会记住训练所使用的样本，可能会在无意中泄露敏感信息。因此，有研究者认为，当前的隐私保护技术方法，如数据去重和差分隐私，可能与人们对隐私的普遍理解并不完全一致。所以，应该在微调阶段纳入更严格的保障措施，以加强对于数据隐私的保护。

专家们明确了 LLM 存在隐私风险的三个方面：互联网数据训练、用户数据收集和生成内

容中的无意泄露。首先需要确保公共数据不具有个人可识别性，并与私人或敏感数据明确区分开来。未来应重点关注算法的透明度和对个人信息主体的潜在伤害问题。

隐私保护和 LLM 效率之间存在着一个矛盾——既要最大限度地保护数据隐私，又要最大限度地发挥模型的功效。人们需要通过协作开发一个统一、可信的框架，从而在隐私保护、模型效用和训练效率之间取得一种平衡。

有研究者强调，在 LLM 开发过程中面临的数据隐私问题上，要确保遵守现行法律法规的规定，并充分评估隐私数据的使用对个人信息主体的影响，采取有效措施防止可能带来的负面影响。另外，在确保透明性的基础上，鼓励个人信息主体同意分享隐私数据，以共同面对全球重大问题，确保负责任地开发和安全地利用 AI，进而带来更广泛的社会效益。

14.4.3　边缘群体的数字平等

当 LLM 在技术和社会中扮演着越来越关键的角色时，它能否承担起相应的责任？如何促进负责任的 AI 进步并确保其在价值观上与人类价值观相一致？这些宏观的问题十分棘手，但也十分迫切，因为 LLM 一旦遭到滥用，其强大的效用和能力有可能反过来损害社会的利益。负责任的 AI 需要技术和社会学两方面的策略双管齐下，而且有必要将 LLM 与多样化、个性化以及特定文化的人类价值观结合起来，以期达到一致。这其中，边缘群体（尤其是残障人士）的数字平等问题需要密切关注，AI 技术可能产生错误陈述和歧视，使得对残障人士的歧视被制度化。因此，AI 开发者必须注意不要让边缘群体与 AI 产生角色和利益上的冲突，开发者有责任去主动对抗那些有偏见的态度，倡导平等参与，提高平等意识。

【作业】

1．AI 及 LLM 不单具有技术属性，还具有明显的社会属性。唯有综合考虑（　　）等因素，才能更好地应对 AI 技术带来的机遇和挑战，推动其健康发展。
　　① 个体　　　② 经济　　　③ 社会　　　④ 环境
　　A．②③④　　B．①②③　　C．①③④　　D．①②④
2．AI 治理带来很多伦理和法律课题，如何打造"（　　）AI"正变得愈发迫切和关键。
　　A．专业有效的　B．更灵活的　C．更强大的　D．负责任的
3．显然，现在比历史上任何时候都更加需要注重（　　）的平衡。应发挥好技术的无限潜力，善用技术追求效率。要维护人类价值和自我实现，确保"科技向善"。
　　A．成本与效益　B．技术与伦理　C．定势与短板　D．理论与实践
4．数据产业面临的伦理问题主要包括（　　），这些问题影响了大数据生产、采集、存储、交易流转和开发使用的全过程。
　　① 数据主权和数据权问题　　　② 隐私权和自主权的侵犯问题
　　③ 数据利用失衡问题　　　　　④ 不同国别大数据的不同存储容量
　　A．①②③　　B．②③④　　C．①②④　　D．①③④
5．（　　）是指国家对其政权管辖地域内的数据享有生成、传播、管理、控制和利用的权力。
　　A．数据财产权　B．机构数据权　C．数据主权　D．个人数据权

6. （　　）是企业和其他机构对个人数据的采集权和使用权。
   A．数据财产权　　B．机构数据权　　C．数据主权　　D．个人数据权
7. （　　）是指个人拥有对自身数据的控制权，以保护自身隐私信息不受侵犯的权利。
   A．数据财产权　　B．机构数据权　　C．数据主权　　D．个人数据权
8. （　　）是数据主权和数据权的核心内容。以大数据为主的信息技术赋予了数据财产属性。
   A．数据财产权　　B．机构数据权　　C．数据主权　　D．个人数据权
9. 数据隐私保护伦理问题的解决需要从（　　）的角度出发，关注大数据技术带来的风险，倡导多元参与主体的共同努力，加强道德伦理教育和健全道德伦理约束机制。
   A．伦理哲学　　B．数字伦理　　C．责任伦理　　D．技术伦理
10. 构建隐私保护伦理的准则包括：权利与义务对等、（　　）。相较于传统隐私和互联网发展初期的隐私，大数据技术的广泛运用使隐私的概念和范围发生了很大的变化。
    ① 自由与监管适度　　　　② 学术与产业并举
    ③ 诚信与公正统一　　　　④ 创新与责任一致
    A．②③④　　B．①②③　　C．①②④　　D．①③④
11. AI 的发展在深度与广度上都是难以预测的。但是，无论 AI 的（　　）能力进化到何种阶段，都不能改变其是由人类创造的事实。
    A．技术开发　　B．自主意识　　C．知识产生　　D．深度学习
12. 通过大量公开数据进行训练，从而让模型学习具有生成产物的能力。随着生成式 AI 的快速崛起，在重塑行业、赋能人类工作生活的同时，也引发了（　　）层面的一系列新的挑战。
    A．经济利益　　B．物权归属　　C．版权制度　　D．人事制度
13. Midjourney 是一款著名的 AI 绘画工具。其创始人大卫·霍尔茨针对 AI 对创意工作的影响有自己的看法，他强调 Midjourney 的发展目标是（　　）。
    ① 取代人类艺术家　　　　② 拓展人类的想象力
    ③ 帮助用户快速产生创意　　④ 为专业用户提供概念设计的支持
    A．②③④　　B．①②③　　C．①②④　　D．①③④
14. 艺术工作本身是有趣的，AI 技术应该服务于让人们自由发展（　　）的工作。通过合理规范和监管，AI 技术可以实现技术与人文的和谐共生。
    ① 更有回报　　② 更复杂　　③ 更有趣　　④ 高深
    A．③④　　B．①②　　C．②④　　D．①③
15. 创建于 2020 年的（　　）是一个包含 19.5 万本图书、总容量达 37GB 的文本数据集，旨在为改进机器学习算法提供更好的数据源，其中包含大量从盗版网站爬取的受版权保护作品。
    A．Books5　　B．开源书局　　C．Books3　　D．百度书吧
16. LLM 运行需要使用海量的文本语料进行学习，而用于训练的文本数据来自互联网的各个角落，即便对语料进行数据清洗，其中仍有可能包含（　　）信息。
    A．个人隐私　　B．产品价格　　C．程序代码　　D．国家安全
17. 专家们明确了 LLM 存在隐私风险的（　　）3 个方面。未来应重点关注算法的透明度和对个人信息主体的潜在伤害问题。
    ① 互联网数据训练　　　　② 用户数据收集

③ 生成内容中的无意泄露　　　　④ LLM 技术的生成方式

  A．①③④　　　B．①②④　　　C．②③④　　　D．①②③

18．当 LLM 在技术和社会中扮演着越来越关键的角色时，对于边缘群体的（　　）问题需要密切关注。AI 技术可能产生错误陈述和歧视，使得对残障人士的歧视被制度化。

  A．经济利益　　　B．知识获取　　　C．数字平等　　　D．文化差异

19．AI 开发者必须注意不要让（　　）与 AI 产生角色和利益上的冲突，开发者有责任去主动对抗那些有偏见的态度，倡导平等参与，提高平等意识。

  A．社会团体　　　B．边缘群体　　　C．生产环境　　　D．文化差异

【研究性学习】AI 独立完成的视觉艺术品无法获得版权

  美国一家联邦法院裁定，完全由 AI 系统创作的作品在美国法律下无法获得版权。此案是基于一个相对狭窄的问题做出的决定，并为未来的决定在这个法律新领域进行拓展留下了空间。

  据报道，视觉艺术品《最近的天堂入口》（见图 14-2）是由"创造力机器"AI 系统运行算法"自主创建的"，原告试图向版权办公室注册该作品。然而，版权办公室以版权法仅适用于由人类创作的作品为理由拒绝了申请。此后，哥伦比亚特区地方法院法官贝丽尔·豪厄尔裁定，版权办公室拒绝申请是正确的，因为人类创作是有效版权主张的重要组成部分。

图 14-2　完全由 AI 生成的作品《最近的天堂入口》

1．实验内容与步骤

  请仔细阅读本章内容，熟悉技术伦理与限制的相关知识，在此基础上完成以下实验内容。

  请记录：

  （1）请欣赏作品《最近的天堂入口》（见图 14-2），如果可能，请了解其他人对于这个作品的感受。你对这个作品的看法是：

  □ 优秀：意境深刻　　　□ 平常：意境浅薄　　　□ 无聊：不知所云

（2）请通过网络，进一步了解关于该案例的法院判决理由。你理解法院判决的核心内容是：
答：_____

（3）你认为："新类型作品属于版权范围的关键因素"是什么？
答：_____

（4）请尝试思考：完全没有人类角色参与，当 AI 明显"自主"创作作品时可能发生什么？你认为，完全 AI 创作存在"自主意识"吗？
答：_____

2. 实验总结
_____

3. 实验评价（教师）
_____

第 15 章　面向 AGI

2022 年 11 月 30 日，OpenAI 对外发布了 ChatGPT，这是一款 AI 聊天机器人程序，它展现出绝妙的人机交互体验，能够充分理解人类自然语言，可以用人类自然对话方式来交互，甚至让人们分不清和自己对话的是人还是机器。此外，它还可以用于更为复杂的语言工作，如自动生成文本、自动问答、自动摘要等多种任务。一时间，人们对其背后的技术了解和研究，对大模型和生成式 AI 技术，关注冲向了顶峰。当时，ChatGPT 上线 5 天后已有 100 万用户，上线 2 个月后已有上亿用户。

很快，中国的 AI 初创企业如雨后春笋般不断涌现。2025 年初，发布了低成本、高性能生成式 AI 的 DeepSeek（深度求索公司）在全世界爆红，在互联网巨头的资金和学术机构的人才支撑下的"中华 AI"茁壮成长，原本以美国企业为中心的 AI 性能竞争迎来新局面。2025 年 1 月 20 日，另一家中国企业——月之暗面公司也推出了一款模型 Kimi k1.5，其推理能力超过了美国 Anthropic 公司的模型 Claude 3.5 Sonnet，性能可以与美国 OpenAI 在 2024 年 9 月发布的模型 OpenAI o1 相媲美。

15.1　生成式 AI 进步

作为 AI 的一个子集，生成式 AI（AIGC）利用神经网络算法来分析和识别训练数据中的模式和结构，并利用这种理解来生成新的原始内容，包括文本、图像、视频、音频、代码、设计或其他形式，既模仿人类的创作，又扩展训练数据的模式。AIGC 的应用已经迅速地扩大到社会的各行各业，引发人们的极大关注（见图 15-1）。

以下是生成式 AI 领域快速发展的几个关键方面。

（1）技术进步与模型优化。随着深度学习、强化学习等技术的不断发展，生成式 AI 的性能将得到进一步提升。未来，人们可以期待更加高效、精准的生成式 AI 模型的出现。

扫码看视频

图 15-1　生成式 AI 的进步（AI 作图·赛博朋克风格）

- 深度学习框架：随着 Transformer 架构及其变体（如 GPT、BERT 等）的发展，生成式 AI 模型的能力得到极大提升，这些模型能够处理更长的文本序列，并在多模态任务中表现出色。

- 计算资源增加：GPU、TPU 等专用硬件的进步以及云计算服务的普及，使得训练更大规模、更复杂的模型成为可能，降低了进入门槛并加速了研究进程。

（2）多样化应用场景。生成式 AI 将在更多领域得到应用，如 VR/AR、自动驾驶等。这些应用将进一步提升生成式 AI 的实用价值和社会影响力。

- 教育与文化创意产业：从文学创作到视觉艺术，再到音乐制作，生成式 AI 正广泛应用于内容创作过程，提供自动化写作工具、图像生成编辑器、智能混音软件等一系列解决方案。个性化学习材料的定制、在线课程的设计等方面都受益于生成式 AI 的强大功能。
- 商业营销：企业利用生成式 AI 进行广告文案撰写、产品描述生成等工作，在提高工作效率的同时也增强了市场竞争力。
- 医疗健康：通过分析病历数据生成诊断建议、辅助药物研发等，为医疗服务与健康事业提供了新的可能性。

（3）用户体验改善。聊天机器人、虚拟助手等应用使交互变得更加智能和自然，可以更好地理解和回应用户的查询。生成式 AI 不仅限于模仿现有风格，还能创造出新颖独特的作品，帮助创作者突破思维定式，探索更多可能性。

（4）商业模式创新。基于内容即服务（CaaS）的订阅式内容生成平台允许用户按需获取高质量的原创内容，降低了内容生产的成本。

- 微内容与短格式媒体：短视频、动态壁纸等形式的流行促使了相关生成工具和服务的繁荣发展。
- 版权保护与交易机制：区块链技术和智能合约的应用确保了创作者的权利得到保障，促进了数字资产的流通。

（5）伦理考量和社会影响。随着生成式 AI 的普及，需要关注其可能带来的伦理挑战。例如，如何确保生成的内容符合道德和法律要求，如何保护原创作品的权益等。

- 版权与原创性问题：明确界定 AI 生成内容与人类原创作品之间的界限，保护双方权益。
- 质量控制与编辑：虽然生成式 AI 可以大幅加快创作速度，但仍需专业人员对最终成品进行校对和优化。
- 避免偏见与歧视：注意训练数据的选择，防止模型学习并传播不公正或歧视性的观念。
- 隐私保护：严格遵守数据保护法规，在收集和处理个人信息时采取必要措施保障安全。

生成式 AI 的快速发展不仅推动了技术创新，也为各行各业带来了新的商业模式和服务形态。通过深入了解其基本概念、应用场景以及未来发展趋势，可以更好地把握这一技术的发展脉搏，为未来的创新和发展提供有力支持。

15.2 AGI 的涌现

作为一种理论上的智能形态，通用人工智能（Artificial General Intelligence，AGI）被认为能够执行任何智力任务，其能力广度和深度可与人类智能相媲美。AGI 不限于特定任务或领域，而是具备理解、学习、推理、适应、创新和自我意识等能力。

迈向 AGI，是一条充满挑战与希望的道路。"涌现"是指在复杂系统理论中，简单规则或组件通过相互作用产生复杂行为或结构的过程。当谈论 AGI"涌现"时，是指通过现有技术的不断迭代和发展，或者是通过发现新方法，有可能达到的一种临界点，使智能特性突然之间变得更加综合和普遍。不过，这样的进展通常需要解决诸多技术和理论上的挑战，包括算法设计、计算资源、数据需求以及对意识、自我和认知的理解等深层次的问题。

目前，关于 AGI 的发展有两种主要观点：一种认为随着深度学习和其他 AI 技术的进步，将逐渐接近 AGI；另一种则认为现有的 AI 框架存在根本性限制，实现 AGI 可能需要全新的概念和技术突破。无论如何，AGI 的研究仍然是一个活跃且充满争议的领域，涉及计算机科学、神经科学、哲学等多个学科。当前的 AI 系统仍然专注于特定的任务或一组有限的任务类型，并不具备广泛、跨领域的理解和应用能力。

15.2.1 AGI 的定义

"AGI"这个词汇最早可以追溯到 2003 年瑞典哲学家尼克·博斯特罗姆发表的论文《先进 AI 的伦理问题》。在该论文中，博斯特罗姆讨论了超级智能的道德问题，并在其中引入了"AGI"这一概念，描述了一种能够像人类一样思考、学习和执行多种任务的 AI 系统。超级智能被定义为在几乎所有感兴趣的领域中都大大超过人类认知表现的智能。这个定义允许增强的黑猩猩或海豚也有可能成为超级智能，同样也允许非生物超级智能的可能性。

因此，AGI 可以被视为是一种更高级别的 AI，是当前 AI 技术发展的一个重要方向。从 LLM 到生成式 AI（AIGC），再到 AGI，这一过程体现了 AI 技术的逐步发展和深化。它不仅是技术层面的进步，更是对智能本质、人类价值观和社会秩序的深刻探索与重新定义。这既是一场科技革命，也是一场对未来的深刻思考和准备，AGI 仍然是一个较为遥远的目标。

定义：AGI 是指一种能够理解、学习并执行任何智力任务的机器智能，其能力范围广泛且灵活，类似于或超越了人类的智能水平。

AGI 与狭义 AI 形成对比，后者只能在特定的任务或领域内表现出色，如图像识别、语音处理或棋类游戏等。

总之，AGI 被描述为一种全能型的智能体，它不仅能够完成各种具体的任务，更重要的是拥有广泛的认知能力和灵活性，可以像人类一样去适应、学习和发展。值得注意的是，尽管近年来 AI 技术取得了显著进步，但目前还没有任何一个系统达到了真正意义上的 AGI 水平。

15.2.2 龙头企业对 AGI 的认识

目前，大多数 AI 系统是针对特定任务或领域进行优化的，如语音识别、图像识别、自然语言处理、推荐系统等，这是将问题简化的一种解决问题的方法。这些系统在其特定领域中可能表现得很出色，但它们缺乏通用性和灵活性，不能适应各种不同的任务和环境。

有别于"专用（特定领域）AI"，AGI 具有高效的学习和泛化能力、能够根据所处的复杂动态环境自主产生并完成任务，它具备感知、认知、决策、学习、执行和社会协作等能力，且符合人类情感、伦理与道德观念。

例如，在开发 ChatGPT 的 OpenAI 企业的招聘页面档案截图上，此前列出的员工 6 项核心价值观，分别是大胆、深思熟虑、朴实无华、影响驱动、协作和增长导向。而目前，同一页面列出的是 5 项核心价值观，其中第一项就是聚焦 AGI，且补充说明称"任何对此无益的事物都不在考虑范围之内"。其他 4 项分别是紧张和拼搏、规模、创造人们喜爱的东西和团队精神。

OpenAI 公司在其官网上这样写道："OpenAI 的使命是确保 AGI，即一种高度自主且在大多数具有经济价值的工作上超越人类的系统，将为全人类带来福祉。我们不仅希望直接构建出安全、符合共同利益的 AGI，而且愿意帮助其他研究机构共同构建出这样的 AGI 以达成我们的使命。"

2025 年年初，全球 AI 领域中的新秀、中国的深度求索（DeepSeek）人工智能基础技术研究有限公司在其招聘平台的"企业文化"一栏中写道："投身于探索 AGI 本质的事业，不做中庸的事，带着好奇心，用最长期的眼光去回答最大的问题。"

实现 AGI 是 AI 研究的长期目标之一，它要求机器具有跨领域的学习能力、适应能力、自我意识和创造能力，能够像人类一样灵活应对各种任务和情境。但是，目前仍面临众多技术和哲学挑战，包括如何设计能够自我学习和进化的算法、如何确保智能体的行为符合伦理道德标准，以及如何处理智能体决策的可解释性和可控性等问题。尽管已经有一些初步的尝试和原型，但真正达到与人类智能相媲美甚至超越的 AGI 系统尚未实现。

OpenAI 的首席执行官山姆·奥特曼在一次采访中分享了他对 AI 发展轨迹的看法。奥特曼表示："未来的 AI 模型可能需要较少的训练数据，而更多地专注于它们的推理能力。"这不仅暗示了技术的转变，而且预示着一个新时代的来临，在这个时代，AI 的思维过程可能会反映人类的逻辑和直觉。能够达到这种能力的 AI——具有人的适应性和常识，就是 AGI。山姆·奥特曼将其定义为"能够跨多个领域进行泛化，相当于人类工作的系统。"实现这种状态已成为 OpenAI 的首要任务，以至于它甚至修改了其愿景和道德原则以适应这种新的努力。

15.3　LLM 与 AGI

虽然 LLM 已经取得了一些惊人的进展，但它还不符合 AGI 的要求。

（1）LLM 在处理任务方面能力有限。LLM 一般只能处理文本领域的任务，无法与物理和社会环境进行互动。这意味着像 ChatGPT 这样的模型并不能真正"理解"语言的含义，其因缺乏"身体"而无法体验物理空间。只有将 AI 体放置于真实的物理世界和人类社会中，它们才能切实了解并习得真实世界中事物之间的物理关系和不同智能体之间的社会关系，从而做到"知行合一"。

（2）LLM 不具备自主能力。它需要人类来具体定义每一个任务，它模仿被训练过的话语。

（3）虽然 ChatGPT 已经在不同的文本数据语料库上进行了大规模训练，包括隐含人类价值观的文本，但它并不具备理解人类价值或与其保持一致的能力，即缺乏所谓的道德标准。

加州大学伯克利分校教授斯图尔特·罗素表示，关于 ChatGPT，更多数据和更多算力并不能带来真正的智能。要构建真正智能的系统，应当更加关注数理逻辑和知识推理，因为只有将系统建立在人们了解的方法之上，才能确保 AI 不会失控。扩大规模不是答案，更多数据和更多算力并不能解决问题，这种想法过于乐观。

图灵奖得主杨立昆认为：语言只承载了所有人类知识的一小部分，人类具有的知识大部分是非语言的。因此，LLM 无法接近人类水平智能。深刻的非语言理解是语言有意义的必要条件。正是因为人类对世界有深刻的理解，所以可以很快理解别人在说什么。这种更广泛、对上下文敏感的学习和知识是一种更基础、更古老的知识，它是生物感知能力出现的基础，让生存和繁荣成为可能。LLM 的知识更多是以单词开始和结束而非身体感知，这种常识总是肤浅的。人类处理各种 LLM 的经验清楚地表明，仅从言语中可以获得的东西是如此之少。

15.4 生成式 AI 与 AGI

生成式 AI 和 AGI 代表了 AI 领域的两个不同但又相互关联的概念，它们各自关注不同的方面，并且在技术实现和发展路径上也有所区别。

（1）技术侧重点。生成式 AI 主要集中在内容创作和技术应用层面，旨在扩展人类创造的可能性。AGI 则更侧重于开发一种全能型的智能体，追求的是超越现有 AI 系统的广泛适用性和深度理解力。

（2）目标导向。生成式 AI 的目标是为用户提供实用且富有创意的产品和服务。而 AGI 的目标则是创建一个能够像人类一样思考、学习并应对各种情况的智能实体。

（3）发展路径。生成式 AI 已经取得了显著进展，并在多个行业得到了实际应用。而 AGI 仍然是一个长远的研究方向，涉及大量的基础研究和技术突破。

尽管两者有着明显的区别，但在某些情况下，生成式 AI 的进步可能为通往 AGI 的道路提供宝贵的经验和技术支持。例如，增强型的学习方法、更好的自然语言理解和生成能力等都是通向 AGI 的重要步骤。同时，随着生成式 AI 不断进化，它可能会逐渐逼近甚至达到某些形式的"弱"AGI，即在某些特定范围内表现出接近人类水平的多功能性和灵活性。

15.5 从生成式 AI 迈向 AGI

从生成式 AI 迈向 AGI 的关键步骤如下。

（1）增强泛化能力。虽然生成式 AI 在特定任务上表现出色，但要达到 AGI，仍需要进一步提高模型的泛化能力，使其能在未经训练的领域也能有效运作。

（2）跨领域推理。AGI 要求 AI 能够跨越不同的知识领域进行推理，这需要生成式 AI 不仅能生成内容，还能理解其背后的逻辑和概念。

（3）情感与意识。发展能够理解、模拟乃至体验情感的模型，这是 AGI 追求的一个高级目标，也是生成式 AI 向更深层次智能演进的关键一步。

（4）伦理与自我约束。AGI 需要具备道德判断力和自我约束机制，确保其行为符合人类伦理和社会规范，这是当前生成式 AI 所不具备的。

（5）持续学习与进化。AGI 应该能够像人类一样持续学习，不断优化自身，而非仅依赖预设的算法和数据集。

未来，AGI 会从以下几个方面来展现其发展趋势。

（1）基础研究突破。在认知科学、神经科学和计算机科学等领域的交叉研究中，寻找灵感和理论依据，以支撑更高级别的智能模型。

（2）技术的融合与突破。生成式 AI 与其他 AI 技术（如强化学习、符号 AI）的深度融合，可能为迈向 AGI 开辟新途径。实现 AGI 需要在算法、计算能力、数据处理和硬件设计等方面取得重大突破，包括更高效的机器学习算法、量子计算等技术的应用。

（3）伦理与法律框架。随着 AGI 的逼近，建立相应的伦理准则和法律框架以确保安全、公平、无偏见的应用变得愈发紧迫。AGI 将深刻影响社会经济，改变工作市场、教育体系、医疗保健、娱乐产业等众多领域，带来生产力的飞跃和社会结构的重塑。

（4）安全与监管。确保 AGI 的安全性，防止恶意使用，将是未来研究的重要方向。需要全球合作，建立有效的监管和治理体系。

总之，AGI 的未来充满了无限可能和挑战。它既是科技进步的顶点，也承载着人类对于更好生活的憧憬，同时伴随着对未知后果的担忧。实现 AGI 的道路漫长且充满不确定性，但无疑，这一领域的发展将深刻影响人类社会的未来走向。

15.5.1 迈向 AGI 的关键要素

迈向 AGI 的关键要素包括多领域适应性、自主学习与改进、抽象思维与推理、知识迁移、创造性与创新能力、高级感知与自然语言理解，以及情感与社会认知，这些能力共同推动 AI 从专业化向通用智能进化。

（1）多领域适应性。AGI 需要能够在多个不同领域内有出色表现，而不仅限于擅长某一特定类型的任务。它应该像人类一样，可以从一个领域快速切换到另一个领域，并能有效地解决问题。这意味着要开发出能够跨越学科边界的学习算法和技术框架。

（2）自主学习与改进。AGI 应该具备自主学习的能力，可以通过经验积累不断优化自身的性能。这意味着它可以自主地调整和改进算法，以更好地应对新的挑战和环境变化，要求系统不仅能从大量数据中提取有用信息，还能主动探索未知领域并从中获益。

（3）抽象思维与推理。AGI 必须拥有强大的抽象思维能力和逻辑推理技能，能够理解和处理复杂的概念，进行高层次的思考，包括规划、策略制定和社会互动等。

（4）知识迁移。AGI 应该能够在不同情境之间迁移所学的知识和技能，将某一领域的经验应用到其他领域，从而找到更高效的解决方案。

（5）创造性与创新能力。AGI 不仅限于模仿已有的模式，还应该具有创造新事物的能力，提出新颖的想法和解决方案，甚至在艺术创作等领域展现出独特的风格。

（6）高级感知与自然语言理解。AGI 需要具备高度发达的感知系统和自然语言处理能力，以便准确地理解周围的世界并与之交互。这包括视觉、听觉等多种感官输入的理解，以及流畅的人机对话交流。

（7）情感与社会认知。虽然这不是所有定义 AGI 的标准都包含的部分，但有些观点认为真正的 AGI 还需要某种程度上的情感理解和社交智能，即能够识别他人的情绪状态并做出适当的反应，这对于复杂的社会互动至关重要。

15.5.2 面临的挑战

从生成式 AI 迈向 AGI，面临的挑战包括理论与算法突破、海量数据需求与隐私保护、确保系统的安全性和可控性，以及促进跨学科合作以解决复杂问题。

（1）理论与算法突破。当前的深度学习方法虽然强大，但在某些方面仍然存在局限性，如对因果关系的理解不足、缺乏真正的常识推理等。为了实现 AGI，需要全新的理论框架和算法设计。

（2）数据需求与隐私保护。训练一个真正意义上的 AGI 需要海量数据，而这可能会引发严重的隐私和安全问题。如何平衡数据获取的需求与保护个人隐私之间的关系是亟待解决的问题。

（3）安全性和可控性。随着 AI 系统的智能化程度不断提高，确保其行为符合伦理规范和社会期望变得尤为重要。开发出既安全又可控的 AGI 系统是一项重大挑战。

（4）跨学科合作。实现 AGI 不仅是一个技术问题，它还涉及计算机科学、神经科学、心理学、哲学等多个学科的知识融合。促进这些领域的深入合作对于推动 AGI 的研究至关重要。

15.5.3 潜在的发展路径

从生成式 AI 迈向 AGI，其潜在发展路径包括逐步增强现有模型的功能、探索新型计算架构、借鉴人类大脑的工作原理，以及通过强化学习让系统在互动中不断优化和学习。

（1）逐步增强现有模型的功能。提升 LLM 和其他生成式 AI 模型的能力，使其逼近 AGI 的某些特征。例如，通过引入更多上下文信息、加强多模态处理能力等方式来扩展模型的功能范围。

（2）探索新型计算架构。寻找不同于当前主流架构的新颖设计方案，如基于记忆网络、符号推理或其他非传统方法构建的 AI 系统，打破现有技术瓶颈。

（3）深入研究人类大脑的工作原理。加强对人脑结构和功能的研究，借鉴生物神经网络的特点来启发 AI 的设计思路，如模拟大脑皮层中的信息处理机制或探索意识的本质。

（4）强化学习与环境互动。注重强化学习的作用，让 AI 系统在真实环境中不断试错并从中学习，培养其应对复杂情况的能力。这种方法有助于提高系统的灵活性和适应性。

15.6 AI 的未来发展

AI 未来发展的方向涵盖了多个关键领域和技术进步，这些进展有望进一步拓宽 AI 的能力边界，并将其应用扩展到更多行业和日常生活中（见图 15-2）。

以下是 AI 未来发展的主要方向。

（1）深度学习与神经网络的深化。深度学习将继续进化，使得 AI 系统能够更好地理解复杂的图像、语音和自然语言数据。这包括开发更深层次、更高效的神经网络架构，以及改进训练算法以减少计算资源消耗。

（2）NLP 的进步。NLP 技术将更加成熟，使 AI 系统能够更准确地理解和生成人类语言，支持更为流畅的人机对话，实现多语言翻译、情感分析等高级功能。

图 15-2 AI 的未来（AI 作图）

（3）AGI 的研究。研究人员将继续探索如何构建具备广泛认知能力和灵活性的 AGI 系统，使其能够在不同任务之间灵活切换，并展现出类似或超越人类水平的智能。

（4）强化学习的应用拓展。强化学习将在自动驾驶汽车、机器人控制、游戏AI等领域得到广泛应用，并逐渐渗透到工业自动化和其他需要自主决策的场景中。

（5）边缘计算与物联网（IoT）的融合。AI将与物联网紧密结合，通过边缘计算实现在本地设备上快速处理数据，从而提高响应速度和服务质量，同时降低对云端基础设施的依赖。

（6）可解释性和透明性增强。随着AI在关键领域的应用日益增多，确保其决策过程的透明性和可解释性变得至关重要，以便用户能够理解AI系统的工作原理及其做出的决定。

（7）伦理与法律框架的建立。为了应对AI带来的社会影响，如就业结构变化、隐私保护等问题，各国政府和国际组织将致力于制定相应的伦理准则和法律法规，指导AI的健康发展。

（8）跨学科合作加强。实现AGI和其他先进AI应用需要计算机科学与其他学科（如神经科学、心理学、哲学等）之间的紧密合作，共同攻克理论和技术难题。

（9）个性化与定制化服务。借助大数据和个人偏好分析，AI将为用户提供高度个性化的推荐、健康管理和教育辅导等服务，满足个体差异化的需要。

（10）安全与防御机制的完善：鉴于AI可能被用于恶意目的（如武器化），研究界和产业界将投入更多精力来开发安全可靠的AI系统，并建立有效的防御措施。

随着技术的不断进步和应用场景的不断拓展，AI将在未来的发展中扮演着越来越重要的角色，不仅改变着人们的生活方式，也将重塑各个行业的运营模式和社会治理结构。

【作业】

1. OpenAI的AI聊天机器人程序ChatGPT发布于（　　）年11月30日，它展现出绝妙的人机交互体验，能够充分理解人类自然语言，可以用人类自然对话方式来交互。

  A．2022 B．2024 C．2020 D．2025

2. 如今，在中国，AI初创企业如雨后春笋般不断涌现。（　　）年初，发布了低成本高性能生成式AI的DeepSeek在全世界爆红，昭示着"中华AI"的茁壮成长，性能竞争迎来新局面。

  A．2022 B．2024 C．2020 D．2025

3. 作为AI的一个子集，生成式AI利用神经网络算法来分析和识别训练数据中的模式与结构，其应用已经迅速地扩大到社会的各行各业，它快速发展的关键方面包括（　　）等。

  ① 技术进步与模型优化 ② 多样化应用场景
  ③ 用户体验改善 ④ 商业模式更趋于传统

  A．①②④ B．①②③ C．②③④ D．①③④

4. AGI是一种理论上的（　　），它能够执行任何智力任务，具备广泛的理解、学习、推理、适应、创新和自我意识等能力，其能力广度和深度可与人类智能相媲美。

  A．智能形态 B．开发工具 C．科学理论 D．工作模型

5. AGI可以被视为是一种更高级别的AI，是AI技术发展的一个重要方向和目标。如今，它仍然是一个较为（　　）的目标。

  A．孤立 B．遥远 C．现实 D．具体

6. OpenAI 企业员工的 5 项新的核心价值观分别是（　　）、创造人们喜爱的东西和团队精神。

① 朴实无华　　② 聚焦 AGI　　③ 紧张和拼搏　　④ 规模

A．①②③　　B．②③④　　C．①②④　　D．①③④

7. 开发 ChatGPT 的 OpenAI 公司针对 AGI 是这样定义的：它是"一种高度自主且在大多数具有经济价值的工作上（　　）的系统，将为全人类带来福祉。"

A．超越人类　　B．模仿动物　　C．辅助人类　　D．全新构造

8. 2025 年年初全球 AI 领域的新秀、中国的深度求索（DeepSeek）公司在其招聘平台的"企业文化"一栏中写道：（　　）。

① 投身于探索 AGI 本质的事业　　② 致力于云计算与大数据技术
③ 不做中庸的事，带着好奇心　　④ 用最长期的眼光去回答最大的问题

A．②③④　　B．①②③　　C．①③④　　D．①②④

9. OpenAI 的首席执行官山姆·奥特曼分享了他对 AI 发展轨迹的看法，他表示："未来的 AI 模型可能需要较少的训练数据，而更多地专注于它们的（　　）。"

A．运算时间　　B．参数数量　　C．计算水平　　D．推理能力

10. 图灵奖得主杨立昆认为：深刻的（　　）是语言有意义的必要条件，这也是 AI 研究者在寻找 AI 中的常识时关注的更重要的任务。

A．非语言理解　　B．知识更新　　C．语言模型　　D．语料库发展

11. LLM 是一种基于深度神经网络学习技术的大型算法模型，虽然它已经取得了惊人的进展，但它还不符合 AGI 的要求，主要理由是（　　）。

① LLM 在处理任务方面能力有限　　② LLM 不具备自主能力
③ 它无法承担多模态生成任务　　④ 虽然进行了大规模训练，但仍缺乏道德标准

A．②③④　　B．①②③　　C．①③④　　D．①②④

12. 生成式 AI 和 AGI 代表了 AI 领域的两个不同但又相互关联的概念，它们的区别主要体现在（　　）等方面。生成式 AI 的进步可能为通往 AGI 的道路提供宝贵的经验和技术支持。

① 技术侧重点　　② 系统规模　　③ 目标导向　　④ 发展路径

A．①②③　　B．①③④　　C．①②④　　D．②③④

13. 从生成式 AI 迈向 AGI，关键在于增强泛化能力、跨领域推理、情感与意识、伦理与自我约束，以及持续学习与进化。未来，AGI 会从（　　）以及安全监管等方面来展现其发展趋势。

① 基础研究突破　　② 技术的融合与突破
③ 伦理与法律框架　　④ 超越人类的智能

A．①③④　　B．①②④　　C．①②③　　D．②③④

14. 在 AGI 的未来发展趋势中，（　　）是指在认知科学、神经科学和计算机科学等领域的交叉研究中，寻找灵感和理论依据，以支撑更高级别的智能模型。

A．基础研究突破　　B．伦理法律框架
C．安全与监管　　D．技术融合突破

15. 在 AGI 的未来发展趋势中，（　　）是指生成式 AI 与其他 AI 技术深度融合，可能为迈向 AGI 开辟新途径。需要在算法、计算能力、数据处理和硬件设计等方面取得重大突破。

  A．基础研究突破   B．伦理法律框架
  C．安全与监管   D．技术融合突破

16．在 AGI 的未来发展趋势中，（　　）是指随着 AGI 的逼近，建立相应的伦理准则和法律框架以确保安全、公平、无偏见的应用变得愈发紧迫。
  A．基础研究突破   B．伦理法律框架
  C．安全与监管   D．技术融合突破

17．迈向 AGI 的关键要素包括（　　）、知识迁移、高级感知与自然语言理解以及情感与社会认知，这些能力共同推动 AI 从专业化向通用智能进化。
  ① 单一领域的专业性   ② 自主学习与改进
  ③ 抽象思维与推理   ④ 创造性与创新能力
  A．①③④ B．①②④ C．②③④ D．①②③

18．所谓（　　）是指 AGI 需要能够在多个不同领域内表现出色，而不仅是擅长某一类任务。这意味着要开发出能够跨越学科边界的学习算法和技术框架。
  A．多领域适应性   B．抽象思维推理
  C．安全与监管   D．知识迁移

19．所谓（　　）是指 AGI 应能在不同情境之间迁移所学的知识和技能，将某一领域的经验应用到其他相关或不相关的领域，从而实现更高效的解决方案发现。
  A．多领域适应性   B．抽象思维推理
  C．安全与监管   D．知识迁移

20．所谓（　　）是指 AGI 必须拥有强大的抽象思维能力和逻辑推理技能，能够理解和处理复杂的概念，进行高层次的思考，包括但不限于规划、策略制定和社会互动。
  A．多领域适应性   B．抽象思维与推理
  C．安全与监管   D．知识迁移

【课程学习与实践总结】

1．课程的基本内容

至此，我们顺利完成了生成式 AI 课程的全部教学任务。为巩固通过课程学习和实践活动所了解与掌握的知识和技术，请就此做一个系统的总结。由于篇幅有限，如果书中预留的空白不够，请另外附纸张粘贴在边上。

（1）本学期完成的生成式 AI 课程的学习内容主要有（请根据实际完成的情况填写）：

第 1 章：主要内容是：_____

_____

第 2 章：主要内容是：_____

_____

第 3 章：主要内容是：_____

_____

第 4 章：主要内容是：_____

第 5 章：主要内容是：＿＿＿＿＿＿＿＿＿＿＿＿＿＿＿＿＿＿＿＿＿＿＿＿＿＿＿＿

第 6 章：主要内容是：＿＿＿＿＿＿＿＿＿＿＿＿＿＿＿＿＿＿＿＿＿＿＿＿＿＿＿＿

第 7 章：主要内容是：＿＿＿＿＿＿＿＿＿＿＿＿＿＿＿＿＿＿＿＿＿＿＿＿＿＿＿＿

第 8 章：主要内容是：＿＿＿＿＿＿＿＿＿＿＿＿＿＿＿＿＿＿＿＿＿＿＿＿＿＿＿＿

第 9 章：主要内容是：＿＿＿＿＿＿＿＿＿＿＿＿＿＿＿＿＿＿＿＿＿＿＿＿＿＿＿＿

第 10 章：主要内容是：＿＿＿＿＿＿＿＿＿＿＿＿＿＿＿＿＿＿＿＿＿＿＿＿＿＿＿

第 11 章：主要内容是：＿＿＿＿＿＿＿＿＿＿＿＿＿＿＿＿＿＿＿＿＿＿＿＿＿＿＿

第 12 章：主要内容是：＿＿＿＿＿＿＿＿＿＿＿＿＿＿＿＿＿＿＿＿＿＿＿＿＿＿＿

第 13 章：主要内容是：＿＿＿＿＿＿＿＿＿＿＿＿＿＿＿＿＿＿＿＿＿＿＿＿＿＿＿

第 14 章：主要内容是：＿＿＿＿＿＿＿＿＿＿＿＿＿＿＿＿＿＿＿＿＿＿＿＿＿＿＿

第 15 章：主要内容是：＿＿＿＿＿＿＿＿＿＿＿＿＿＿＿＿＿＿＿＿＿＿＿＿＿＿＿

（2）请回顾并简述：通过学习，你初步了解了哪些有关 AI、生成式 AI（AIGC）、AGI 的重要概念（至少 3 项）：

① 名称：＿＿＿＿＿＿＿＿＿＿＿＿＿＿＿＿＿＿＿＿＿＿＿＿＿＿＿＿＿＿＿＿
    简述：＿＿＿＿＿＿＿＿＿＿＿＿＿＿＿＿＿＿＿＿＿＿＿＿＿＿＿＿＿＿＿＿

② 名称：＿＿＿＿＿＿＿＿＿＿＿＿＿＿＿＿＿＿＿＿＿＿＿＿＿＿＿＿＿＿＿＿
    简述：＿＿＿＿＿＿＿＿＿＿＿＿＿＿＿＿＿＿＿＿＿＿＿＿＿＿＿＿＿＿＿＿

③ 名称：＿＿＿＿＿＿＿＿＿＿＿＿＿＿＿＿＿＿＿＿＿＿＿＿＿＿＿＿＿＿＿＿
    简述：＿＿＿＿＿＿＿＿＿＿＿＿＿＿＿＿＿＿＿＿＿＿＿＿＿＿＿＿＿＿＿＿

2. 对实践活动的基本评价

（1）在全部实践活动中，你印象最深，或者相比较而言你认为最有价值的是：

① ＿＿＿＿＿＿＿＿＿＿＿＿＿＿＿＿＿＿＿＿＿＿＿＿＿＿＿＿＿＿＿＿＿＿＿

你的理由是：＿＿＿＿＿＿＿＿＿＿＿＿＿＿＿＿＿＿＿＿＿＿＿＿＿＿＿＿＿＿

② _____
你的理由是：_____
_____

（2）在实践活动中，你认为应该得到加强的是：
① _____
你的理由是：_____
_____

② _____
你的理由是：_____
_____

（3）对于本课程和本书的学习内容，你认为应该改进的其他意见和建议是：
_____
_____
_____

3．课程学习能力测评

请根据你在本课程中的学习情况，客观地在 AI、生成式 AI（AIGC）知识方面对自己做一个能力测评，在表 15-1 的"测评结果"栏中合适的项下打"√"。

表 15-1　课程学习能力测评

关键能力	评价指标	测评结果					备注
		很好	较好	一般	勉强	较差	
基础理论	1. 了解本课程概况、知识体系和理论基础，熟悉大数据技术基本概念						
	2. 熟悉 AI 相关知识，了解强 AI 与弱 AI，了解机器学习/深度学习						
	3. 熟悉 NLP、LLM 基本知识，掌握生成式 AI 与 AIGC 定义						
核心技术	4. 熟悉大语言模型技术						
	5. 熟悉提示工程与技巧						
	6. 熟悉文本生成技术						
	7. 熟悉图像生成技术						
	8. 熟悉音频生成技术						
	9. 熟悉多模态生成技术						
应用场景	10. 熟悉 AIGC 促进文化创意						
	11. 熟悉 AIGC 改善医疗健康						
	12. 熟悉 AIGC 造就智慧城市						
	13. 熟悉 AIGC 提升金融服务						
	14. 熟悉 AIGC 提高科研水平						
社会影响	15. 熟悉生成式 AI 伦理与法律考量及其原则						
	16. 熟悉 LLM、生成式 AI（AIGC）与 AGI 的内在联系						
	17. 熟悉生成式 AI（AIGC）发展进步前景						

（续）

关键能力	评价指标	测评结果					备注
		很好	较好	一般	勉强	较差	
社会影响	18. 了解 AGI 与 AI 技术未来发展						
解决问题与创新	19. 掌握在线提高专业能力、丰富专业知识的学习方法						
	20. 能根据现有的知识与技能创新地提出有价值的观点						

说明："很好"5分，"较好"4分，余类推。全表满分为100分，你的测评总分为：_____分。

4. 生成式 AI 学习与实践总结

_____
_____

5. 教师对课程学习总结的评价

_____
_____

参考文献

[1] 赵建勇，周苏. 大语言模型通识：微课版[M]. 北京：机械工业出版社，2024.

[2] 周苏. AIGC 通识课：微课版[M]. 北京：机械工业出版社，2025.

[3] 杨武剑，周苏. 大数据分析与实践：社会研究与数字治理[M]. 北京：机械工业出版社，2024.

[4] 周苏. 大数据导论：微课版[M]. 2 版. 北京：清华大学出版社，2022.

[5] 姚云，周苏. 机器学习技术与应用[M]. 北京：中国铁道出版社，2024.

[6] 周斌斌，周苏. 工业机器人技术与应用[M]. 北京：中国铁道出版社，2024.

[7] 周斌斌，周苏. 智能机器人技术与应用[M]. 北京：中国铁道出版社，2022.

[8] 孟广斐，周苏. 智能制造技术与应用[M]. 北京：中国铁道出版社，2022.

[9] 周苏. 创新思维与 TRIZ 创新方法：创新工程师版[M]. 北京：清华大学出版社，2023.

[10] 周苏. 人工智能伦理与职业素养[M]. 北京：机械工业出版社，2025.